U0143847

跟我玩数码照片

Photoshop CS4 实例入门

通图文化 盛秋 编著

人 民 邮 电 出 版 社

北 京

图书在版编目（CIP）数据

跟我玩数码照片Photoshop CS4实例入门／通图文化编著.—北京：人民邮电出版社，2009.10
ISBN 978-7-115-21302-0

Ⅰ.跟… Ⅱ.通… Ⅲ.图形软件，Photoshop CS4
Ⅳ.TP391.41

中国版本图书馆CIP数据核字（2009）第159376号

内容提要

这是一本讲解如何用Photoshop CS4进行数码照片处理的实例入门教程。全书在讲解过程中穿插了Photoshop常用的重点基础知识，秉承实例与基础知识相结合的基本理念，用多达111个典型实例详细地讲解了处理数码照片的方法和技巧，力求以最简洁有效的方式向读者介绍Photoshop CS4数码照片处理的强大功能。

本书共分为8章，分别为数码照片的入门处理、数码照片的调色技术、数码照片的色彩进阶、数码照片的局部修复、数码人像处理完全攻略、传统摄影的模拟技术、数码照片的特效制作，以及数码照片的艺术设计等。

本书附带1张DVD教学光盘，包括书中所有实例的素材图像、PSD分层效果图及配套视频教学，同时还附赠《Photoshop CS3专家讲堂》视频教学录像、61个课后复习的视频讲解以及600种渐变预设模块。

本书适合数码照片处理爱好者、Photoshop CS4的初级读者阅读使用。

跟我玩数码照片**Photoshop CS4**实例入门

◆ 编　　著　通图文化　盛秋
　责任编辑　孟　飞
◆ 人民邮电出版社出版发行　北京市崇文区夕照寺街14号
　邮编　100061　电子函件　315@ptpress.com.cn
　网址　http://www.ptpress.com.cn
　北京画中画印刷有限公司印刷
◆ 开本：880×1230　1/24
　印张：13
　字数：478千字　2009年10月第1版
　印数：1-5 000册　2009年10月北京第1次印刷

ISBN 978-7-115-21302-0

定价：45.00元（附光盘）

读者服务热线：（010）67132692　印装质量热线：（010）67129223
反盗版热线：（010）67171154

前　言

随着数码产品的日益普及，人们对照片后期处理的需求也越来越高。数码照片本身是电子文件，可以通过如Photoshop的绘图软件对照片进行修饰、修改甚至是颠覆性的再次创作，这在传统相片上是很难实现的。而对于大多数数码摄影爱好者而言，Photoshop似乎都是一个未知的神秘园，里面蕴藏着巨大的宝藏。本书将引领您获得这个巨大的宝藏。

全书秉承了实例与基础知识相结合的基本理念，温故而知新，用多达111个典型实例及多媒体教学录像详细地讲解了数码照片处理所能遇到的问题，力求以最简洁有效的方式向读者展现Photoshop CS4在照片后期处理工作中的强大功能。

全书结构清晰、语言浅显易懂、案例实用精彩，具有很强的实用性和较高的技术含量。

第1章主要介绍了数码照片的入门处理。本章由11个实例组成，包括纠正倾斜、批量处理、修改RAW格式照片等最基本也是最常用的处理技法。

第2章主要讲解了如何修正数码照片的影调和颜色。本章由15个实例组成，包括修正偏色照片、调整曝光度、提高照片对比等处理技巧。

第3章主要讲解了数码照片的色彩进阶调整，对数码照片的颜色调整进行更深入的讲解。本章选用16个实例进行讲解，包括调整照片整体颜色、给数码照片上色、改变季节等处理技巧。

第4章主要对数码照片的局部修复进行了系统的讲解。本章选用10个实例进行讲解，包括对老照片的折痕进行修复、对面部难以处理的阴影进行修复等处理技巧。

第5章主要讲解人物数码照片的后期修饰。本章选用21个实例进行讲解，包括修饰人物皮肤、给人物换脸、添加人物纹身等处理技巧。

第6章主要讲解了在没有特殊镜头等摄影器材的情况下，在后期处理中如何模拟传统摄影技术。本章选用11个实例进行讲解，包括制作景深效果、模拟镜头爆炸效果、制作反转负冲效果等处理技巧。

第7章主要讲解了如何在后期处理中给数码照片加入特效，使其成为设计感十足的作品。本章选用16个实例进行讲解，包括添加艺术边框、添加光影特效、制作水彩画效果等处理技巧。

第8章主要讲解了如何将数码照片和艺术设计相融合，从而制作出视觉感和实用性兼顾的作品。本章选用11个实例进行讲解，包括名片设计、贺卡制作、个人简历封面设计等处理技巧。

本书附带1张DVD教学光盘，包含书中所有实例的素材、效果图及多媒体教学录像，同时光盘中还附赠《Photoshop CS3专家讲堂》视频教学录像，录像内容为Photoshop CS3基础入门专题讲解，读者可以将基础的讲解与众多的实例相结合，轻松学习。

本书由通图文化工作室策划编写，韩凤青、张丹丹等也参与了本书的编写工作，在此表示感谢。此外，还要特别感谢为本书提供照片的模特和网友，这里就不一一列举。

本书在编写过程中力求全面、深入地讲解数码照片处理技巧，但由于编者水平有限，书中难免会有不足之处，希望广大读者给予批评指正，同时也欢迎读者与我们联系，E-mail: bjttdesign@yahoo.cn。

编者

2009年8月

Chapter 01 数码照片的入门处理 ········· 1

CH 01 / 01改变照片的尺寸

CH 01 / 02重新构图裁切

CH 01 / 03在Bridge中预览照片

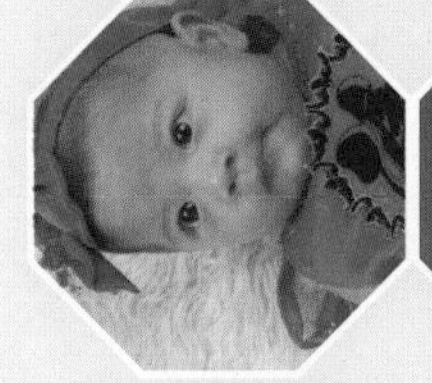

CH 01 / 04旋转数码照片

CH 01 / 05矫正倾斜照片

CH 01 / 06矫正透视变形的照片

CH 01 / 07批量处理数码照片

CH 01 / 08如何处理RAW格式照片

CH 01 / 09如何看照片的直方图

CH 01 / 10直方图与色阶的关系

CH 01 /11如何解读EXIF数据

Chapter 02 数码照片的调色技术 ······ 21

CH 02 / 01调整偏色的照片

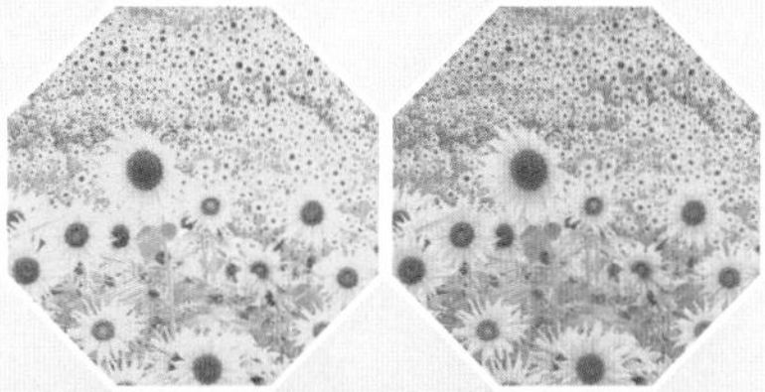

CH 02 / 02修复曝光过度的照片

CH 02 / 03修复曝光不足的照片

CH 02 / 04修复逆光的照片

CH 02 / 05让照片更加鲜亮

CH 02 / 06锐化照片

CH 02 / 07通过色阶修复灰蒙蒙的照片

CH 02 / 08通过色阶修复曝光不足的照片

CH 02 / 09曲线调整照片

CH 02 / 10自动色阶恢复蓝天白云

CH 02 / 11妙用色阶工具一键校正曝光不足

CH 02 / 12妙用曲线工具一键校正曝光不足

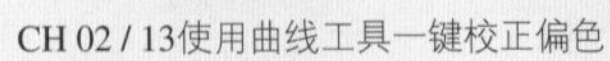

CH 02 / 13使用曲线工具一键校正偏色

CH 02 / 14校正严重的镜头暗角

CH 02 / 15使用曝光度工具调亮夜景照片

Chapter 03 数码照片的色彩进阶 ······ 45

CH 03 / 01调整衣服颜色

CH 03 / 02彩色照片的黑白效果

CH 03 / 03黑白照片上色

CH 03 / 04挽救模糊照片

CH 03 / 05调出黑白照片的精华

CH 03 / 06利用蒙版调整高反差照片

CH 03 / 07局部留色

CH 03 / 08使背景色变得简洁

CH 03 / 09优化低像素的视频照片

CH 03 / 10模仿童年回忆色调

CH 03 / 11使黄昏气氛更浓郁

CH 03 / 12快速将春天变成秋天

CH 03 / 13使泛白的天空变得色彩绚丽

CH 03 / 14调出清淡阿宝色调

CH 03 / 15调出深邃紫色调

CH 03 / 16使白天变夜晚

CH 04 / 01去除照片上的多余杂物

CH 04 / 02去除照片中的多余阴影

CH 04 / 03修复残旧老照片

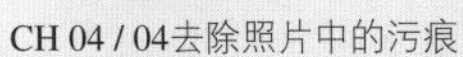

CH 04 / 04去除照片中的污痕

CH 04 / 05修复噪点照片

CH 04 / 06去除照片上的日期

CH 04 / 07替换照片背景

CH 04 / 08利用置换给衣服加图案

CH 04 / 09照片无痕拼接

CH 04 / 10拼接全景照片

Contents

目 录

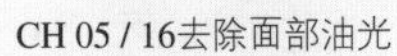

CH 05 / 16去除面部油光

CH 05 / 17去除红眼

CH 05 / 18染发

CH 05 / 19让五官更加立体

CH 05 / 20戴上彩瞳镜片

CH 05 / 21美女数码纹身

Chapter 06 传统摄影的模拟技术 ································· 167

CH 06 / 01制作景深效果

CH 06 / 02模拟镜头爆炸效果

CH 06 / 03模拟动感镜头

CH 06 / 04仿制老照片效果

CH 06 / 05制作照片底片效果

CH 06 / 06制作整版2寸照

CH 06 / 07模拟传统底片的颗粒感

CH 06 / 08制作反转负冲片

CH 06 / 09利用图层混合模式制作柔光效果

CH 06 / 10水波倒影

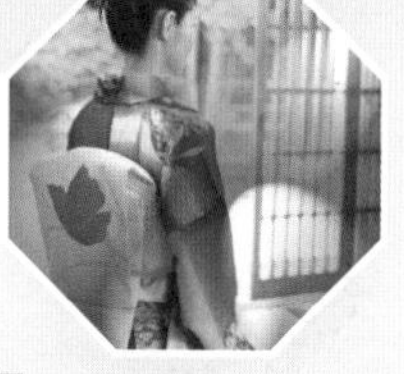

CH 06 / 11多源的光照效果

Chapter 07 数码照片的特效制作 ······························ 195

CH 07 / 01添加艺术边框

CH 07 / 02为照片添加水印

CH 07 / 03添加光影特效

CH 07 / 04制作水彩画效果

CH 07 / 05制作晕彩海报效果

CH 07 / 06油画效果

CH 07 / 07素描效果

CH 07 / 08怀旧照片效果

CH 07 / 09锐利清晰冷色调照片特效

CH 07 / 10雪景效果

CH 07 / 11调出油光通透的皮肤

CH 07 / 12制作天空体积光

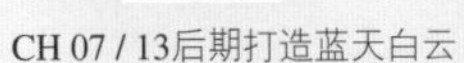

CH 07 / 13后期打造蓝天白云

CH 07 /14调出可爱粉色系

CH 07 / 15制作泛彩时尚特效

CH 07 / 16巧做影楼写真效果

Chapter 08 数码照片的艺术设计 ························ 245

CH 08 / 01名片

CH 08 / 02贺卡

CH 08 / 03个人简历封面

CH 08 / 04杂志封面

CH 08 / 05写真模板

CH 08 / 06宝宝桌面月历

CH 08 / 07儿童写真模板设计

CH 08 / 08书签

CH 08 / 09温馨便签纸

CH 08 / 10模拟手绘效果

CH 08 / 11模板设计——俏皮情侣

本书使用说明

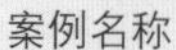

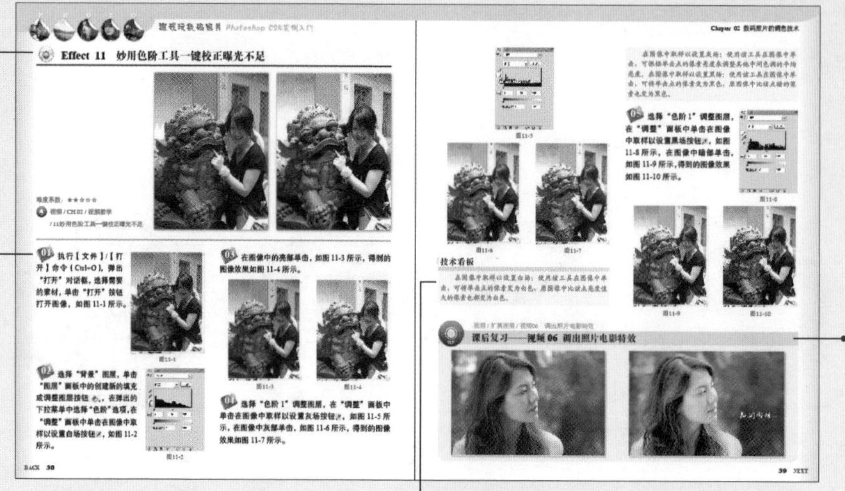

案例名称

可在目录中查找到对应的内容，综合描述案例的主要内容。

详细的操作步骤

图文并茂地讲解案例涉及的详细操作及具体参数设置。

课后复习

针对典型的案例配以视频，加强知识点的巩固。

技术+提示

提取操作过程中遇到的难点和重点，穿插在步骤中着重阐述。

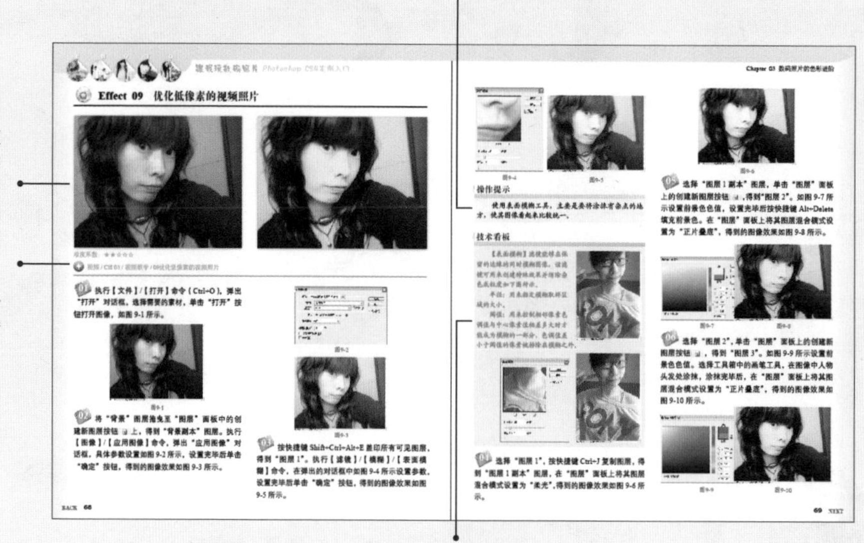

案例效果展示

在学习案例前事先预览本案例制作前后的效果对比，明确学习目的。

视频路径

指明本案例的教学视频路径，方便读者迅速查找，辅助学习。

重要知识点

对重要且常用的技巧进行图文形式地讲解，即使再难理解的知识点也可以轻松掌握。

跟我玩数码照片

Chapter 01 数码照片的入门处理

本章共11个案例，主要介绍数码照片最基本的操作，如纠正倾斜、批量处理、修改RAW格式照片等。

Effect 01 改变照片的尺寸

难度系数：★★☆☆☆　　视频教学 / CH 01 / 01改变照片的尺寸

01 执行【文件】/【打开】命令（Ctrl+O），弹出“打开”对话框，选择需要的素材，单击“打开”按钮打开图像，如图 1-1 所示。

图1-1

02 执行【图像】/【图像大小】命令（Ctrl+Alt+I），弹出“图像大小”对话框，如图 1-2 所示。在对话框中设置具体参数如图 1-3 所示，将图像缩小，得到的图像效果如图 1-4 所示。

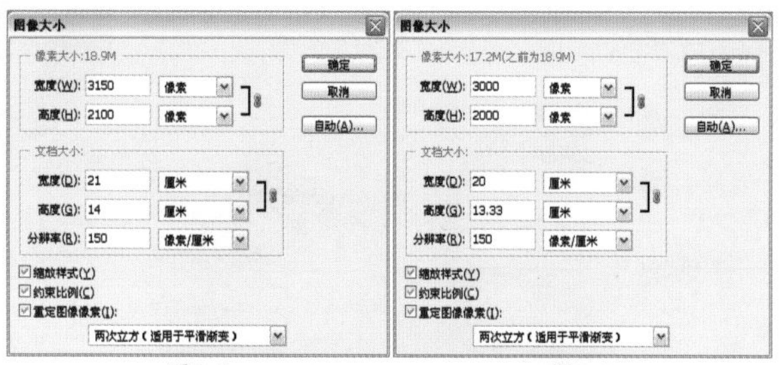

图1-2　　图1-3

图1-4

03 执行【图像】/【图像大小】命令（Ctrl+Alt+I），弹出“图像大小”对话框，在对话框中设置具体参数如图 1-5 所示，将图像放大，得到的图像如图 1-6 所示。

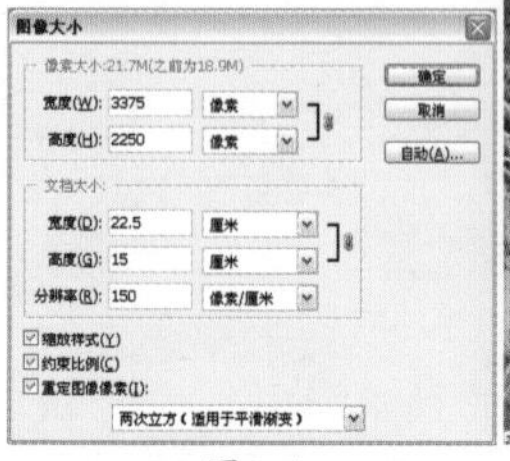

图1-5　　图1-6

技术看板：调整图像大小的重要选项

【图像大小】命令用来改变图像尺寸。如果要修改图像的像素大小，可以在“像素大小”选项组中输入“宽度”和“高度”的像素值或者百分比值，如果要保持宽度和高度的比例可勾选“约束比例”。像素大小修改后，图像的新文件大小会出现在“像素大小”的后面，旧文件大小在括号中显示。

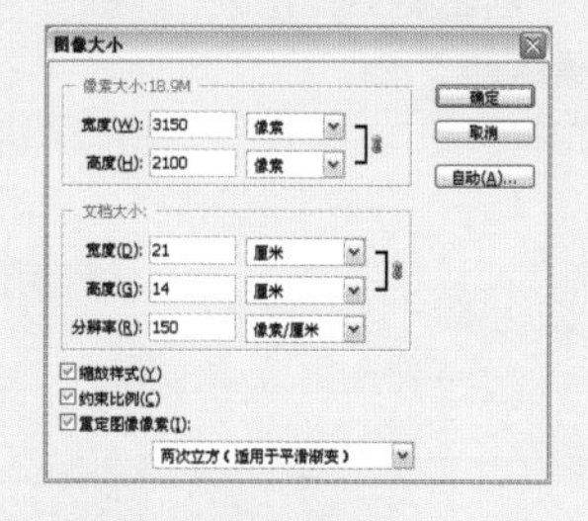

如果要修改图像的打印尺寸和分辨率，可以在“文档”大小选项中输入图像的打印尺寸和分辨率,如果只修改打印尺寸或分辨率并按比例调整图像中的像素总数，应勾选“重定图像像素”选项，如果要修改打印尺寸和分辨率但不更改图像中的像素总数，应取消选择“重定图像像素”。

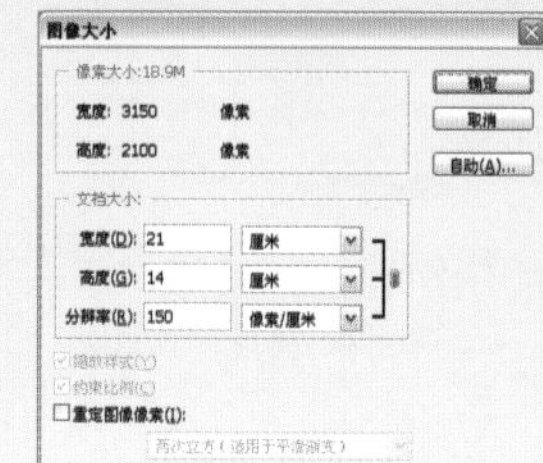

Effect 02　重新构图裁切

难度系数：★★☆☆☆　　 视频教学 / CH 01 / 02重新构图裁切

01 执行【文件】/【打开】命令（Ctrl+O），弹出“打开”对话框，选择需要的素材，单击“打开”按钮打开图像，如图 2-1 所示。

图2-1

02 选择工具箱中的裁剪工具，在图像中按住鼠标左键拖曳，调整裁切边框大小，调整完毕后按 Enter 键确认变换，得到的图像效果如图 2-2 所示。

图2-2

操作提示

原图画面平淡，主题不突出，此处通过裁剪工具去除多余景物，突出主体。

技术看板：裁剪工具的工具选项栏

使用裁剪工具可以裁剪图像，重新定义画布的大小。选择该工具后，在画面中单击并拖动鼠标拖曳出一个矩形选框，矩形框内的图像为保留的内容，矩形框外的图像为裁剪的内容，按下Enter键后，可裁剪矩形框外的图像。裁剪工具的选项栏如下图所示。

宽度：　高度：　分辨率：　像素/厘米　前面的图像　清除

03 执行【文件】/【打开】命令（Ctrl+O），弹出“打开”对话框，选择需要的素材，单击“打开”按钮打开图像，如图 2-3 所示。

图2-3

04 选择工具箱中的裁剪工具，在图像中按住鼠标左键拖曳，调整裁切边框大小，调整完毕后按 Enter 键确认变换，得到的图像效果如图 2-4 所示。

图2-4

05 执行【文件】/【打开】命令（Ctrl+O），弹出“打开”对话框，选择需要的素材，单击“打开”按钮打开图像，如图 2-5 所示。

图2-5

06 选择工具箱中的裁剪工具，在其工具选项栏中将宽度设置为12.9厘米、高度设置为8.7厘米，在图像中按住鼠标左键拖曳，调整裁切边框大小。调整完毕后按Enter键确认变换，得到的图像效果如图2-6所示。

图2-6

操作提示

5寸照片的尺寸为12.9厘米×8.7厘米，将裁剪工具的宽度设置为12.9厘米，高度设置为8.7厘米，是为了将图片裁剪成符合照片冲印的大小。

技术看板：构图裁切方式

裁切图片一般是为重新构图或制作假全景照片服务的，要想达到这一目的，首先要了解几种典型的构图方式，主要包括"直幅构图"、"横幅构图"、"斜线图"、"框景构图"和"井字构图"等。

直幅构图

井字构图

框景构图

斜线构图

横幅构图

 Effect 03 在Bridge中预览照片

难度系数：★★☆☆☆  视频教学 / CH 01 / 03在Bridge中预览照片

01 执行【文件】/【在Bridge中浏览】命令（Alt+Ctrl+O），弹出"Bridge"界面，如图3-1所示。

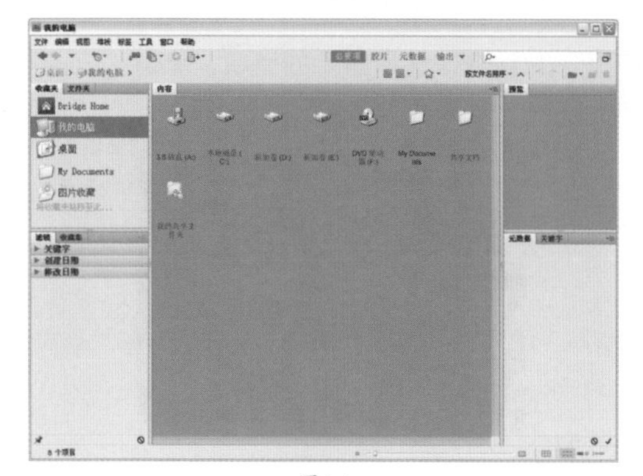

图3-1

02 在工作面板收藏夹中双击所在照片的位置文件，弹出如图3-2所示的界面。

图3-2

03 选择一张图片，按快捷键 Ctrl+F2 突出胶片模式，显示工作面板的图片信息，缩略图在窗口中以幻灯片的形式出现，适合在精选照片中使用，按左右键选择图像，图像状态如图 3-3 所示。

图3-3

04 选择一张图片，按快捷键 Ctrl+F3 突出元数据模式，图片以缩览图形式出现并附带图片的所有信息内容，工作面板显示图片的拍摄信息，按上下键选择图像，图像状态如图 3-4 所示。

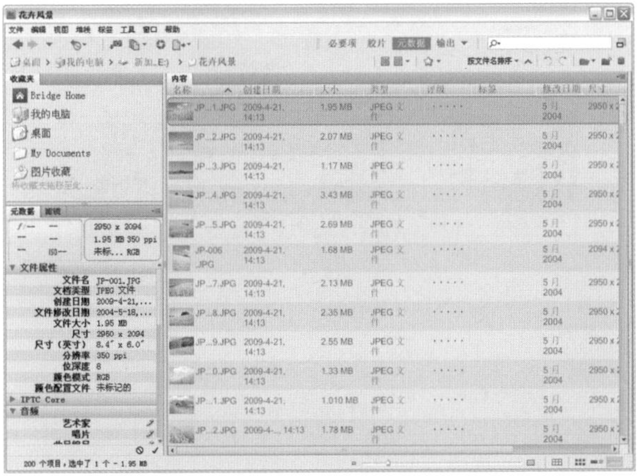

图3-4

05 选择一张图片，按快捷键 Ctrl+F4 突出输出模式，工作面板显示图片所在位置，图片以幻灯片形式出现，窗口右侧显示照片的输出信息，图像状态如图 3-5 所示。

图3-5

06 选择一张图片，按快捷键 Ctrl+F5 可在工作面板上查找图片，图像状态如图 3-6 所示。

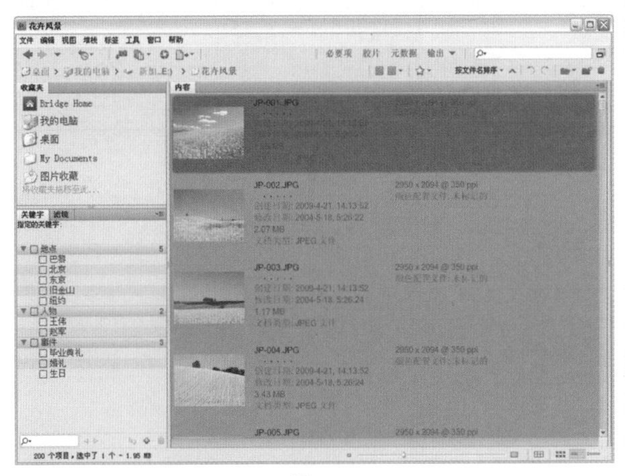

图3-6

07 执行【视图】/【审阅模式】命令（Ctrl+B），图像效果会出现审阅式浏览，可单击图像下方箭头选择，如图 3-7 所示。

图3-7

08 在预览面板上可以利用放大镜工具查看图像细节，如图 3-8 所示。单击面板上方的“必要项”按钮，按住 Ctrl 键在内容面板上同时选取多张图像，预览面板可显示多张图像，如图 3-9 所示。

图3-8

图3-9

09 单击 Bridge 窗口右上角的“紧缩模式”按钮即可切换至紧缩视图，再次单击按钮可回到正常视图，“紧缩模式”效果如图 3-10 所示。

图3-10

Effect 04　旋转数码照片

难度系数：★★☆☆☆　　 视频教学 / CH 01 / 04旋转数码照片

01 执行【文件】/【打开】命令（Ctrl+O），弹出“打开”对话框，选择需要的素材，单击“打开”按钮打开图像，如图 4-1 所示。

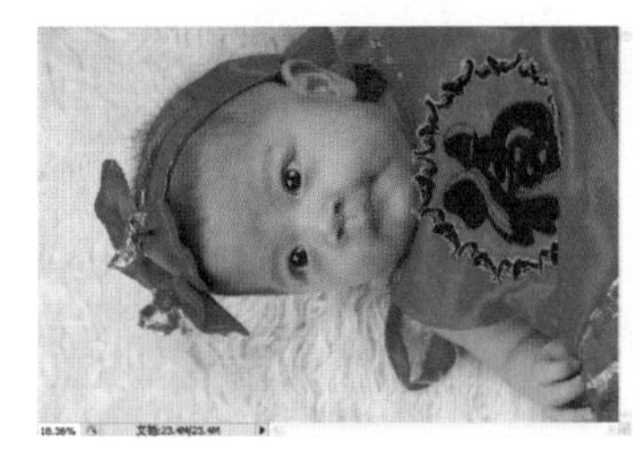

图4-1

02 执行【图像】/【图像旋转】/【旋转 90 度（顺时针）】命令，将图像顺时针旋转，得到的图像效果如图 4-2 所示。

图4-2

03 执行【文件】/【打开】命令（Ctrl+O），弹出“打开”对话框，选择需要的素材，单击“打开”按钮打开图像，如图 4-3 所示。

图4-3

04 选择“背景”图层，将其拖曳至“图层”面板中的创建新图层按钮 上，得到“背景副本”图层。按快捷键 Ctrl+T 调出自由变换框，旋转图像的角度至合适位置，如图 4-4 所示，调整完毕后按 Enter 键确认变换。选择工具箱中的裁剪工具，按住鼠标左键在图像中拖动，调整边框大小，调整完毕后按 Enter 键确认变换，得到的图像效果如图 4-5 所示。

图4-4

图4-5

技术看板：变换命令的快捷操作

执行【编辑】/【自由变换】命令（Ctrl+T），可根据具体情况对图像进行旋转、缩放、精确变换等操作，在弹出自由变换框之后，单击鼠标右键还可执行斜切、扭曲、透视、变形、旋转180度、旋转90度（顺时针）、旋转90度（逆时针）、水平翻转和垂直翻转等命令。

Effect 05　矫正倾斜照片

难度系数：★★☆☆☆

视频教学 / CH 01 / 05矫正倾斜照片

01 执行【文件】/【打开】命令（Ctrl+O），弹出“打开”对话框，选择需要的素材，单击“打开”按钮打开图像，如图 5-1 所示。

图5-1

02 将“背景”图层拖曳至“图层”面板中的创建新图层按钮上，得到“背景副本”图层。选择工具箱中的标尺工具，在图像中从最左端沿着画面地平线按住鼠标左键拖动至最右端，释放鼠标绘制标线，如图 5-2 所示。

图5-2

03 选择“背景副本”图层，执行【图像】/【图像旋转】/【任意角度】命令，弹出“旋转画布”对话框，单击“确定”按钮，得到的图像效果如图 5-3 所示。

图5-3

操作提示

Photoshop CS4根据标尺工具测量的结果自动在对话框中设置参数。

选择工具箱中的裁剪工具，按住鼠标左键在图像中拖曳，调整定界框的位置，调整完毕后按 Enter 键确认变换，得到的图像效果如图 5-4 所示。

图5-4

技术看板：习惯使用标尺辅助工具

标尺工具可帮助准确定位图像或元素。标尺工具可计算工作区内任意两点之间的距离。当测量两点间的距离时，将绘制一条不会打印出来的直线，并且选项栏和“信息”面板将显示以下信息：起始位置（x和y）、在x和y轴上移动的水平和垂直距离、相对于轴偏离的角度、移动的总长度、使用量角器时移动的两个长度。

除角度外的所有测量都以“单位与标尺”首选项对话框中当前设置的测量单位计算。

在两个点之间进行测量选择标尺工具，从起点拖移到终点。按住 Shift 键可将工具限制为45° 增量。要从现有测量线创建量角器，按住Alt键从测量线的一端开始拖动，或双击此线并拖动。按Shift 键可将工具限制为45° 的倍数。

编辑测量线：选择标尺工具，执行下列操作，如果要调整线的长短，拖移现有测量线的一个端点。如果要移动这条线，将指针放在线上远离两个端点的位置并拖移该线。要移去测量线，将指针放置在测量线上远离端点的位置，并将测量线拖离图像或单击工具选项栏中的“清除”。

沿应为水平或垂直的图像部分拖出一条测量线，然后执行【图像】/【图像旋转】/【任意角度】。这时，拉直图像所需的正确的旋转角度将被自动输入到“旋转画布”对话框中。

视频教学 / 扩展视频教学 / 视频01　修正倾斜的草原

课后复习——视频 01 修正倾斜的草原

Effect 06 矫正透视变形的照片

难度系数：★★☆☆☆

视频教学 / CH 01 / 06矫正透视变形的照片

01 执行【文件】/【打开】命令（Ctrl+O），弹出“打开”对话框，选择需要的素材，单击“打开”按钮打开图像，如图 6-1 所示。

图6-1

02 选择“背景”图层，将其拖曳至“图层”面板中的创建新图层按钮上，得到“背景副本”图层。按快捷键 Ctrl+T 调出自由变换框，单击鼠标右键，在弹出的下拉菜单中选择“透视”选项，拖动控制点至合适位置，如图 6-2 所示。

03 单击鼠标右键，在弹出的下拉菜单中选择“自由变换”选项，拖动控制点至合适位置，如图 6-3 所示。

图6-2

图6-3

04 调整完毕后，按 Enter 键确认变换，得到的图像如图 6-4 所示。

图6-4

Effect 07 批量处理数码照片

难度系数：★★☆☆☆

视频教学 / CH 01 / 07批量处理数码照片

01 执行【文件】/【打开】命令（Ctrl+O），弹出“打开”对话框，选择需要的素材，单击“打开”按钮打开图像，如图 7-1 所示。

图7-1

02 执行【窗口】/【动作】命令（Alt+F9），调出“动作”面板。“动作”面板如图 7-2 所示；单击默认动作前的对号选项，如图 7-3 所示；取消所有的动作项的选中状态。

图7-2

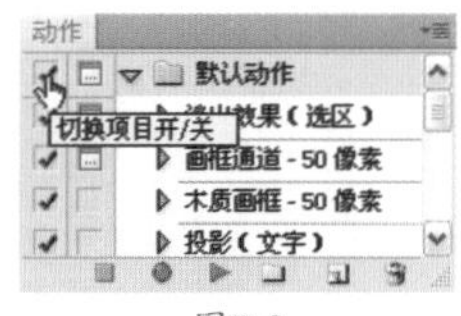

图7-3

03 单击“动作”面板中的创建新动作按钮，弹出“新动作”对话框，设置具体参数如图 7-4 所示，设置完毕后单击“记录”按钮。

新建动作

名称(N): 添加水印 记录

组(E): 默认动作 取消

功能键(F): F2 Shift(S) Control(O)

颜色(C): 无

图7-4

04 选择“背景”图层，选择工具箱中的横排文字工具 T，在图像中输入文字，如图 7-5 所示。

图7-5

05 选择文字图层，单击“图层”面板中的添加图层样式按钮 fx，在弹出的下拉菜单中选择“投影”选项，弹出“图层样式”对话框，具体参数设置如图7-6所示，设置完毕后不关闭对话框，继续勾选“斜面与浮雕”选项，具体参数设置如图7-7所示，得到的图像效果如图7-8所示。

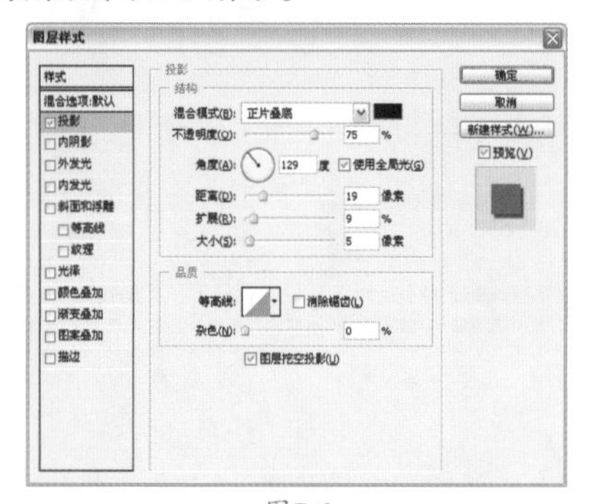

图7-6

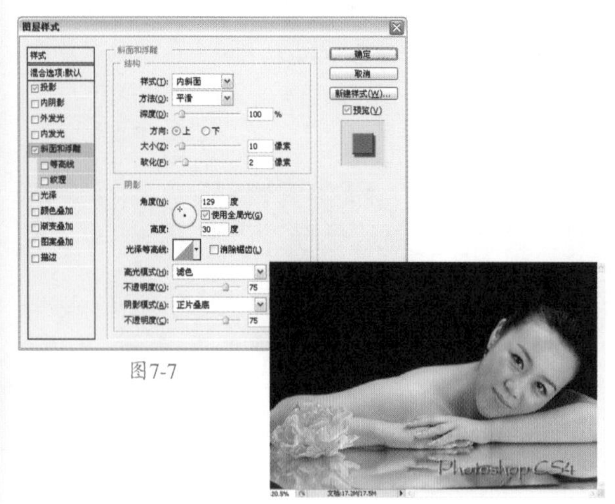

图7-7

图7-8

06 选择后一个图像，“动作”面板状态如图7-9所示，单击“动作”面板上的“停止播放/记录”按钮 ■，停止动作的记录。

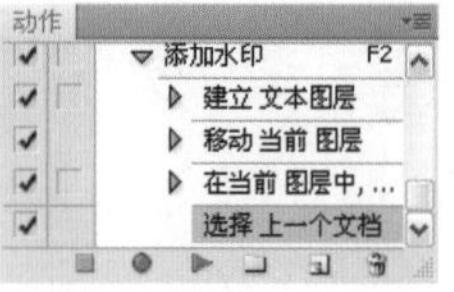

图7-9

07 单击“动作”面板中的“播放” ▶，为下一个图像添加水印，重复此动作，直至所有打开的素材图像处理完毕，得到的图像效果如图7-10所示。

图7-10

技术看板：尝试便捷的录制功能

在Photoshop CS4中，使用选框、移动、多边形、套索、魔棒、裁剪、切片、魔术橡皮擦、渐变、油漆桶、文字、形状、注释、吸管和颜色取样器等工具进行的操作均可录制为动作。在“色板”、“颜色”、“图层”、“样式”、“路径”、“通道”、“历史记录”和“动作”面板中进行的操作也可以被录制为动作，对于有些不能被记录的操作，如使用绘画工具进行的操作，可以通过插入停止命令使动作在执行到某一步时暂停，然后便可以对文件进行修改，修改后可继续播放后续动作。

Effect 08 如何处理RAW格式照片

难度系数：★★★☆☆

视频教学 / CH 01 / 08如何处理RAW格式照片

01 执行【文件】/【打开】命令（Ctrl+O），弹出“打开”对话框，选择需要的素材，单击“打开”按钮打开图像，弹出“Camera Raw 5.0”对话框，如图8-1 所示。

图8-1

技术看板：Camera Raw主要选项概述

1.曝光：对图片的整体明暗进行调整，当滑块移至最右端时，将会显示图片中所有的亮部信息；反之将滑块移至最左端时，显示的是图片中所有的暗部信息。

2.恢复：可以恢复进行曝光调整被剪切的细节，按住Alt键向右拖动滑块，被剪切的白色部分变小，说明被剪切的高光细节得到恢复。

3.填充亮光：作用是照亮暗部。如果需要加强暗部的细节，可以用它进行细微的调整。

4.黑色：跟填充亮光的作用相反，压暗高光。同样，也可以在移动滑块的同时按住Alt键，显示被剪切的部分，黑色部分为纯黑。这个功能可以用于处理曝光度过高产生的发灰现象。

5.亮度：提高图像的整体亮度。在调整曝光之前先适当地降低亮度，可以减少被剪切的范围。

6.对比度：调整图像的颜色对比度。

7.透明：在调整人物图片时，向左调整，模糊背景突出人物；在调整静物或自然景观时，向右调整，使图片更清晰。

8.细节饱和度：在Photoshop CS4的中叫“自然饱和度”，色彩的过渡更自然，它一般是配合饱和度使用，为了使颜色更自然，可以先小量地降低饱和度，再提高自然饱和度。

9.饱和度：与Photoshop CS4中的“色相/饱和度”选项相同。

02 单击“色调曲线”选项卡，在“色调曲线”面板中设置参数，如图 8-2 所示，得到的图像效果如图中左图所示。

图8-2

03 单击“HSL/ 灰度”选项卡，在“HSL/ 灰度”面板中单击“色相”选项卡，设置参数，如图 8-3 所示，得到的图像效果如图中左图所示。

图8-3

04 在“HSL/ 灰度”面板中单击“饱和度”选项卡，设置参数，如图 8-4 所示，得到的图像效果如图中左图所示。

图8-4

05 在“HSL/ 灰度”面板中单击“明亮度”选项卡，设置参数，如图 8-5 所示，得到的图像效果如图中左图所示。

图8-5

操作提示

设置完毕后单击“打开图像”按钮，即在Photoshop CS4中打开图像，并将其另存为JPEG格式的图像。在调整图像的过程中，按住Alt键，“取消”按钮会变成“复位”按钮，单击“复位”按钮，可恢复图像到原始状态。

Effect 09 如何看照片的直方图

难度系数：★★★☆☆　　视频教学 / CH 01 / 09如何看照片的直方图

01 执行【文件】/【打开】命令（Ctrl+O），弹出“打开”对话框，选择需要的素材，单击“打开”按钮打开图像，如图 9-1 所示。

图9-1

02 执行【窗口】/【直方图】命令，调出“直方图”面板。在直方图中波形代表像素数量的多少，较高的山峰代表了像素的数量较多，较低的山峰代表了像素的数量较低。当尖峰分布在直方图的两侧时，说明图像的细节集中在阴影处和高光区域，中间调细节较少，如图 9-2 所示。

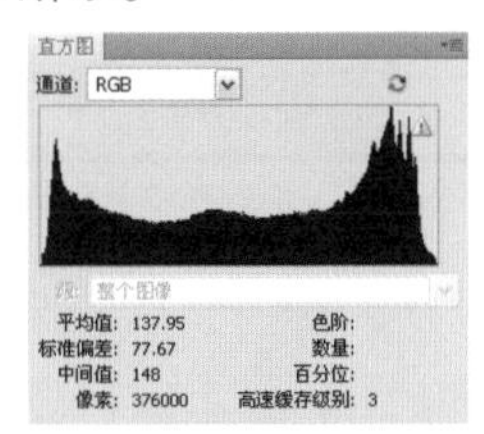

图9-2

03 执行【文件】/【打开】命令（Ctrl+O），弹出“打开”对话框，选择需要的素材，单击“打开”按钮打开图像，如图 9-3 所示。

04 当尖峰分布在直方图右侧时，说明图像的高光区域包含较多的细节，如图 9-4 所示。

图9-3

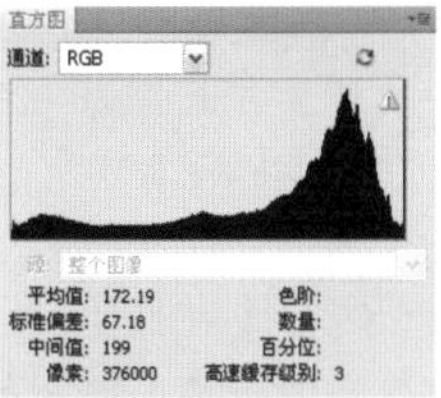

图9-4

05 执行【文件】/【打开】命令（Ctrl+O），弹出“打开”对话框，选择需要的素材，单击“打开”按钮打开图像，如图 9-5 所示。

06 当尖峰分布在直方图左侧时，说明图像的阴影处包含较多的细节，如图 9-6 所示。

图9-5

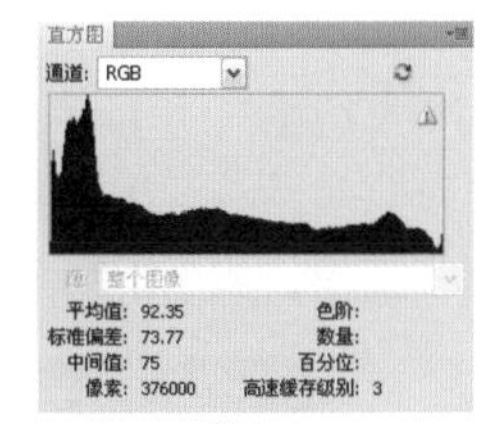

图9-6

07 执行【文件】/【打开】命令（Ctrl+O），弹出“打开”对话框，选择需要的素材，单击“打开”按钮打开图像，如图 9-7 所示。

08 当尖峰分部在中间时，说明图像的细节集中在中间调，如图 9-8 所示。

图9-7

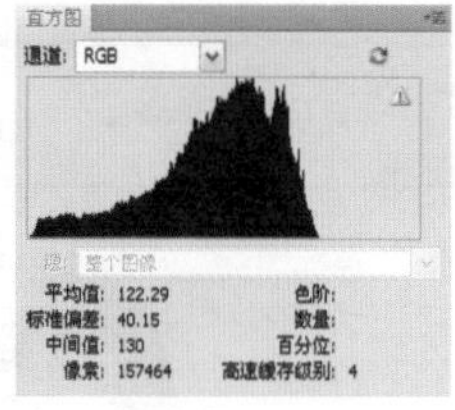

图9-8

操作提示

上述直方图中左侧和右侧部分空白，说明图像的暗调和高光区域细节缺失了。

09 执行【文件】/【打开】命令（Ctrl+O），弹出“打开”对话框，选择需要的素材，单击“打开”按钮打开图像，如图 9-9 所示。

10 当直方图的山峰起伏较小时，说明图像的细节在阴影、中间调和高光区域处分布均匀，色彩直接的过渡较为平滑，如图 9-10 所示。

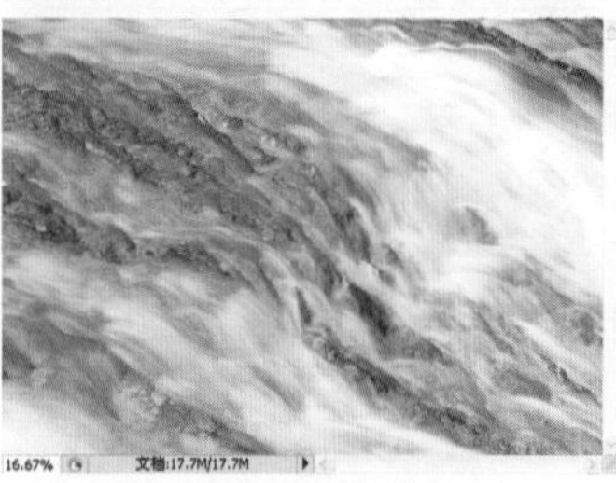

图9-9

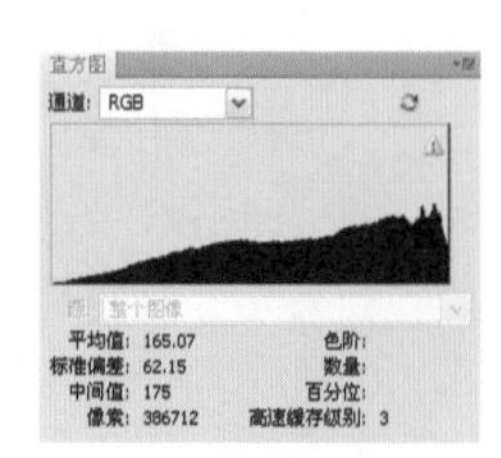

图9-10

技术看板：如何查看直方图

在直方图中，横轴为亮度关系，分为256阶。最左侧的色阶0表示图像最暗的地方，也就是黑色；最右侧的色阶255表示图像最亮的地方，也就是白色。纵轴表示数量关系，在直方图中某个色阶部分的黑色线条越高，就说明图像中该色阶部分的像素越多。

当打开一张照片时，执行【窗口】/【直方图】命令，弹出“直方图”面板，面板中显示的即为图像的色阶。

Effect 10　直方图与色阶的关系

难度系数：★★☆☆☆

视频教学 / CH 01 / 10直方图与色阶的关系

01 执行【文件】/【打开】命令（Ctrl+O），弹出“打开”对话框，选择需要的素材，单击“打开”按钮打开图像，如图 10-1 所示。

图10-1

02 执行【窗口】/【直方图】命令，调出“直方图”面板。在直方图中波形代表了像素数量的多少，较高的山峰代表了像素的数量较多，较低的山峰代表了像素的数量较低。中间凸起，两边下降，如图 10-2 所示。

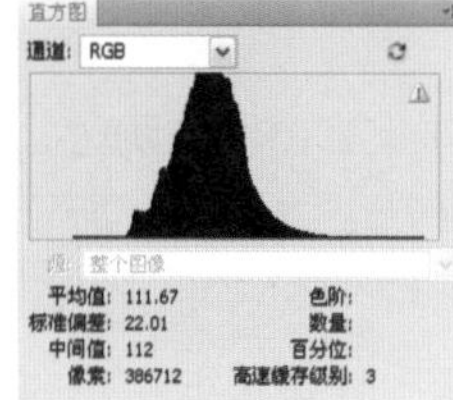

图10-2

03 选择“背景”图层，单击“图层”面板中的创建新的填充或调整图层按钮 ，在弹出的下拉菜单中选择“色阶”选项，“调整”面板如图 10-3 所示。

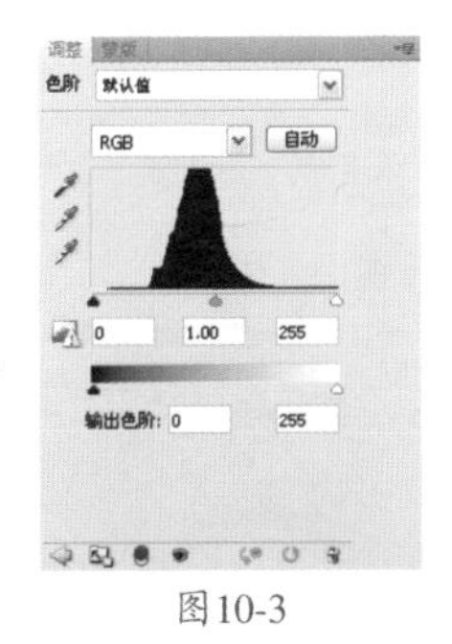

图10-3

04 在“调整”面板中将黑色和白色的滑块向内拖动，如图 10-4 所示，得到的图像效果如图 10-5 所示。调整后的直方图如图 10-6 所示。

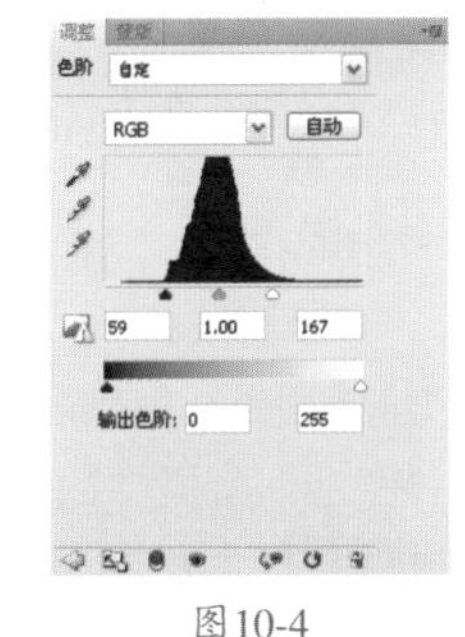

图10-4

图10-5

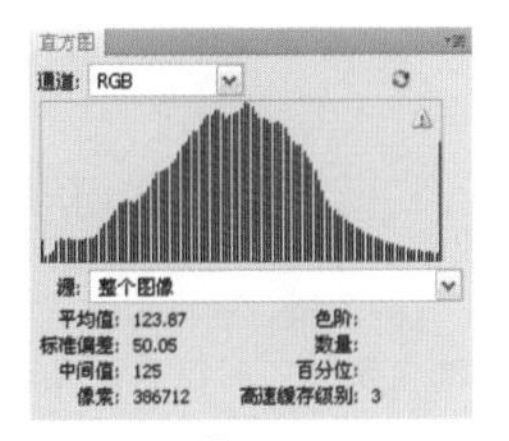

图10-6

操作提示

由直方图可以看出，峰值曲线的两端距离色阶的两端较远，缺少暗调和亮调，因此可以判断该照片是灰蒙蒙的。

05 执行【文件】/【打开】命令（Ctrl+O），弹出“打开”对话框，选择需要的素材，单击“打开”按钮打开图像，如图 10-7 所示，图像的直方图如图 10-8 所示。

图10-7

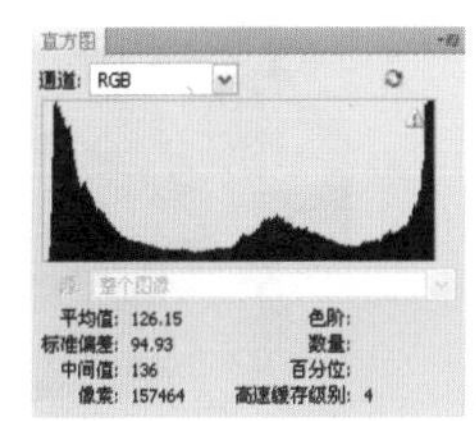

图10-8

操作提示

上述直方图为凹型色阶直方图，对于这种高反差的照片，通过在“色阶”对话框中简单拖动黑白场滑块，是不能解决问题的。在Photoshop CS4中有专门的操作命令，可以执行【图像】/【调整】/【阴影/高光】命令弹出“阴影/高光”对话框调整，或者采取分层解决的方法。

06 选择“背景”图层，单击“图层”面板中的创建新的填充或调整图层按钮 ，在弹出的下拉菜单中选择“色阶”选项，“调整”面板如图 10-9 所示。

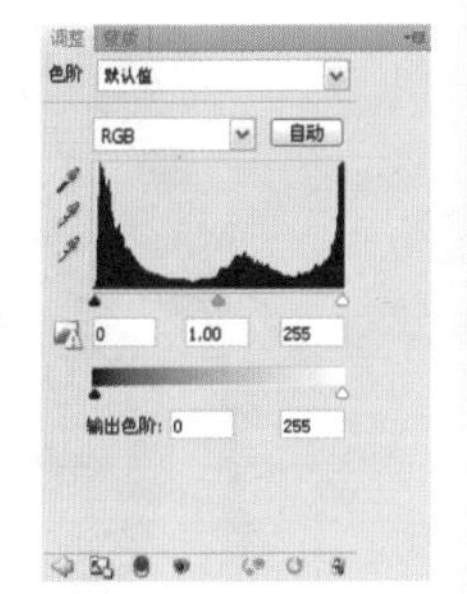

图10-9

07 在“调整”面板中将黑色滑块向右拖动，“调整”面板如图 10-10 所示，得到的图像效果如图 10-11 所示，图像的直方图如图 10-12 所示。

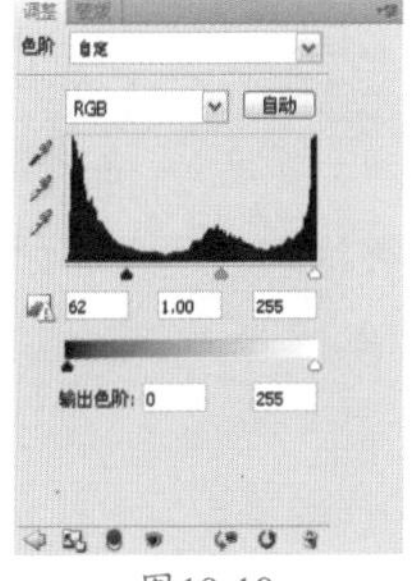

图10-10

图10-11

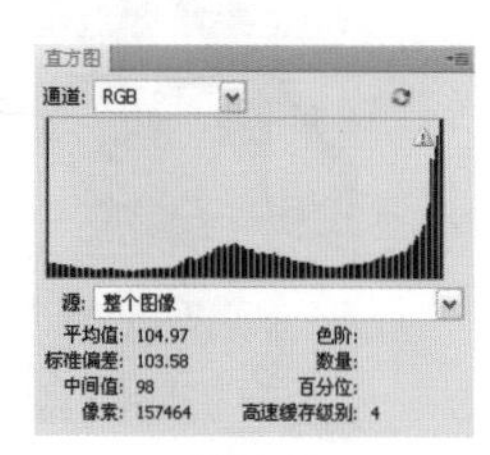

图10-12

08 恢复“调整”面板至原始状态。将“调整”面板中的白色滑块向左拖动，如图10-13所示，得到的图像效果如图10-14所示，图像的直方图如图10-15所示。

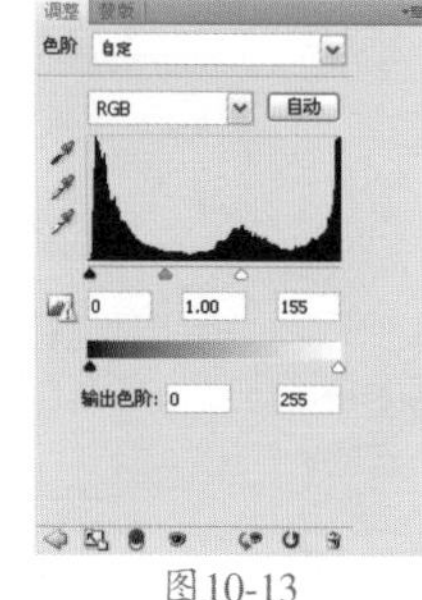

图10-13

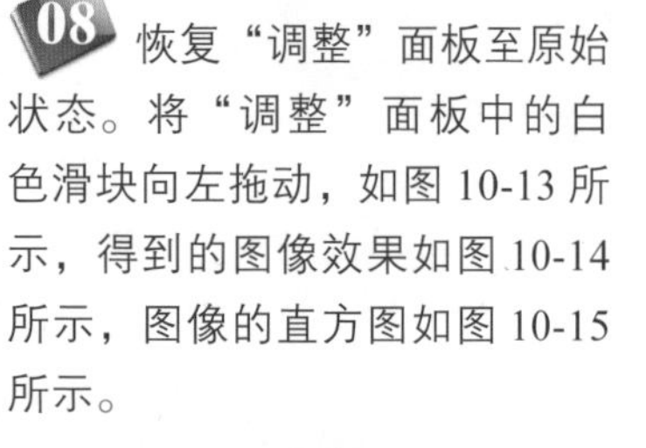

图10-14

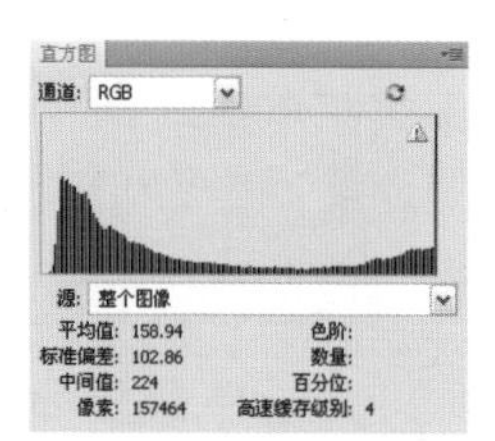

图10-15

09 执行【文件】/【打开】命令（Ctrl+O），弹出“打开”对话框，选择需要的素材，单击“打开”按钮打开图像，如图10-16所示，图像的直方图如图10-17所示。

图10-16

图10-17

操作提示

上述直方图为上升型直方图，直方图曲线在偏重亮调一边，以亮调为主缺乏暗调部分，图像给人以轻飘飘的感觉。

10 选择“背景”图层，单击“图层”面板中的创建新的填充或调整图层按钮，在弹出的下拉菜单中选择“色阶”选项，“调整”面板如图10-18所示。

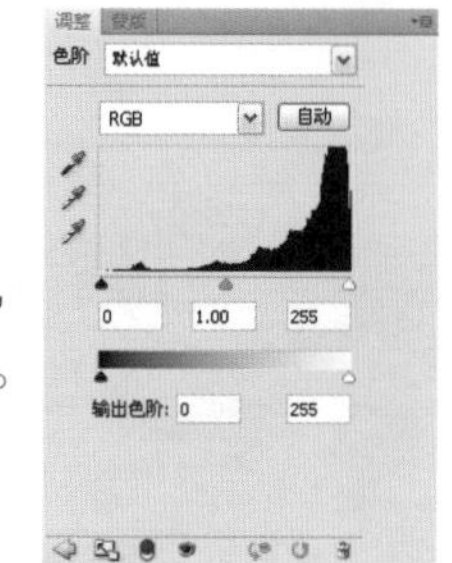

图10-18

11 在“调整”面板中将黑色滑块向右拖动，“调整”面板如图10-19所示，得到的图像效果如图10-20所示，图像的直方图如图10-21所示。

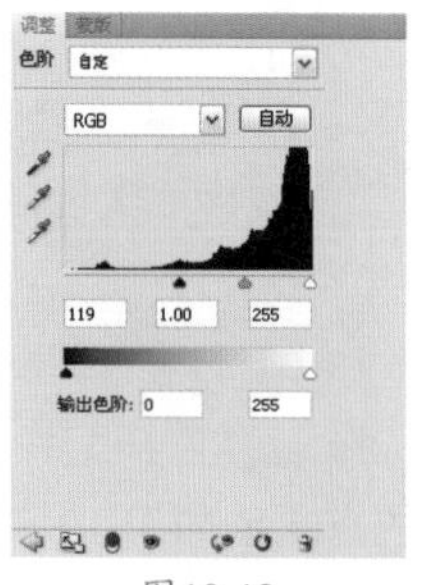

图10-19

图10-20

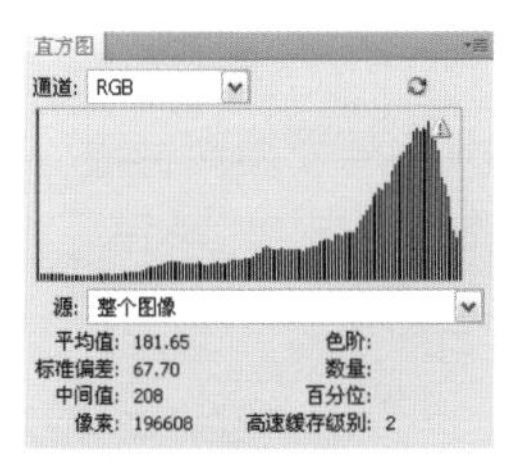

图10-21

12 执行【文件】/【打开】命令（Ctrl+O），弹出“打开”对话框，选择需要的素材，单击“打开”按钮打开图像，如图 10-22 所示，图像的直方图如图 10-23 所示。

图10-22

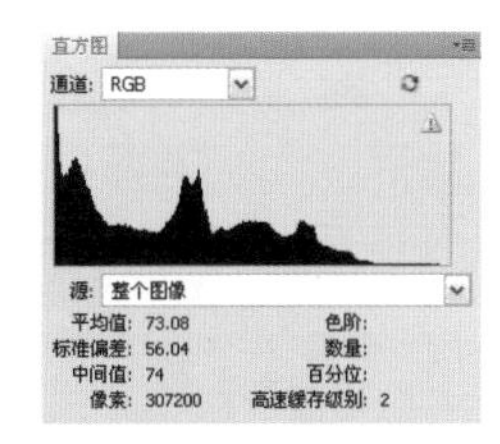

图10-23

13 选择“背景”图层，单击“图层”面板中的创建新的填充或调整图层按钮 ，在弹出的下拉菜单中选择“色阶”选项，“调整”面板如图 10-24 所示。

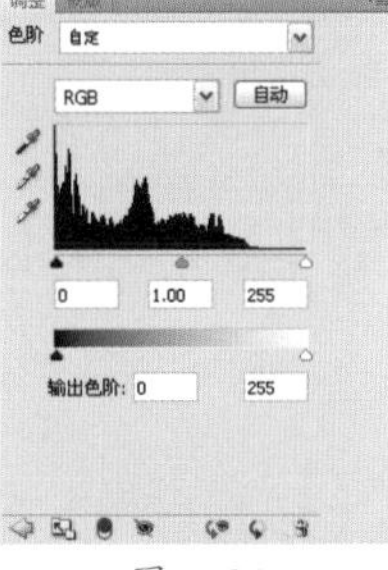

图10-24

14 在“调整”面板中将白色滑块向左拖动，“调整”面板如图 10-25 所示，得到的图像效果如图 10-26 所示，图像的直方图如图 10-27 所示。

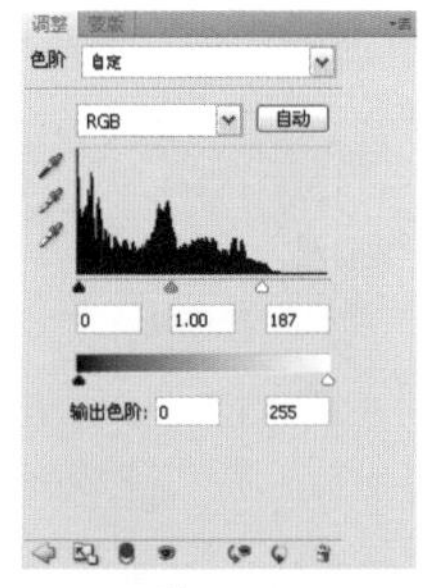

图10-25

图10-26

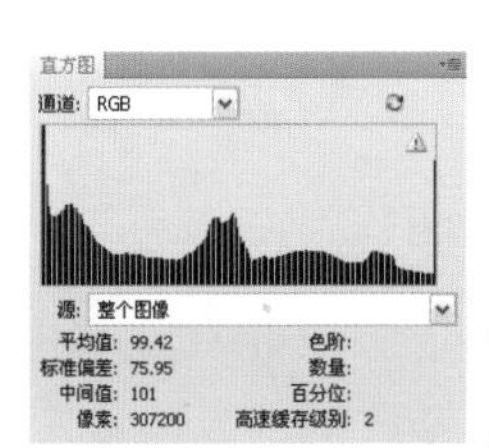

图10-27

操作提示

无论是何种直方图，在我们按照直方图显示的某区域缺少像素来调整色阶滑块后都可以发现（以上述直方图为例），直方图中的像素分布逐渐趋向于平衡（与原始数据比较）。

15 执行【文件】/【打开】命令（Ctrl+O），弹出“打开”对话框，选择需要的素材，单击“打开”按钮打开图像，如图 10-28 所示，图像的直方图如图 10-29 所示。

图10-28

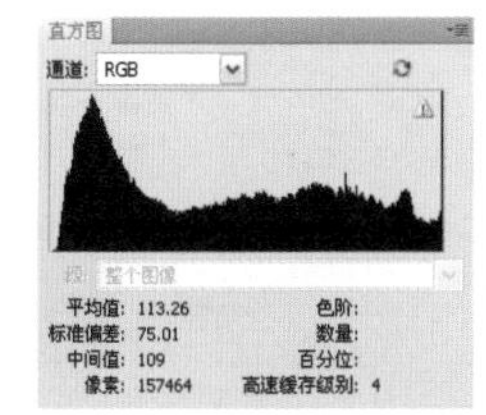

图10-29

操作提示

由上述直方图可以看出，此为影调正常的色阶直方图，整个色阶直方图比较宽，黑场和白场都恰到好处。

Effect 11 如何解读EXIF数据

难度系数：★★☆☆☆

视频教学 / CH 01 / 11如何解读EXIF数据

01 执行【文件】/【打开】命令（Ctrl+O），弹出“打开”对话框，选择需要的素材图像，单击“打开”按钮打开图像，如图 11-1 所示。

图11-1

02 执行【文件】/【文件简介】命令，弹出“相机数据”对话框，如图 11-2 所示。

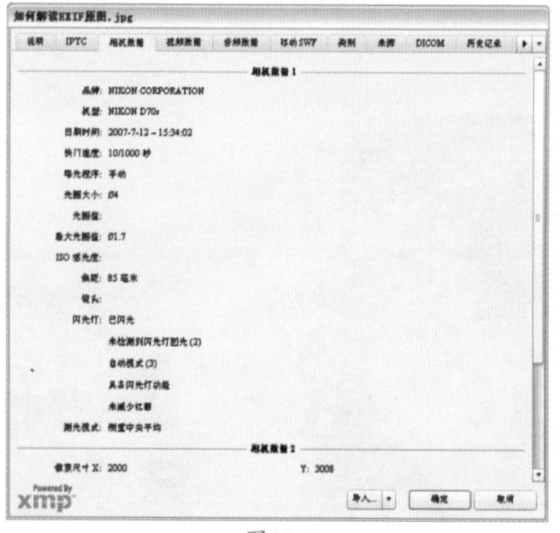

图11-2

操作提示

上述图片信息即为Photoshop中的EXIF数据。

03 执行【文件】/【在 Bridge 中预览】命令（Alt+Ctrl+O），弹出“Bridge”界面，单击“元数据”按钮，突出元数据模式，如图 11-3 所示。相机数据如图 11-4 所示。

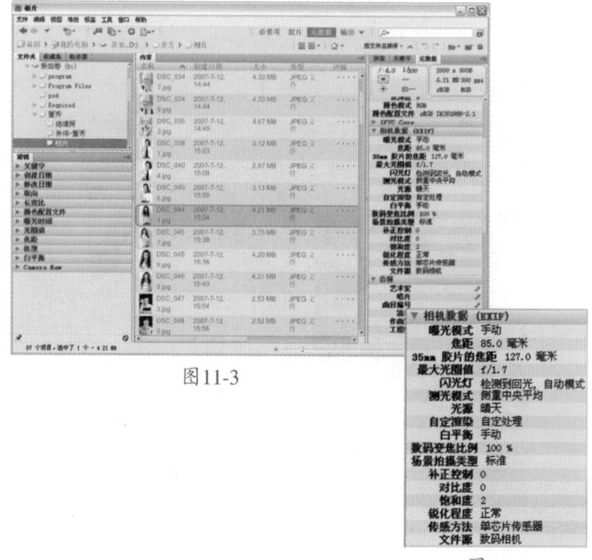

图11-3

图11-4

操作提示

上述图片信息即为Bridge中的EXIF数据。

技术看板：什么是EXIF

EXIF是英文Exchangeable image file for digital still camera（可交换图像文件）的缩写，是JPEG文件格式的一种，符合所有的JPEG标准要求，具有大压缩比，高清晰度的特点，其文件后缀仍然是jpg，仍然可以用普通的看图软件浏览它们。与其他JPEG文件不同的是，这种文件格式主要用于数码相机领域，其格式和一般的JPEG文件没有任何区别，只是在文件的开头加入关于拍摄信息的内容和索引图。打印或冲印照片时，打印机或其他输出设备能够不需要重新定义文件就可以通过EXIF数据得到关于数码照片的原始信息，如像素大小、尺寸、曝光度、白平衡等参数，以便输出具有良好一致性和还原度的照片，而不产生偏差和失误。该格式文件主要目的是作为一个信息标准，为打印机或其他数码输出设备提供准确的技术参数以便于输出结果的。

Chapter 02 数码照片的调色技术

本章共15个案例，主要针对如何修正数码照片的影调和颜色进行讲解，如修正偏色照片、调整曝光度、提高照片对比等。

Effect 01 调整偏色的照片

难度系数：★☆☆☆☆

视频教学 / CH 02 / 01调整偏色的照片

01 执行【文件】/【打开】命令（Ctrl+O），弹出“打开”对话框，选择需要的素材，单击“打开”按钮打开图像，如图 1-1 所示。将“背景”图层拖曳至“图层”面板中的创建新图层按钮上，得到“背景副本”图层。

图1-1

02 选择“背景副本”图层，单击“图层”面板中的创建新的填充或调整图层按钮，在弹出的下拉菜单中选择“色阶”选项，在“调整”面板中的设置参数，具体参数设置如图 1-2、图 1-3 和图 1-4 所示，得到的图像效果如图 1-5 所示。

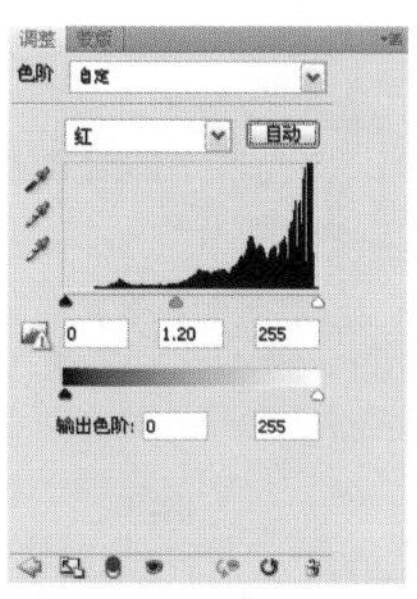

图1-2

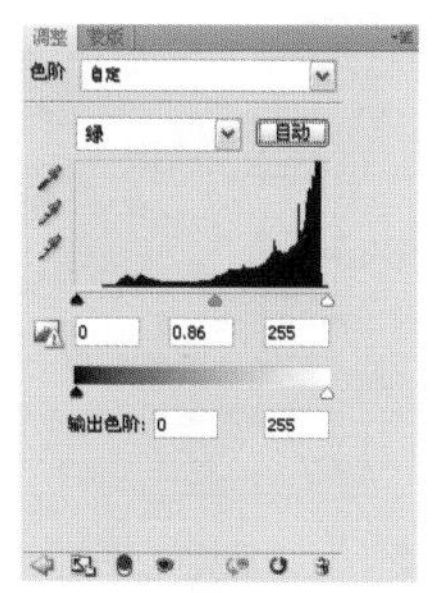

图1-3

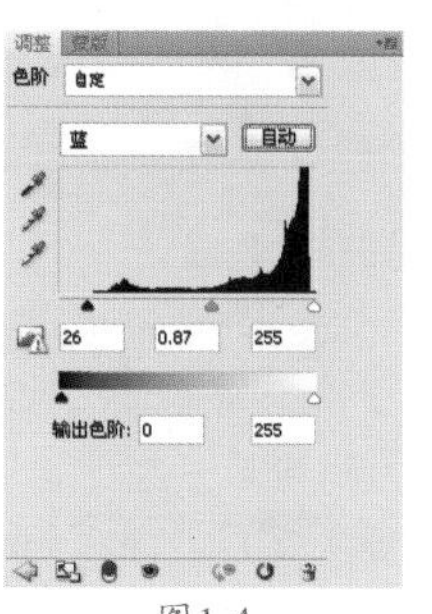

图1-4

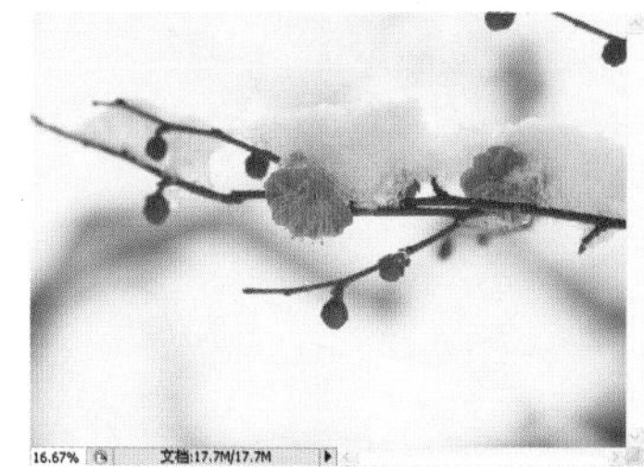

图1-5

Effect 02 修复曝光过度的照片

难度系数：★★☆☆☆

 视频教学 / CH 02 / 02修复曝光过度的照片

01 执行【文件】/【打开】命令（Ctrl+O），弹出“打开”对话框，选择需要的素材，单击“打开”按钮打开图像，如图 2-1 所示。选择“背景”图层，将其拖曳至“图层”面板中的创建新图层按钮 上，得到“背景副本”图层。

图2-1

02 切换至“通道”面板，选择“绿”通道，按住 Ctrl 键单击“绿”通道缩览图，调出其选区。切换回“图层”面板，选择“背景副本”图层，单击“添加图层蒙版按钮 ，为“背景副本”图层添加蒙版。将“背景副本”图层的图层混合模式设置为“正片叠底”，不透明度设置为 80%，得到的图像效果如图 2-2 所示。

图2-2

03 选择“背景副本”图层，将其拖曳至“图层”面板中的创建新图层按钮 上，得到“背景副本 2”图层，将其不透明度设置为 50%，得到的图像如图 2-3 所示。

图2-3

04 单击“图层”面板中的创建新的填充或调整图层按钮，在弹出的下拉菜单中选择“曲线”选项，弹出“调整”面板，具体参数设置如图 2-4 所示，调整完毕后得到的图像效果如图 2-5 所示。

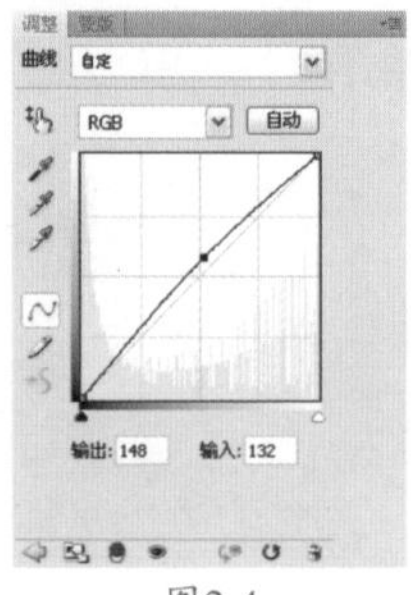

图2-4

图2-5

05 单击“图层”面板中的创建新的填充或调整图层按钮，在弹出的下拉菜单中选择“色相/饱和度”选项，弹出“调整”面板，具体参数设置如图 2-6 所示，调整完毕后得到的图像效果如图 2-7 所示。

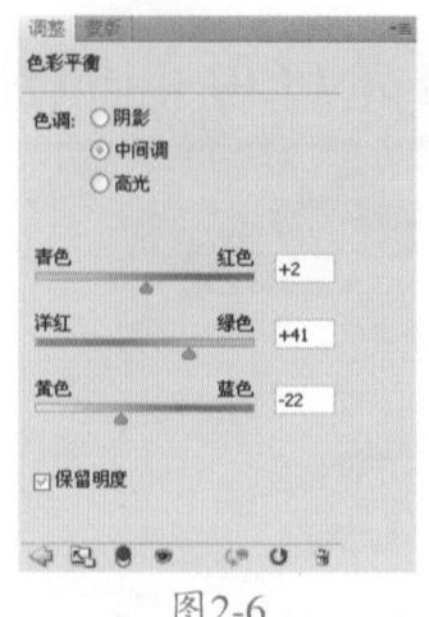

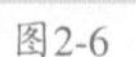

图2-6

图2-7

06 单击“图层”面板中的创建新的填充和调整图层按钮，在弹出的下拉菜单中选择“亮度/对比度”选项，弹出“调整”面板，具体参数设置如图 2-8 所示，调整完毕后得到的图像效果如图 2-9 所示。

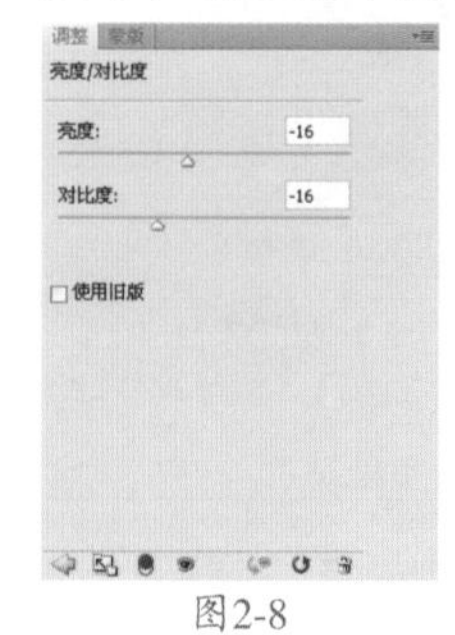

图2-8

图2-9

视频/扩展视频/视频02　修正强光下拍摄的照片

课后复习——视频 02 修正强光下拍摄的照片

Effect 03　修复曝光不足的照片

难度系数：★☆☆☆☆

视频教学 / CH 02 / 03修复曝光不足的照片

01 执行【文件】/【打开】命令（Ctrl+O），弹出“打开”对话框，选择需要的素材，单击“打开”按钮打开图像，如图 3-1 所示。

图3-1

02 将“背景”图层拖曳至“图层”面板中的创建新图层按钮 上，得到“背景副本”图层，在“图层”面板上设置其图层混合模式为“滤色”，“图层”面板状态如图 3-2 所示，得到的图像效果如图 3-3 所示。

图3-2

图3-3

03 选择“背景副本”图层，将其拖曳至“图层”面板中的创建新图层按钮 上，得到“背景副本 2”图层，图像效果如图 3-4 所示。

图3-4

操作提示

“滤色”图层混合模式可以使图像产生漂白的效果，类似于多个摄影幻灯片在彼此之上投影。

技术看板："滤色"图层混合模式

当前图层中的像素与底层的黑色混合时保持不变，而与底层的白色混合时则被其替换，它可以使图像产生漂白的效果，类似于多个摄影幻灯片在彼此之上投影。如下图所示。

原图

效果图

04 选择"背景副本2"图层，单击"图层"面板上的创建新的填充或调整图层按钮，在弹出的下拉菜单中选择"曲线"选项，在"调整"面板中设置参数，如图3-5所示，调整完毕后得到的图像效果如图3-6所示。

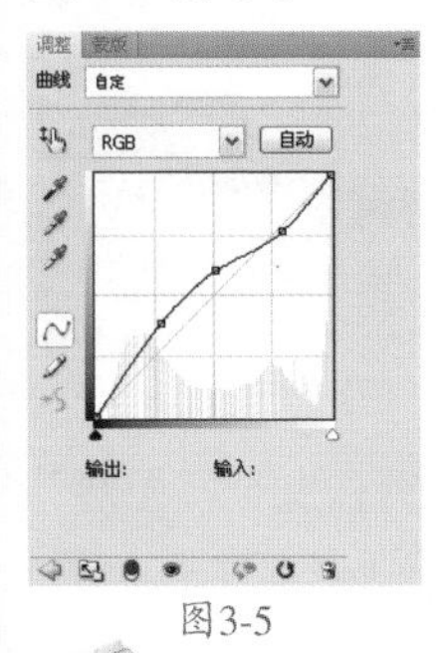

图3-5

图3-6

05 选择"曲线1"调整图层，按快捷键Alt+Ctrl+Shift+E盖印可见图层，得到"图层1"。切换至"通道"面板，选择RGB通道，按住Ctrl键单击RGB通道缩览图，调出其选区，切换回"图层"面板，选择"图层1"，选区效果如图3-7所示。单击"图层"面板中的添加图层蒙版按钮，为"图层1"添加图层蒙版，按快捷键Ctrl+I将其反相，得到的图像效果如图3-8所示。

图3-7

图3-8

操作提示

按住Ctrl键单击RGB通道缩览图，调出其选区，目的是将照片中的亮部载入选区，也可按快捷键Alt+Shift+Ctrl+~调出选区。

06 选择"图层1"，单击"图层"面板中创建新的填充或调整图层按钮，在弹出的下拉菜单中选择"曲线"选项，在"调整"面板中设置参数，如图3-9所示，设置完毕后得到的图像效果如图3-10所示。

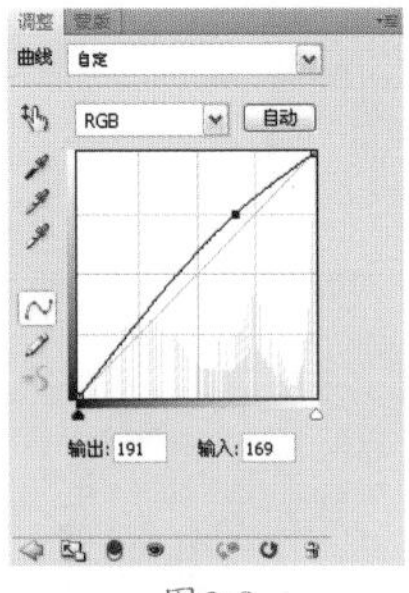

图3-9

图3-10

07 选择"曲线2"调整图层，单击"图层"面板中的创建新的填充或调整图层按钮，在弹出的下拉菜单中选择"亮度/对比度"选项，在"调整"面板中设置参数，如图3-11所示，设置完毕后得到的图像效果如图3-12所示。

图3-11

图3-12

 Effect 04 修复逆光的照片

难度系数：★★☆☆☆

视频教学 / CH 02 / 04修复逆光的照片

 执行【文件】/【打开】命令（Ctrl+O），弹出“打开”对话框，选择需要的素材，单击“打开”按钮打开图像，如图 4-1 所示。

图4-1

02 将“背景”图层拖曳至“图层”面板中的创建新图层按钮上，得到“背景副本”图层，“图层”面板状态如图 4-2 所示。

图4-2

03 选择“背景副本”图层，单击“图层”面板中的创建新的填充或调整图层按钮，在弹出的下拉菜单中选择“曲线”选项，在“调整”面板中设置参数，如图 4-3 所示，设置完毕后得到的图像效果如图 4-4 所示。

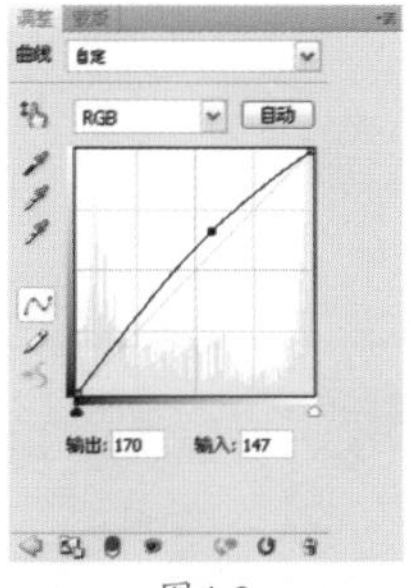

图4-3

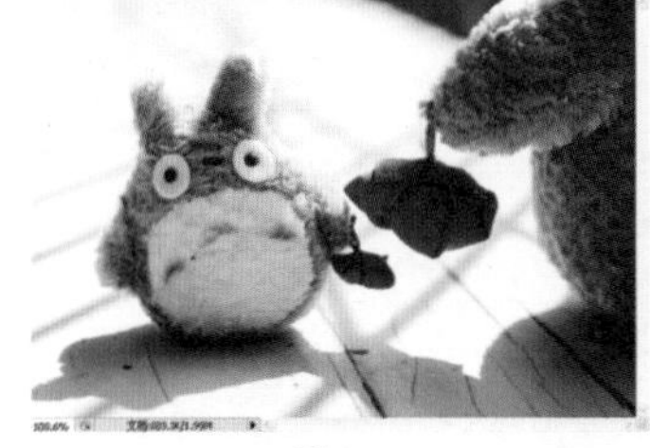
图4-4

04 选择“曲线 1”调整图层，单击“图层”面板中的创建新图层按钮，新建“图层 1”。将前景色设置为白色，选择工具箱中的画笔工具，在其工具选项栏中选择柔角笔刷，设置合适的笔刷大小，在图像中 的主体部分进行涂抹，涂抹完毕后将其图层混合模式设置为“柔光”，“图层”面板状态如图 4-5 所示，得到的图像效果如图 4-6 所示。

图4-5

图4-6

技术看板：“柔光”图层混合模式

当前图层中的颜色决定了图像变亮或是变暗。如果当前图层中的像素比50%灰色亮，则图像变亮；如果当前图层中的像素比50%灰色暗，则图像变暗。产生的效果与发散的聚光灯照在图像上相似。

打开素材图像，如图1所示，新建一个图层，填充白色，将该图层的图层混合模式设置为柔光，得到的图像效果如图2所示；填充黑色，将其图层的图层混合模式设置为柔光，得到的图像效果如图3所示。

图1　　图2

图3

05 单击“图层”面板中的创建新的填充或调整图层按钮，在弹出的下拉菜单中选择“色阶”选项，在“调整”面板中设置参数，如图 4-7 所示，调整完毕后得到的图像效果如图 4-8 所示。

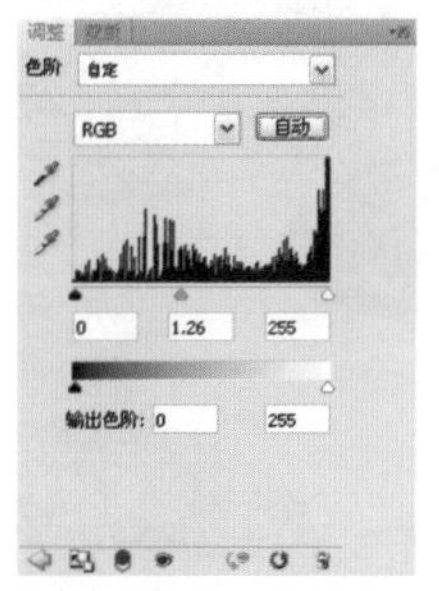

图4-7

图4-8

06 单击“图层”面板中的创建新的填充或调整图层按钮，在弹出的下拉菜单中选择“亮度 / 对比度”选项，在“调整”面板中设置参数，如图 4-9 所示，调整完毕后得到的图像效果如图 4-10 所示。

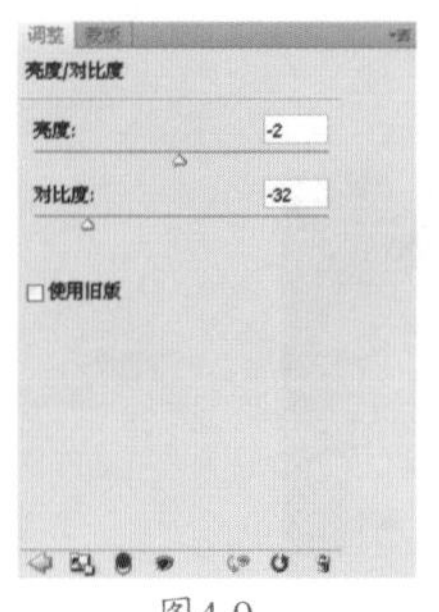

图4-9

图4-10

Effect 05 让照片更加鲜亮

难度系数：★★★☆☆

视频教学 / CH 02 / 05让照片更加鲜亮

01 执行【文件】/【打开】命令（Ctrl+O），弹出“打开”对话框，选择需要的素材，单击“打开”按钮打开图像，如图 5-1 所示。将“背景”图层拖曳至“图层”面板中的创建新图层按钮上，得到“背景副本”图层。

图5-1

02 选择“背景副本”图层，单击“图层”面板中的创建新的填充或调整图层按钮，在弹出的下拉菜单中选择“色相 / 饱和度”选项，在“调整”面板中设置参数，如图 5-2 所示，设置完毕后得到的图像效果如图 5-3 所示。

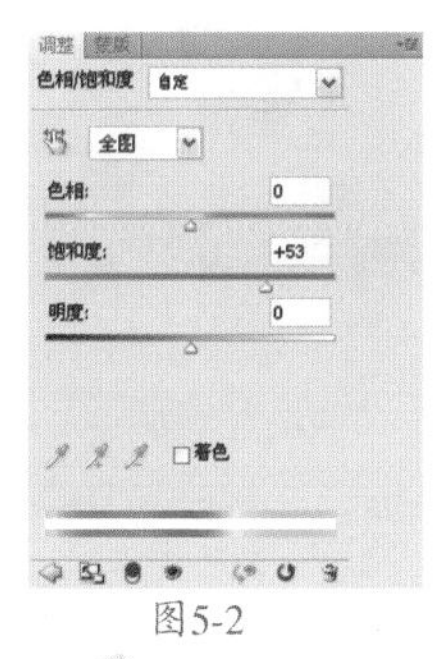

图5-2

图5-3

03 选择“色相 / 饱和度 1”调整图层，单击“图层”面板中的创建新的填充或调整图层按钮，在弹出的下拉菜单中选择“色相 / 饱和度”选项，在“调整”面板中设置参数，如图 5-4 所示。调整完毕后单击“色相 / 饱和度 2”调整图层的蒙版缩览图，设置前景色为黑色，选择工具箱中的画笔工具，在其工具选项栏中设置合适的笔刷及其大小，设置笔刷的不透明度为 40%，在图像中人物的皮肤部分进行涂抹，涂抹完毕后得到的图像效果如图 5-5 所示。

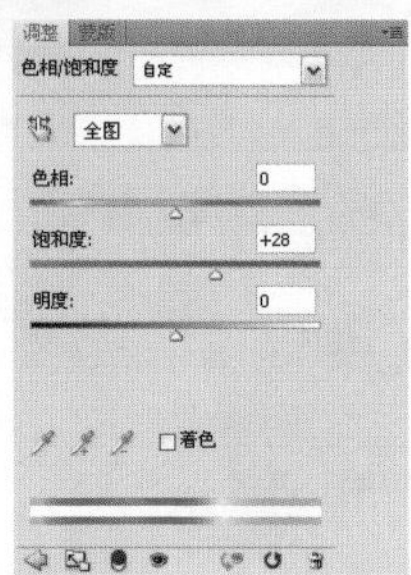

图5-4　　图5-5

04 单击“图层”面板中的创建新的填充或调整图层按钮，在弹出的下拉菜单中选择“曲线”选项，在“调整”面板中设置参数，如图 5-6 所示，调整完毕后得到的图像效果如图 5-7 所示。

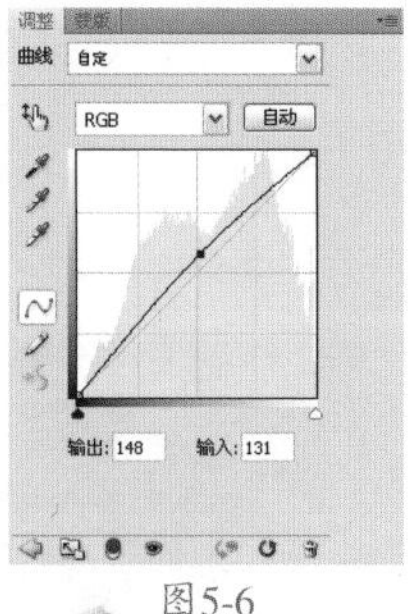

图5-6　　图5-7

05 单击“图层”面板中的创建新的填充或调整图层按钮，在弹出的下拉菜单中选择“色彩平衡”选项，在“调整”面板中设置参数，如图 5-8 所示，调整完毕后得到的图像效果如图 5-9 所示。

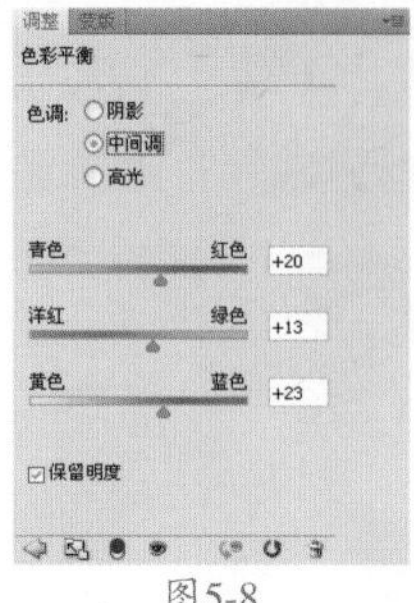

图5-8　　图5-9

06 选择“色彩平衡 1”调整图层，单击“图层”面板中的创建新的填充或调整图层按钮，在弹出的下拉菜单中选择“亮度 / 对比度”选项，在“调整”面板中设置参数，如图 5-10 所示，调整完毕后得到的图像效果如图 5-11 所示。

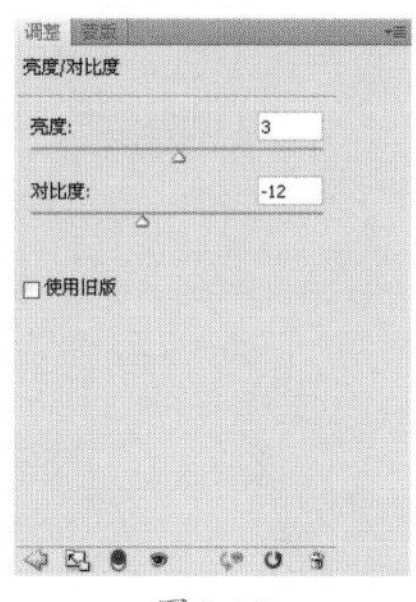

图5-10　　图5-11

视频 / 扩展视频 / 视频03　再现美丽江南水乡

课后复习——视频 03 再现美丽江南水乡

Effect 06 锐化照片

难度系数：★★☆☆☆

视频教学 / CH 02 / 06锐化照片

01 执行【文件】/【打开】命令（Ctrl+O），弹出"打开"对话框，选择需要的素材，单击"打开"按钮打开图像，如图 6-1 所示。将"背景"图层拖曳至"图层"面板中的创建新图层按钮上，得到"背景副本"图层。

图6-1

02 选择"背景副本"图层，执行【滤镜】/【锐化】/【USM 锐化】命令，弹出"USM 锐化"对话框，设置具体参数如图 6-2 所示，得到的图像效果如图 6-3 所示。

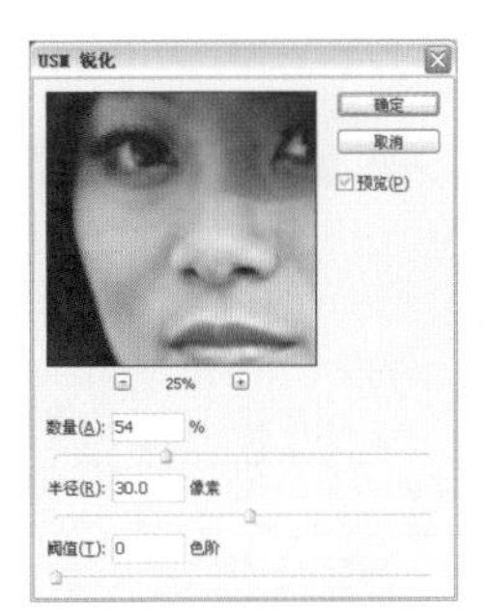

图6-2

图6-3

03 选择"背景"图层，将其拖曳至"图层"面板中的创建新图层按钮上，得到"背景副本 2"图层，按快捷键 Ctrl+】将其移至"背景副本"图层上方，"图层"面板状态如图 6-4 所示。

图6-4

04 选择“背景副本 2”图层，执行【滤镜】/【锐化】/【智能锐化】命令，弹出“智能锐化”对话框，具体参数设置如图 6-5 所示，得到的图像效果如图 6-6 所示。

图6-5

图6-6

技术看板：USM锐化与智能锐化的不同用处

【锐化】滤镜可以通过增强相邻像素间的对比度来聚焦模糊的图像，使图像变得清晰。

“USM锐化”可进行专业的色彩校正。调整边缘细节的对比度，并在边缘的每侧生成一条亮线和一条暗线，这一过程可使边缘突出，造成图像更加锐化的错觉。

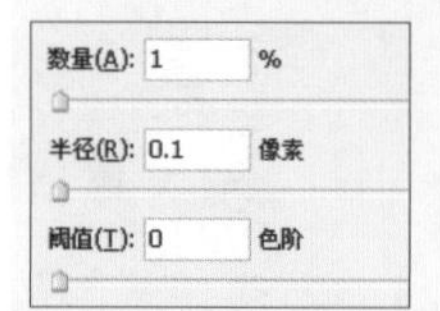

数量：用来设置锐化效果的强度。该值越高，锐化效果越明显。
半径：用来设置锐化的范围。
阈值：只有相邻像素间的差值达到该值所设定的范围时才会被锐化，因此，该值越高，被锐化的像素就越少。

“智能锐化”可设置锐化算法，控制在阴影和高光区域中进行的锐化量。

视频 / 扩展视频 / 视频04　创建黑白特效照片

课后复习——视频 04 创建黑白特效照片

 Effect 07 通过色阶修复灰蒙蒙的照片

难度系数：★☆☆☆☆

 视频教学 / CH 02 / 07通过色阶修复灰蒙蒙的照片

01 执行【文件】/【打开】命令（Ctrl+O），弹出“打开”对话框，选择需要的素材，单击“打开”按钮打开图像，如图 7-1 所示。

图7-1

02 选择“背景”图层，单击“图层”面板中的创建新的填充或调整图层按钮，在弹出的下拉菜单中选择“色阶”选项，在“调整”面板中设置参数，如图 7-2 所示，设置完毕后得到的图像效果如图 7-3 所示。

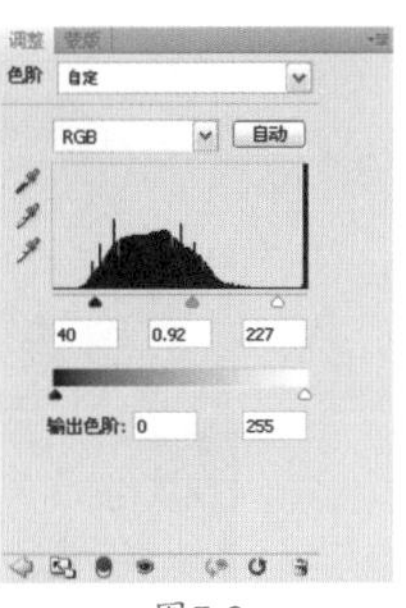

图7-2

图7-3

操作提示

通过调节“色阶”中的黑度、灰度和白度滑块来增强图像的对比度。

Effect 08　通过色阶修复曝光不足的照片

难度系数：★★☆☆☆

 视频教学 / CH 02 / 08通过色阶修复曝光不足的照片

01 执行【文件】/【打开】命令（Ctrl+O），弹出“打开”对话框，选择需要的素材，单击“打开”按钮打开图像，如图 8-1 所示。

图8-1

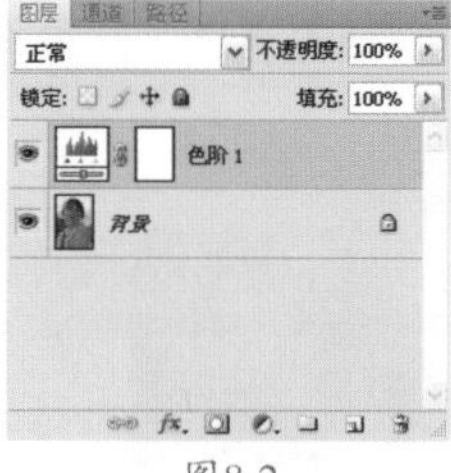

图8-2

02 选择“背景”图层，单击“图层”面板中的创建新的填充或调整图层按钮，在弹出的下拉菜单中选择“色阶”选项，“图层”面板状态如图 8-2 所示。在“调整”面板中设置参数，如图 8-3 所示，设置完毕后得到的图像效果如图 8-4 所示。

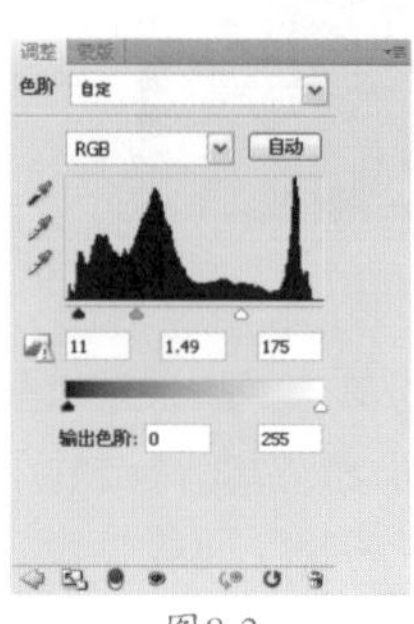

图8-3

图8-4

Effect 09 曲线调整照片

难度系数：★★☆☆☆

视频教学 / CH 02 / 09曲线调整照片

01 执行【文件】/【打开】命令（Ctrl+O），弹出“打开”对话框，选择需要的素材，单击“打开”按钮打开图像，如图 9-1 所示。

图9-1

02 选择“背景”图层，单击“图层”面板中的创建新的填充或调整图层按钮，在弹出的下拉菜单中选择“曲线”选项，在“调整”面板中的曲线上单击鼠标，建立一个控制点，按住鼠标左键将控制点向上移动，如图 9-2 所示，得到的图像效果如图 9-3 所示。

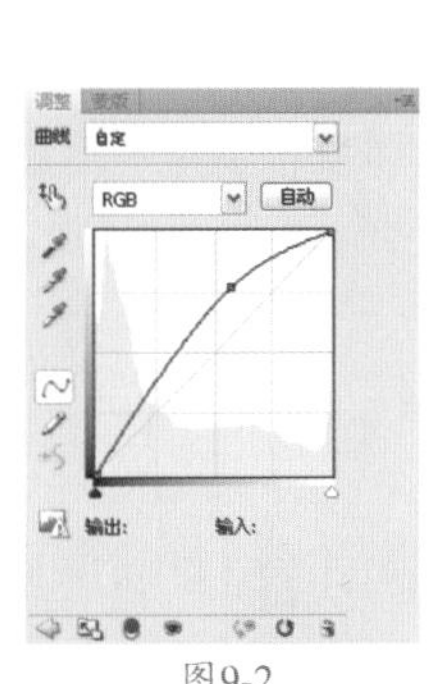

图9-2

图9-3

操作提示

曲线中较陡的部分表示对比度较高的区域，较平的部分表示对比度较低的区域。

03 选择“背景”图层，将其拖曳至“图层”面板中的创建新图层按钮上，得到“背景副本”图层，按快捷键 Ctrl+] 将其移至“曲线 1”调整图层上方。单击“图层”面板中的创建新的填充或调整图层

按钮 ，在弹出的下拉菜单中选择“曲线”选项，在“调整”面板中用鼠标左键在曲线上分别单击，建立2个控制点，将上面的控制点稍稍向上移动，将下面的控制点稍稍向下移动，使整个曲线呈现“S”型，如图9-4所示，得到的图像效果如图9-5所示。

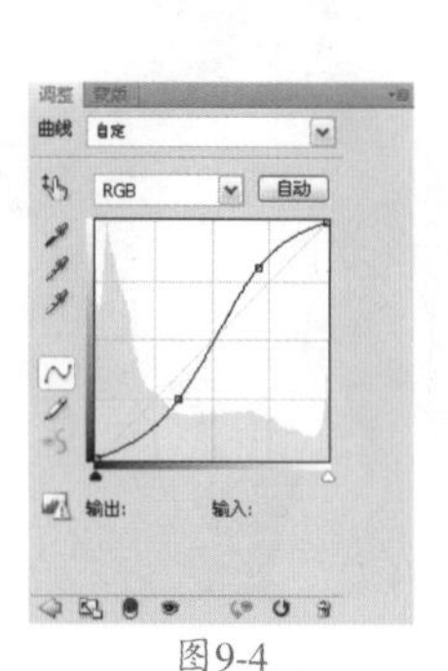

图9-4

图9-5

操作提示

单击“调整”面板下方的“复位到调整默认值”按钮，可使各项参数恢复初始状态。

04 选择“背景”图层，将其拖曳至“图层”面板中的创建新图层按钮 上，得到“背景副本2”图层，按快捷键Ctrl+]将其移至“曲线2”调整图层上方。单击“图层”面板中的创建新的填充或调整图层按钮 ，在弹出的下拉菜单中选择“曲线”选项，在“调整”面板中用鼠标左键在曲线上分别单击，建立3个控制点，中间的点不动，将上面的控制点稍稍向上移动，将下面的控制点也稍稍向上移动，使得整个曲线呈现“M”型，如图9-6所示，得到的图像效果如图9-7所示。

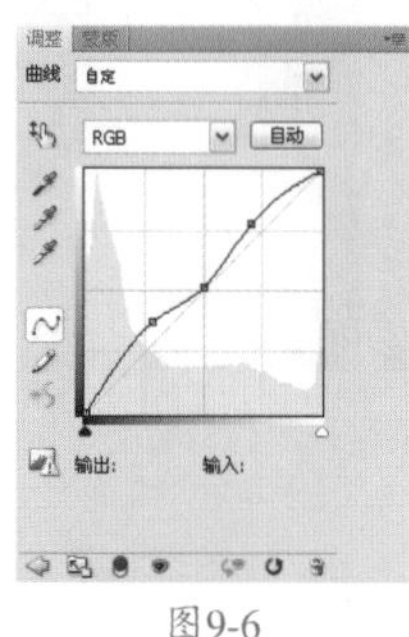

图9-6

图9-7

操作提示

按住Shift键单击控制点，可以选择多个控制点；将控制点拖出网格区域，可删除控制点；选择控制点后，按下键盘中的方向键可轻微移动控制点。

视频 / 扩展视频 / 视频05　制作照片写真效果

课后复习
——视频05 制作照片写真效果

Effect 10 自动色阶恢复蓝天白云

难度系数：★★☆☆☆

 视频教学 / CH 02 / 10自动色阶恢复蓝天白云

01 执行【文件】/【打开】命令（Ctrl+O），弹出“打开”对话框，选择需要的素材，单击“打开”按钮打开图像，如图 10-1 所示。

图10-1

02 选择“背景”图层，单击“图层”面板中的创建新的填充或调整图层按钮 ，在弹出的下拉菜单中选择“色阶”选项，如图 10-2 所示。在“调整”面板中单击“自动”按钮，得到的图像效果如图 10-3 所示。

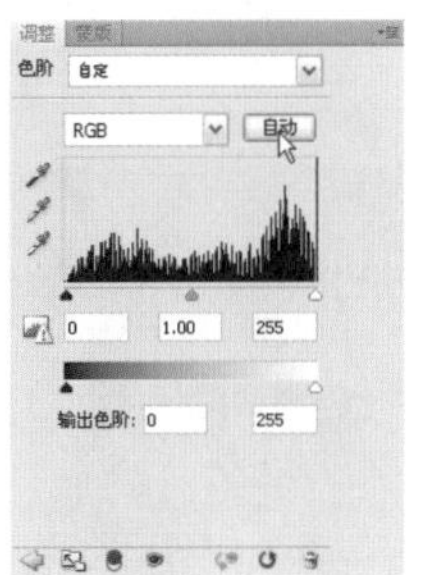

图10-2

图10-3

技术看板：自动色阶巧妙控制图像亮度

单击“色阶”对话框中的自动按钮可应用自动颜色校正。Photoshop CS4将以0.5%的比例自动调整图像色阶，使图像的亮度分布均匀。

Effect 11 妙用色阶工具一键校正曝光不足

难度系数：★★☆☆☆

视频教学 / CH 02 /

11妙用色阶工具一键校正曝光不足

01 执行【文件】/【打开】命令（Ctrl+O），弹出“打开”对话框，选择需要的素材，单击“打开”按钮打开图像，如图 11-1 所示。

图11-1

02 选择“背景”图层，单击“图层”面板中的创建新的填充或调整图层按钮，在弹出的下拉菜单中选择“色阶”选项，在“调整”面板中单击在图像中取样以设置白场按钮，如图 11-2 所示。

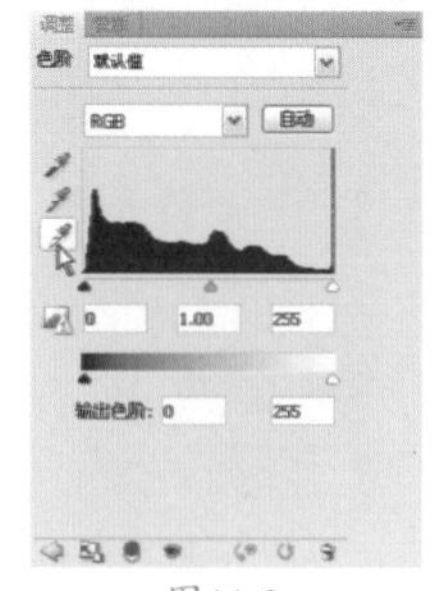

图11-2

03 在图像中的亮部单击，如图 11-3 所示，得到的图像效果如图 11-4 所示。

图11-3

图11-4

04 选择“色阶 1”调整图层，在“调整”面板中单击在图像中取样以设置灰场按钮，如图 11-5 所示，在图像中灰部单击，如图 11-6 所示，得到的图像效果如图 11-7 所示。

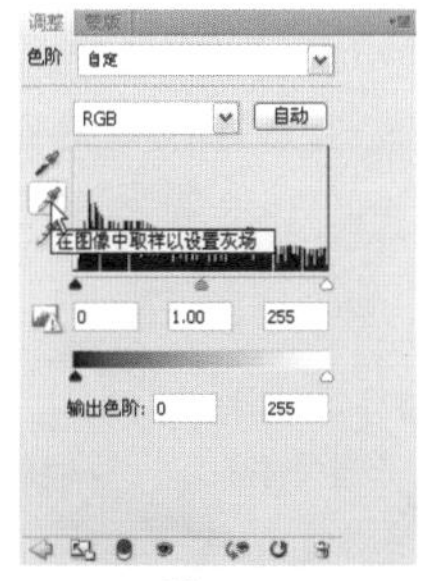

图11-5

图11-6

图11-7

技术看板：在图像中取样以设置白场

使用该工具在图像中单击，可将单击点的像素变为白色，原图像中比该点亮度值大的像素也都变为白色。

在图像中取样以设置灰场：使用该工具在图像中单击，可根据单击点的像素亮度来调整其他中间色调的平均亮度。在图像中取样以设置黑场：使用该工具在图像中单击，可将单击点的像素变为黑色，原图像中比该点暗的像素也变为黑色。

05 选择“色阶 1”调整图层，在“调整”面板中单击，在图像中取样以设置黑场按钮，如图11-8所示，在图像中暗部单击，如图11-9所示，得到的图像效果如图11-10所示。

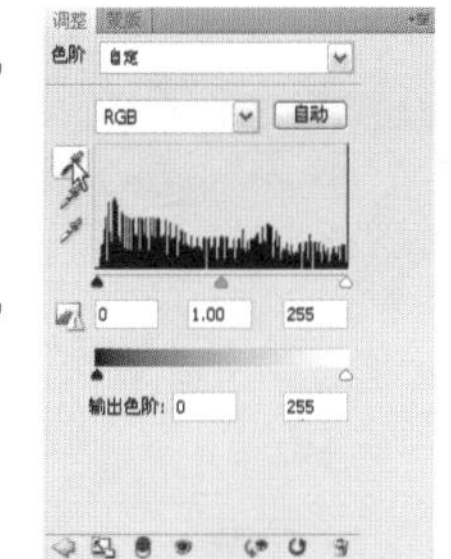

图11-8

图11-9

图11-10

视频 / 扩展视频 / 视频06　调出照片电影特效

课后复习——视频 06 调出照片电影特效

 Effect 12　妙用曲线工具一键校正曝光不足

难度系数：★★☆☆☆

视频教学 / CH 02 / 12妙用曲线工具一键校正曝光不足

 执行【文件】/【打开】命令（Ctrl+O），弹出“打开”对话框，选择需要的素材，单击“打开”按钮打开图像，如图 12-1 所示。

图12-1

图12-2

02 选择“背景”图层，单击“图层”面板中的创建新的填充或调整图层按钮，在弹出的下拉菜单中选择“曲线”选项。在“调整”面板中单击在图像中取样以设置白场按钮，在如图 12-2 所示位置单击，“调整”面板状态如图 12-3 所示，得到的图像效果如图 12-4 所示。

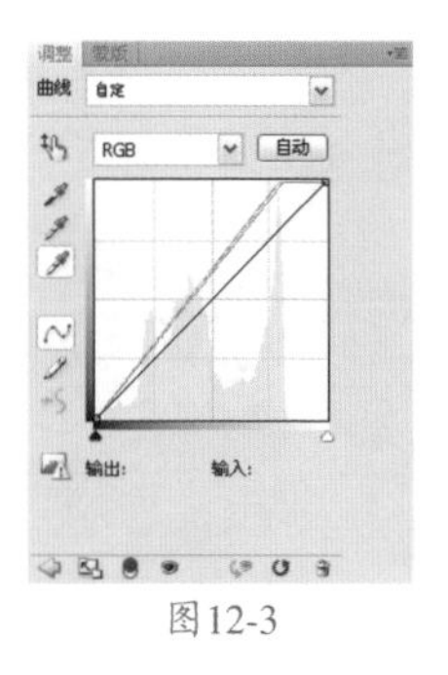

图12-3

图12-4

Effect 13 使用曲线工具一键校正偏色

难度系数：★★☆☆☆ 视频教学 / CH 02 / 13使用曲线工具一键校正偏色

01 执行【文件】/【打开】命令（Ctrl+O），弹出“打开”对话框，选择需要的素材，单击“打开”按钮打开图像，如图 13-1 所示。

图13-1

02 选择“背景”图层，单击“图层”面板中的创建新的填充或调整图层按钮 ，在弹出的下拉菜单中选择“曲线”选项，在“调整”面板中单击在图像中取样以设置灰场按钮 ，如图 13-2 所示。

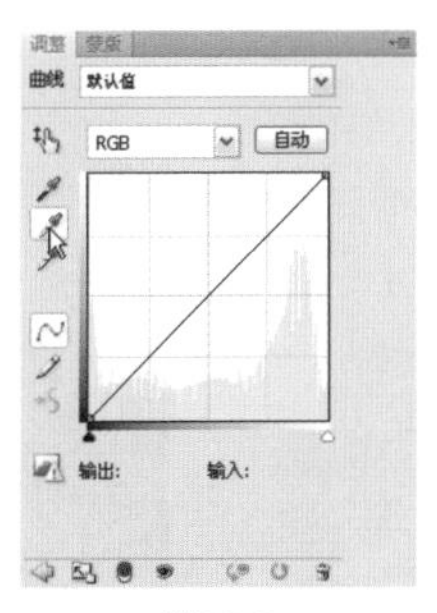

图13-2

03 在图像鹅卵石夹缝中单击，如图 13-3 所示，“调整”面板状态如图 13-4 所示，得到的图像效果如图 13-5 所示。

图13-3

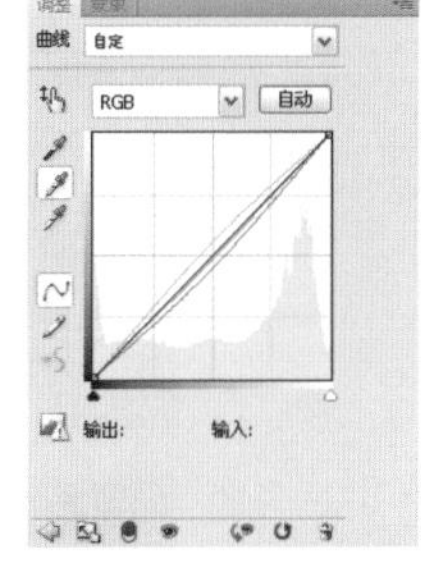

图13-4

图13-5

Effect 14 校正严重的镜头暗角

难度系数：★★☆☆☆ 视频教学 / CH 02 /14校正严重的镜头暗角

01 执行【文件】/【打开】命令（Ctrl+O），弹出“打开”对话框，选择需要的素材，单击“打开”按钮打开图像，如图 14-1 所示。将“背景”图层拖曳至“图层”面板中的创建新图层按钮上，得到“背景副本”图层。

图14-1

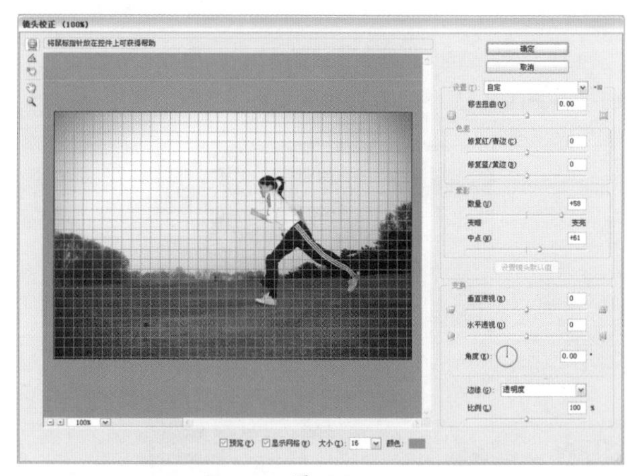

图14-2

02 选择“背景副本”图层，执行【滤镜】/【扭曲】/【镜头校正】命令，弹出“镜头校正”对话框，设置具体参数，如图 14-2 所示，得到的图像效果如图 14-3 所示。

图14-3

03 选择“背景副本”图层，将其拖曳至“图层”面板中的创建新图层按钮 上，得到“背景副本 2”图层。执行【滤镜】/【扭曲】/【镜头校正】命令，弹出“镜头校正”对话框，具体参数设置如图 14-4 所示，得到的图像效果如图 14-5 所示。

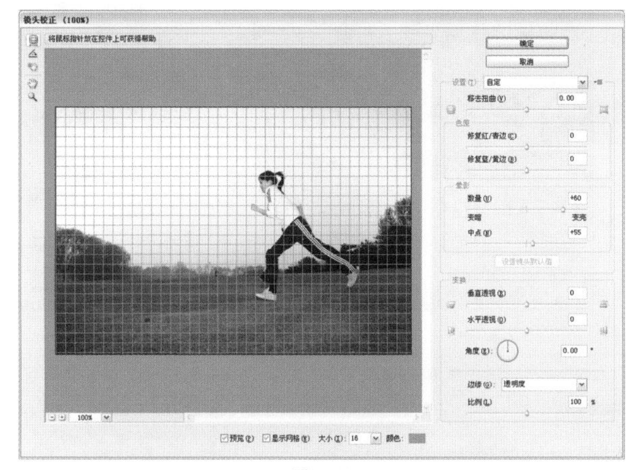

图14-4

图14-5

04 选择“背景副本 2”图层，将其拖曳至“图层”面板中的创建新图层按钮 上，得到“背景副本 3”图层。执行【滤镜】/【扭曲】/【镜头校正】命令，弹出“镜头校正”对话框，具体参数设置如图 14-6 所示，得到的图像效果如图 14-7 所示。

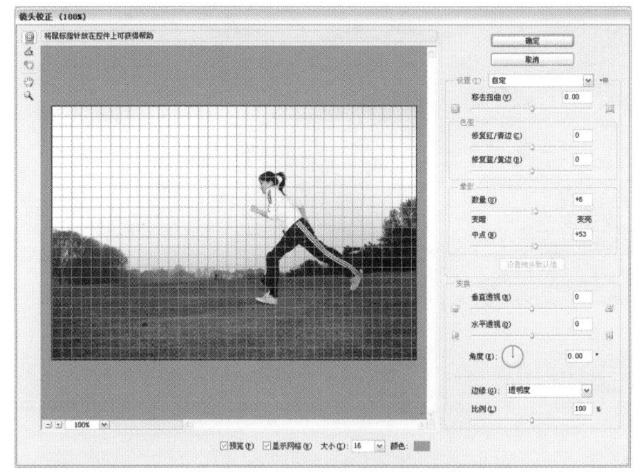

图14-6

图14-7

技术看板：镜头校正中各参数的关系

晕影是一种由相机镜头缺陷造成的现象，产生晕影的图像的边缘（尤其是角落）会比图像中心暗。【滤镜】/【扭曲】/【镜头校正】的“晕影”选项则用来校正该种情形。

在“数量”选项中可以设置沿图像边缘变亮或变暗的程度。在“中点”选项中可以指定受“数量”滑块影响的区域的宽度，如果指定较小的数，会影响较多的区域；如果指定较大的数，则只会影响图像的边缘。

Effect 15　使用曝光度工具调亮夜景照片

难度系数：★★☆☆☆

视频教学 / CH 02 / 15使用曝光度工具调亮夜景照片

 执行【文件】/【打开】命令（Ctrl+O），弹出“打开”对话框，选择需要的素材，单击“打开”按钮打开图像，如图 15-1 所示。

图15-1

02 单击“图层”面板上的创建新的填充或调整图层按钮 ，在弹出的下拉菜单中选择“曝光度”选项，在“调整”面板中设置参数，如图 15-2 所示，得到的图像效果如图 15-3 所示。

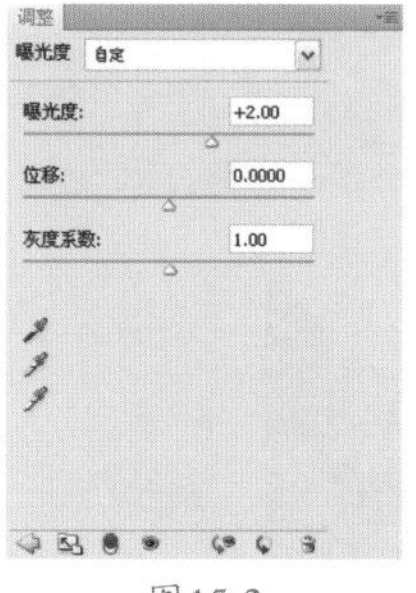

图15-2

图15-3

技术看板：曝光度调整中的参数含义

“曝光度”命令是用来调整曝光不足的照片。

曝光度：调整图像的整体曝光度，对图像的阴影区域没有太大的影响。位移：调整图像的灰度和暗面，对图像高光区域没有太大的影响。灰度系数：可自由调整，达到图像的最终效果。

图中的吸管分别用来设置黑场、白场和灰场。

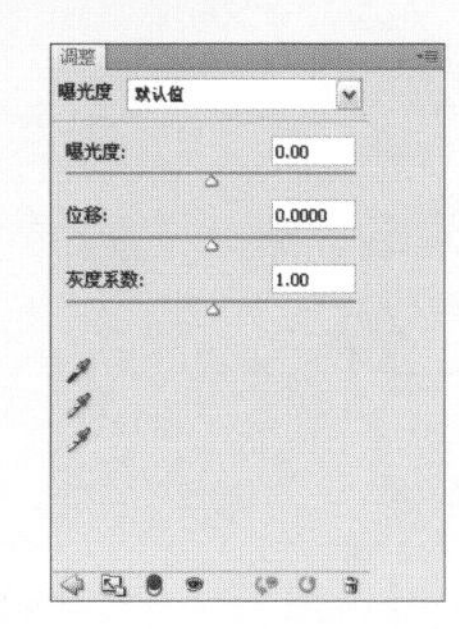

跟我玩数码照片

Chapter 03 数码照片的色彩进阶

本章共16个案例，对数码照片的颜色调整将进行更深入的讲解。如调整照片整体颜色、给数码照片上色、改变季节等。

Effect 01 调整衣服颜色

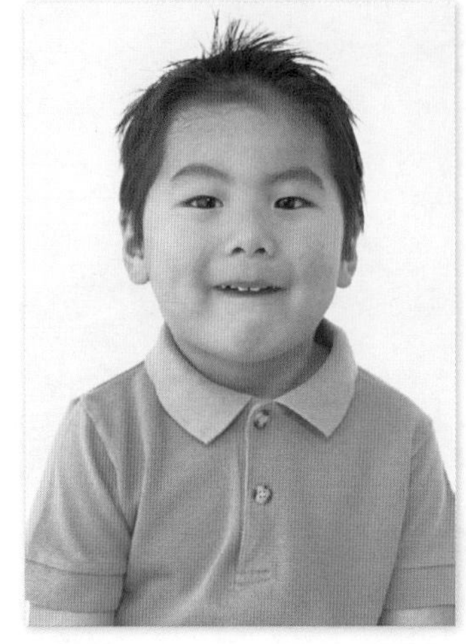

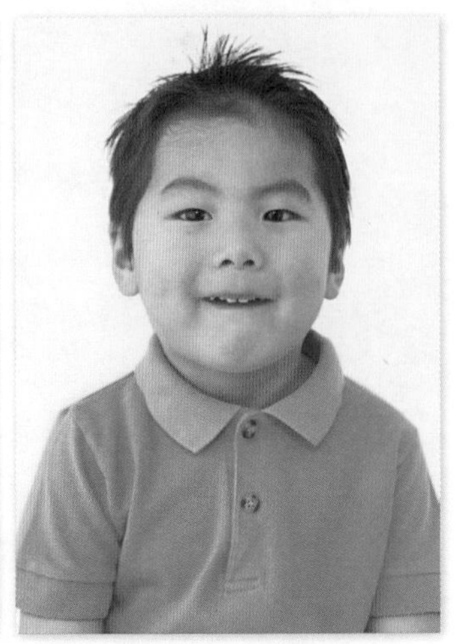

难度系数：★★☆☆☆

视频教学 / CH 03 / 01调整衣服颜色

01 执行【文件】/【打开】命令（Ctrl+O），弹出“打开”对话框，选择需要的素材，单击“打开”按钮打开图像，如图 1-1 所示。

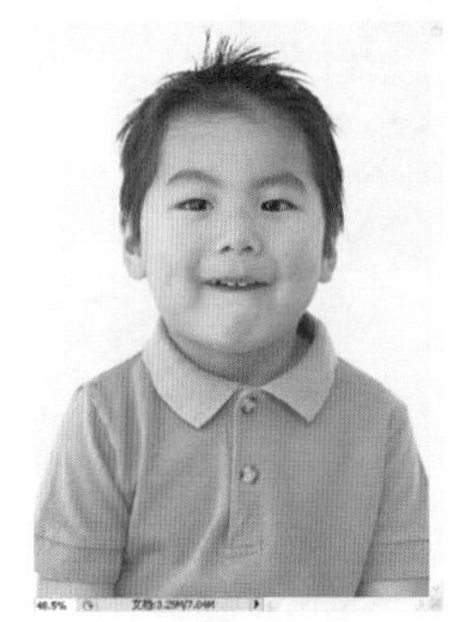

图1-1

02 将“背景”图层拖曳至“图层”面板上的创建新图层按钮上，得到“背景副本”图层，“图层”。单击工具箱中的以快速蒙版模式编辑按钮，选择工具箱中的画笔工具，在其工具选项栏中设置合适的笔刷大小，在图像中衣服上涂抹，如图 1-2 所示，涂抹完毕后得到的图像效果如图 1-3 所示。

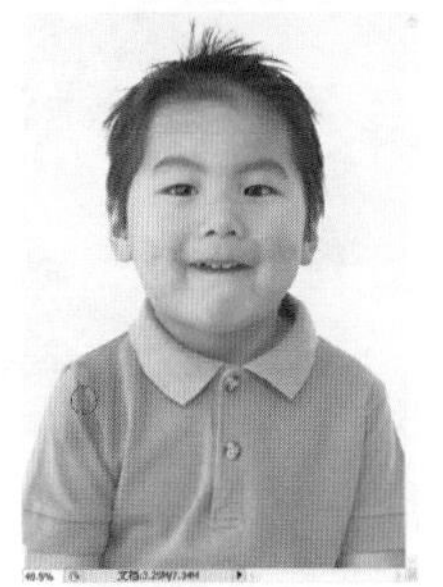

图1-2

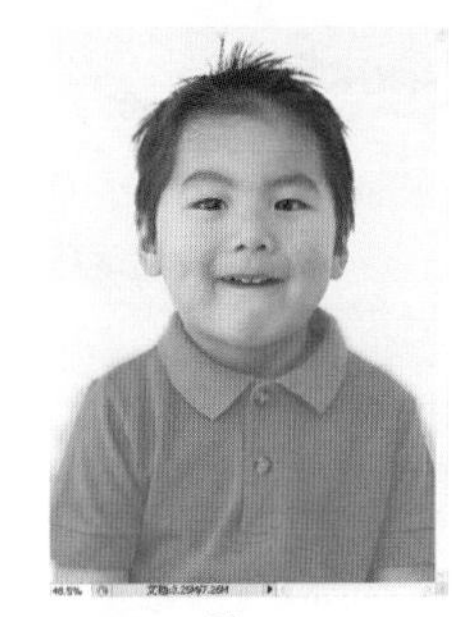

图1-3

03 选择工具箱中的橡皮擦工具，在其工具选项栏中设置合适的硬角笔刷，在图像中多余处擦除，如图 1-4 所示，擦除完毕后得到的图像效果如图 1-5 所示。

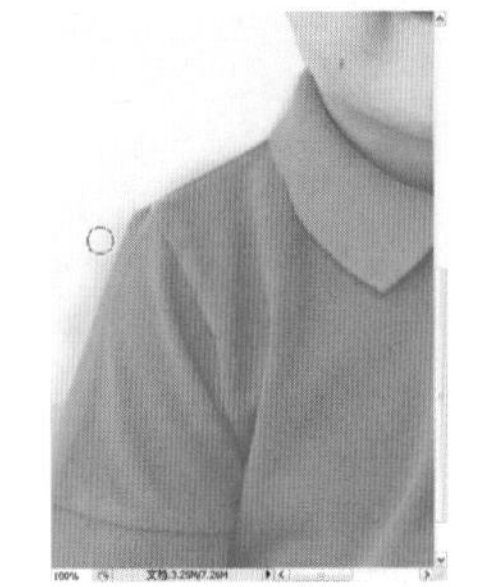

图1-4

图1-5

操作提示

使用橡皮擦工具擦除，主要是将衣服以外多余的颜色擦除，做效果会更精确。

04 单击工具箱中的以标准模式编辑按钮，调出其选区，图像效果如图 1-6 所示，按快捷键 Shift+I 将选区反选。

图1-6

技术看板：橡皮擦工具的特点

使用橡皮擦工具可以通过拖动鼠标来擦除图像中的指定区域，擦除图像时，被擦除的部分会显示为工具箱中的背景色，如下图所示。

05 单击"图层"面板上的创建新的填充或调整图层按钮，在弹出的下拉菜单中选择"色相 / 饱和度"选项，在"调整"面板中设置参数如图 1-7 所示，"图层"面板状态如图 1-8 所示，得到的图像效果如图 1-9 所示。

图1-7

图1-8

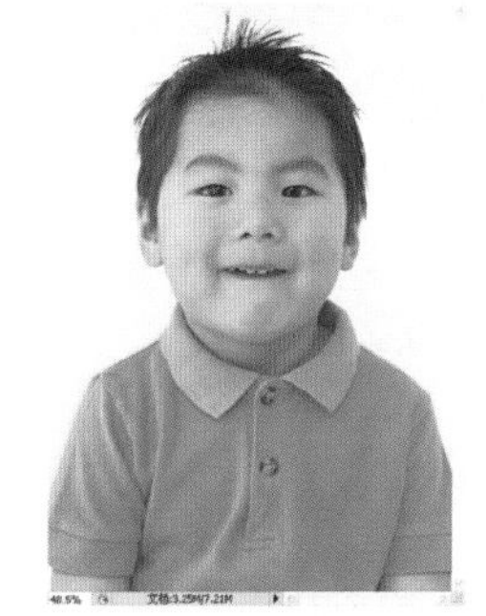

图1-9

技术看板：对像素区域使用调整图层

上述操作是对选定一个图像像素区域，Photoshop CS4 只对此区域中的图像像素做处理，利用这一点即可创建出具有特殊用途的效果。

视频 / 扩展视频 / 视频07 调整图像的局部色彩

课后复习
——视频 07 调整图像的局部色彩

Effect 02 彩色照片的黑白效果

01 执行【文件】/【打开】命令（Ctrl+O），弹出“打开”对话框，选择需要的素材，单击“打开”按钮打开图像，如图 2-1 所示。

图2-1

02 将“背景”图层拖曳至“图层”面板中的创建新图层按钮上，得到“背景副本”图层。按 D 键恢复默认前景色和背景色，单击“图层”面板上的创建新的填充或调整图层按钮，在弹出的下拉菜单中选择“渐变映射”选项，在“调整”面板中选择“从前景色到背景色”渐变类型，如图 2-2 所示，“图层”面板状态如图 2-3 所示得到的图像效果如图 2-4 所示。

图2-2

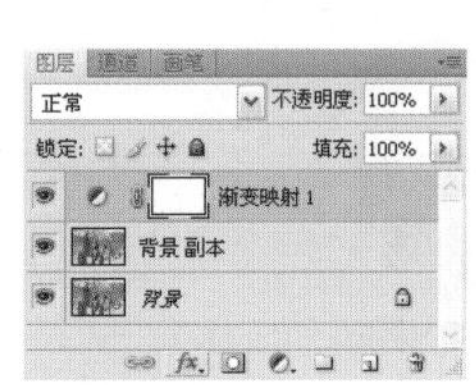

图2-3

图2-4

03 将“背景副本”图层拖曳至“图层”面板中的创建新图层按钮上，得到“背景副本 2”图层，在“图层”面板上将其图层混合模式设置为“滤色”,“图层”面板如图 2-5 所示，得到的图像效果如图 2-6 所示。

图2-5

图2-6

技术看板：渐变映射调整中各参数详解

在弹出的“调整”面板中单击渐变条，在弹出的“渐变编辑器”对话框中设置由前景色到背景色的渐变类型，也可根据自己的喜好来选择颜色。

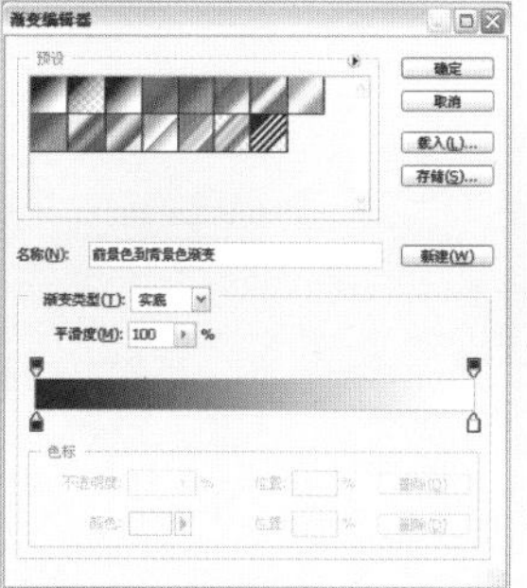

预设：为渐变映射的预设，用鼠标单击渐变方块，就可以应用该渐变映射，还可以通过预设右上方的小三角和载入、存储按钮来读取和保存自定义的预设。

渐变类型：有两种，一种“实底”，另一种“杂色”，在上图中我们看到的是实底的渐变，“杂色”的渐变是随机生成的，一般用于比较炫目的特效制作。

平滑度：可以适当增强图像的对比度，在一些很细微的变化中，可以尝试调整该项。

不透明度色标：用于设定渐变的不透明度，当不透明度为100％时，该不透明度色标下的颜色为实色；当不透明度为0％时，该不透明度色标下的颜色为透明色；当不透明度为50％时，该不透明度色标下的颜色为半透明色，以此类推。不透明度色标可以左右滑动，设定不透明度的渐变点，在两个不透明度色标之间单击，可添加新的不透明色标点。

视频 / 扩展视频 / 视频08　打造青色高对比照片

课后复习——视频 08 打造青色高对比照片

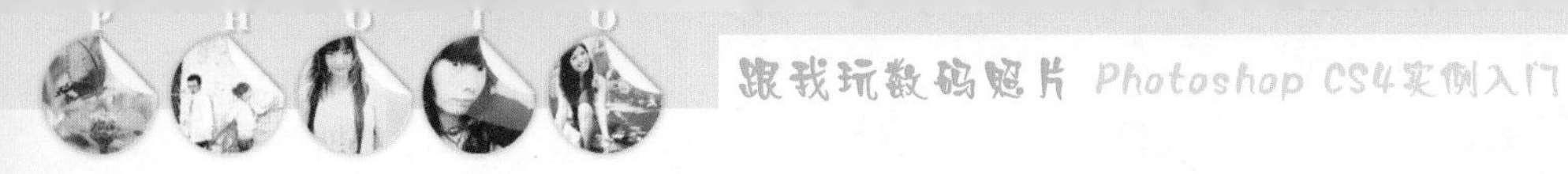

Effect 03　黑白照片上色

难度系数：★★☆☆☆

视频教学 / CH 03 / 03黑白照片上色

01 执行【文件】/【打开】命令（Ctrl+O），弹出“打开”对话框，选择需要的素材，单击“打开”按钮打开图像，如图 3-1 所示。

图3-1

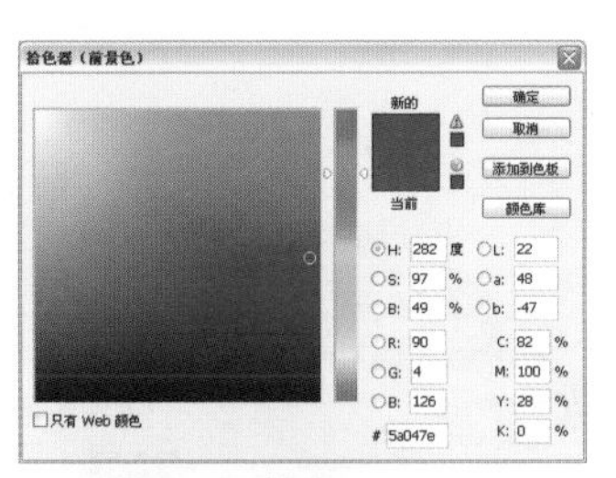

图3-2

图3-3

02 单击“图层”面板上的创建新图层按钮，新建“图层 1”。如图 3-2 所示设置前景色色值，选择工具箱中的画笔工具，在其工具选项栏中设置合适的柔角笔刷，在图像中人物上衣处涂抹，涂抹完毕后图像效果如图 3-3 所示。

03 选择工具箱中的橡皮擦工具，在其工具选项栏中设置合适的笔刷，在图像中衣服外多余的部分涂抹，如图 3-4 所示，擦除完毕后得到的图像效果如图 3-5 所示。

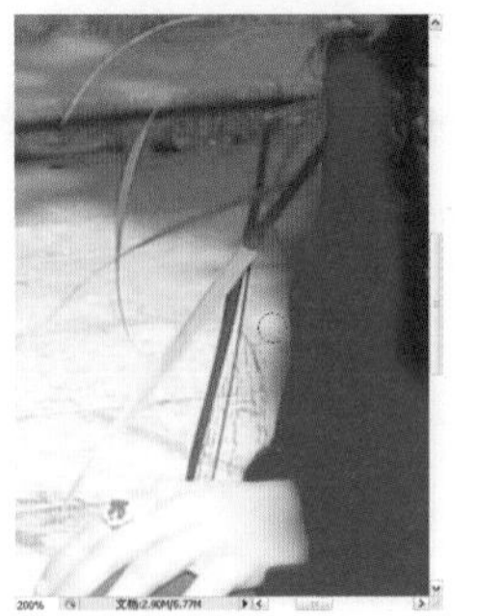

图3-4

图3-5

04 选择“图层 1”，在“图层”面板上将其图层混合模式设置为“柔光”，“图层”面板状态如图 3-6 所示，图像效果如图 3-7 所示。

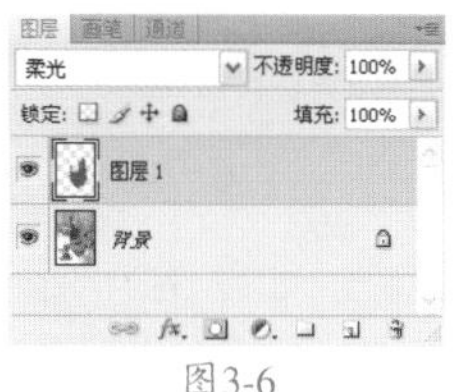

图3-6

图3-7

05 选择“图层 1”，单击“图层”面板上的创建新图层按钮，新建“图层 2”。如图 3-8 所示设置前景色色值，选择工具箱中的画笔工具，在图像中皮肤处涂抹，涂抹完毕后得到的图像效果如图 3-9 所示。

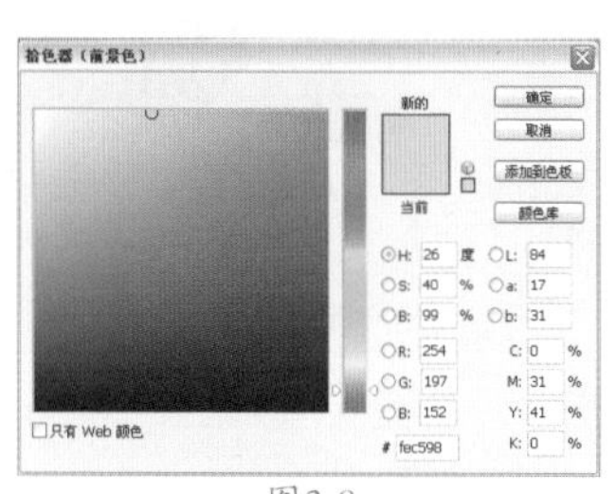

图3-8

图3-9

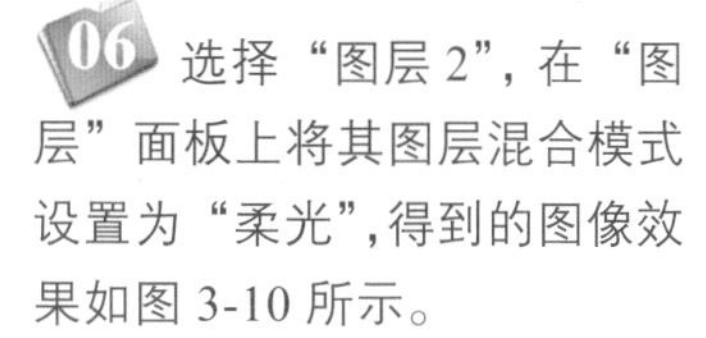

06 选择“图层 2”，在“图层”面板上将其图层混合模式设置为“柔光”，得到的图像效果如图 3-10 所示。

图3-10

07 选择“图层 2”，单击“图层”面板上的创建新图层按钮，新建“图层 3”。将前景色设置为白色，选择工具箱中的画笔工具，在图像中眼睛及牙齿处涂抹，涂抹完毕后得到的图像效果如图 3-11 所示。

图3-11

08 选择“图层 3”，在“图层”面板上将其图层混合模式设置为“柔光”，“图层”面板状态如图 3-12 所示，得到的图像效果如图 3-13 所示。

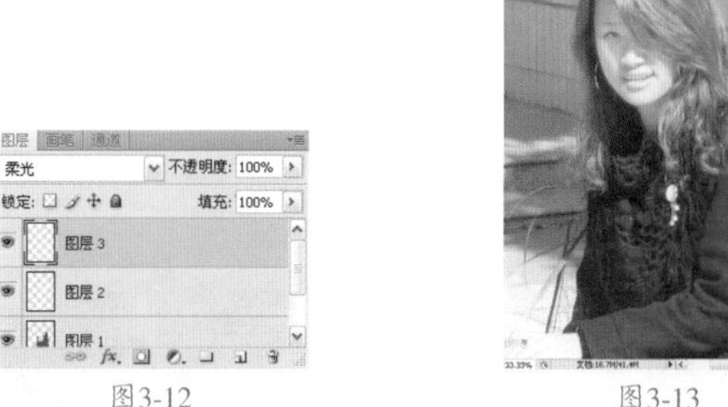

图3-12

图3-13

09 选择“图层 3”，单击“图层”面板上的创建新图层按钮，新建“图层 4”。如图 3-14 所示设置前景色色值，选择工具箱中的钢笔工具，在图像中嘴唇处绘制闭合路径，按快捷键 Ctrl+Enter 将路径转换为选区，按快捷键 Alt+Delete 填充前景色，得到的图像效果如图 3-15 所示。按快捷键 Ctrl+D 取消选区。

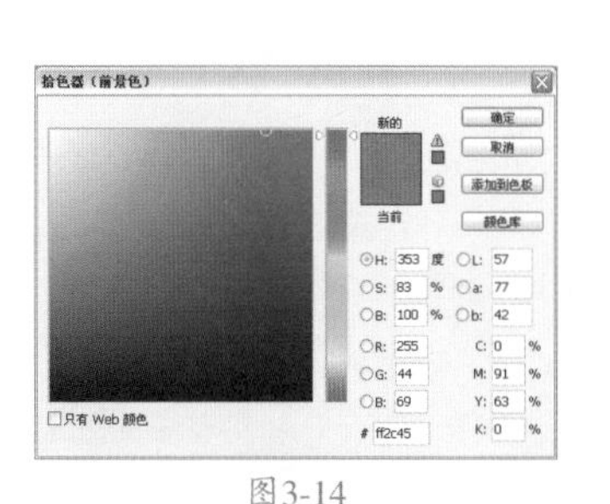

图3-14

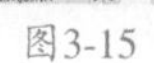
图3-15

技术看板：钢笔工具的使用范围

钢笔工具可以精确地创建直线和曲线路径。它在Photoshop CS4中主要有两种用途：一是绘制矢量图形，二是选取对象。在作为选取工具时，钢笔工具描绘的轮廓光滑、准确，下图所示为使用钢笔工具选取图像。

10 选择“图层 4”在“图层”面板上将其图层混合模式设置为“柔光”，“图层”面板状态如图 3-16 所示，得到的图像效果如图 3-17 所示。

图3-16

图3-17

11 选择“图层 4”，单击“图层”面板上的创建新图层按钮，新建“图层 5”。如图 3-18 所示设置前景色色值，选择工具箱中的画笔工具，在图像中鞋子处涂抹，涂抹完毕后得到的图像效果如图 3-19 所示。

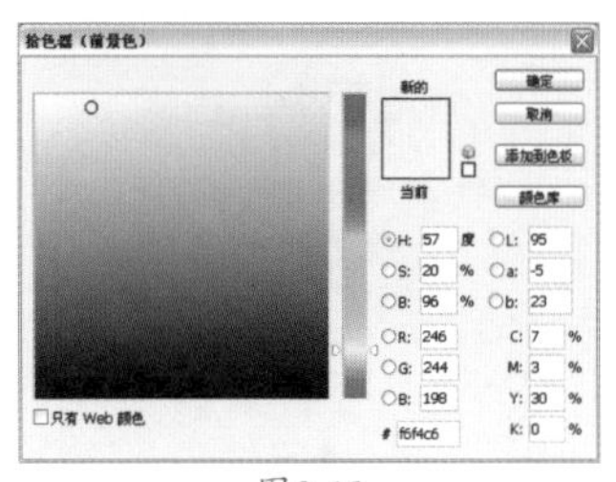
图3-18

图3-19

12 选择“图层 5”，在“图层”面板上将其图层混合模式设置为“柔光”，得到的图像效果如图 3-20 所示。

图3-20

13 选择“图层 5”，单击“图层”面板上的创建新图层按钮，新建“图层 6”。如图 3-21 所示设置前景色色值，选择工具箱中的画笔工具，在图像中头发处涂抹，涂抹完毕后得到的图像效果如图 3-22 所示。

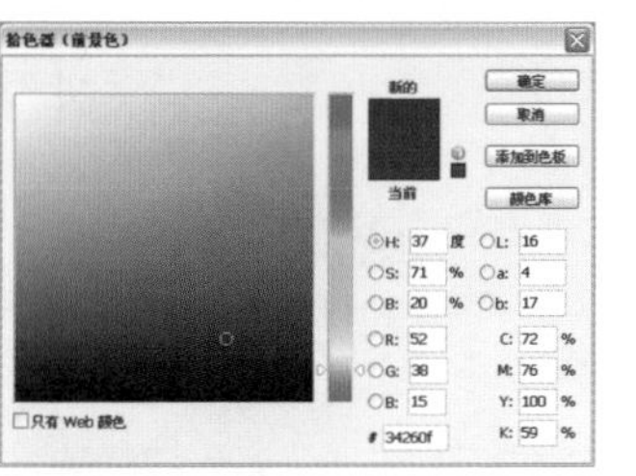
图3-21

图3-22

14 选择“图层 6”在“图层”面板上将其图层混合模式设置为“颜色”，“图层”面板状态如图 3-23 所示，得到的图像效果如图 3-24 所示。

图3-23

图3-24

15 选择“图层 6”，单击“图层”面板上的创建新图层按钮 ，新建“图层 7”。如图 3-25 所示设置前景色色值，选择工具箱中的画笔工具 ，在图像中地面处涂抹，涂抹完毕后得到的图像效果如图 3-26 所示。

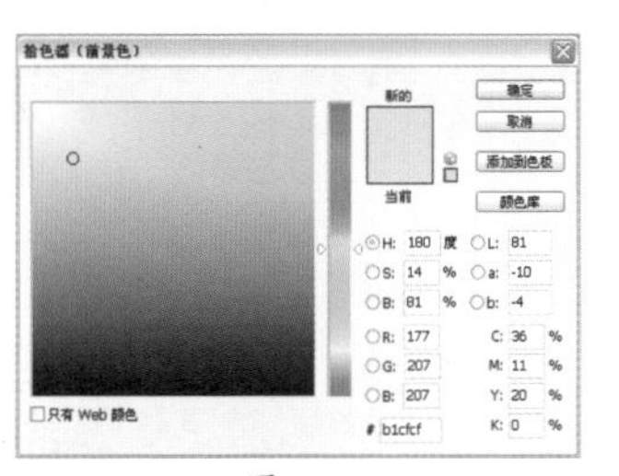

图3-25

图3-26

16 选择“图层 7”在“图层”面板上将其图层混合模式设置为“颜色”，“图层”面板状态如图 3-27 所示，得到的图像效果如图 3-28 所示。

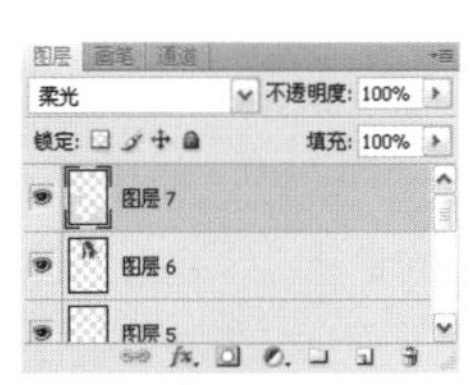

图3-27

图3-28

17 选择“图层 7”，单击“图层”面板上的创建新图层按钮 ，新建“图层 8”。如图 3-29 所示设置前景色色值，选择工具箱中的画笔工具 ，在图像中台阶处涂抹，涂抹完毕后得到的图像效果如图 3-30 所示。

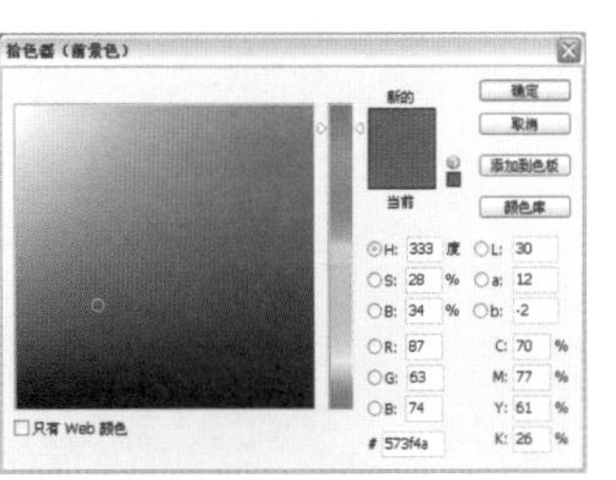

图3-29

图3-30

18 选择“图层 8”，在“图层”面板上将其图层混合模式设置为“颜色”，“图层”面板状态如图 3-31 所示，得到的图像效果如图 3-32 所示。

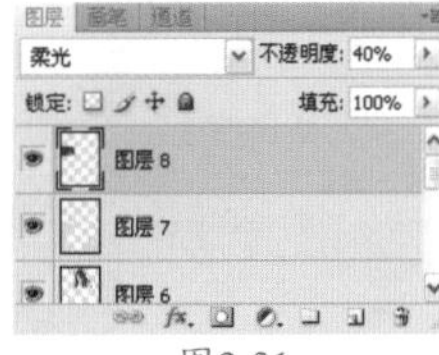

图3-31

图3-32

19 选择“图层 8”，单击“图层”面板上的创建新图层按钮 ，新建“图层 9”。如图 3-33 所示设置前景色色值，选择工具箱中的画笔工具 ，在图像中墙壁处涂抹，涂抹完毕后得到的图像效果如图 3-34 所示。

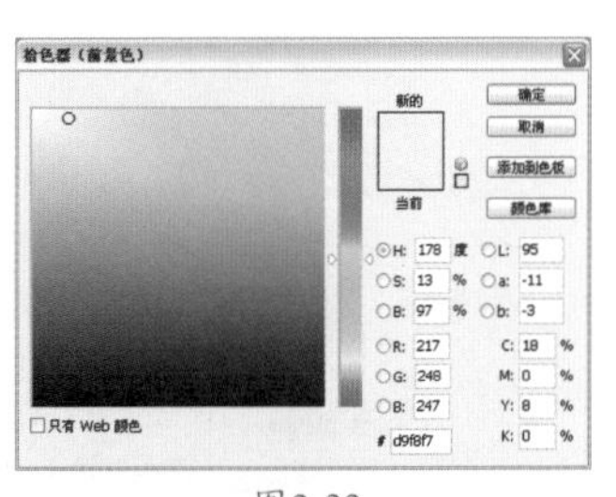

图3-33

图3-34

20 选择“图层 9”,在“图层”面板上将其图层混合模式设置为“颜色加深”,“图层”面板状态如图 3-35，得到的图像效果如图 3-36 所示。

图3-35

图3-36

21 选择“图层 9”,单击“图层”面板上的创建新图层按钮，新建“图层 10”。如图 3-37 所示设置前景色色值，选择工具箱中的画笔工具，在图像中草丛处涂抹,涂抹完毕后得到的图像效果如图 3-38 所示。

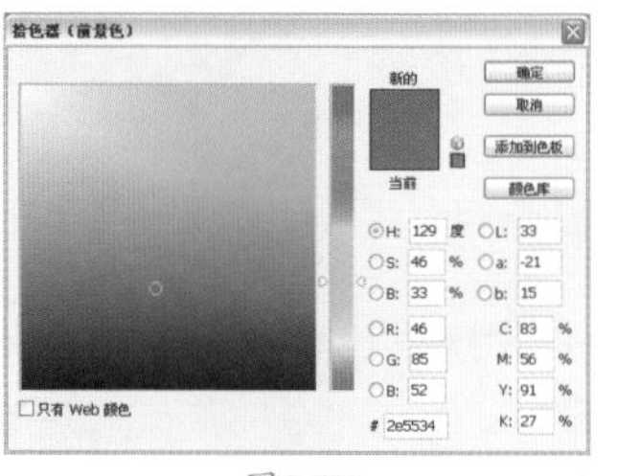

图3-37

图3-38

22 选择“图层 10”，在“图层”面板上将其图层混合模式设置为“强光”,“图层”面板状态如图 3-39 所示，得到的图像效果如图 3-40 所示。

图3-39

图3-40

23 选择“图层 10”，单击“图层”面板上的创建新图层按钮,新建“图层 11”。设置前景色为黑色，选择工具箱中的画笔工具，在图像中眼睛处涂抹，涂抹完毕后得到的图像效果如图 3-41 所示。

图3-41

24 选择“图层 11”，在“图层”面板上将其图层混合模式设置为“色相”,“图层”面板状态如图 3-42 所示，得到的图像效果如图 3-43 所示。

图3-42

图3-43

25 选择“图层 11”,单击“图层”面板上的创建新图层按钮,新建“图层 12”。如图 4-44 所示设置前景色色值，选择工具箱中的钢笔工具，在图像中指甲处绘制闭合路径，得到的图像效果如图 3-45 所示。

图3-44

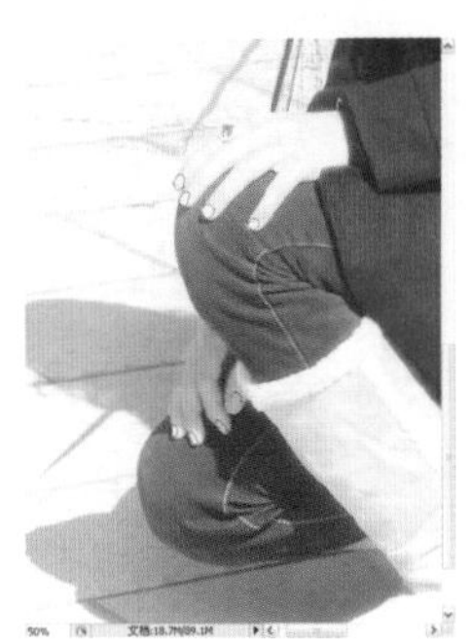

图3-45

26 按快捷键 Ctrl+Enter 将路径转换为选区，按快捷键 Alt+Delete 填充前景色，得到的图像效果如图 3-46 所示，按快捷键 Ctrl+D 取消选区。

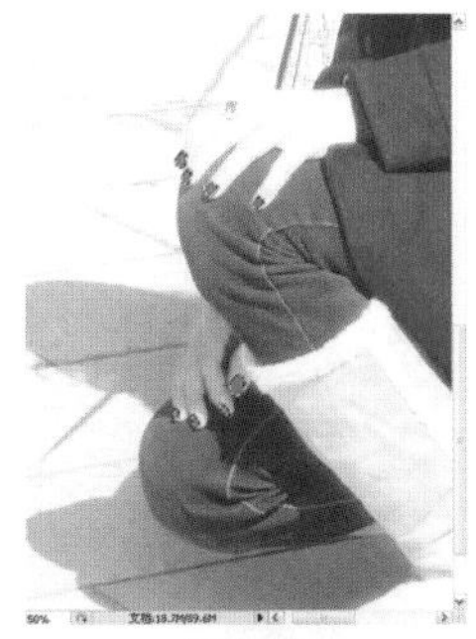
图3-46

27 选择“图层 12”在“图层”面板上将其图层混合模式设置为“色相”,“图层”面板状态如图 3-47 所示，得到的图像效果如图 3-48 所示。

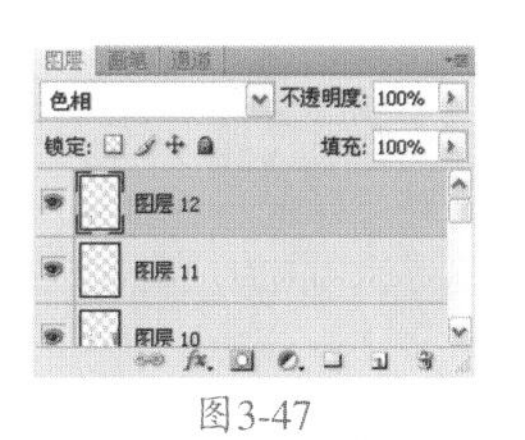

图3-47

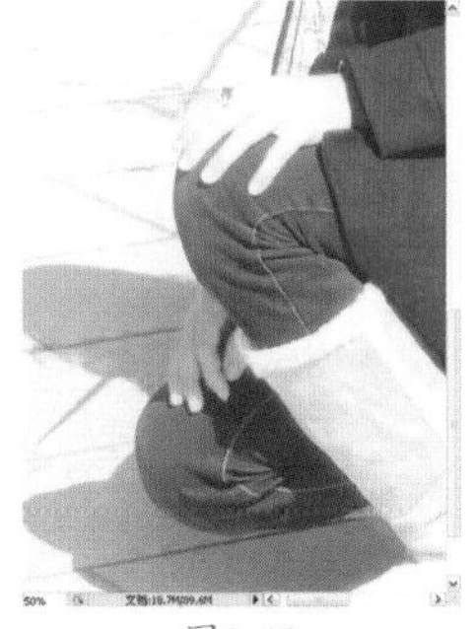
图3-48

技术看板：图层与图层组的混合模式

图层的混合模式决定其像素如何与图像中的下层像素进行混合，使用混合模式可以创建各种特殊效果。

默认情况下，图层组的混合模式是“穿透”，表示图层组没有自己的混合属性。为图层组选取其他混合模式时，可以有效地更改整个图像的合成顺序。首先，合成图层组中的所有图层，然后，这个合成后的图层组会被视为一幅单独的图像，并利用所选混合模式与其余图像混合，因此，如果为图层组选取的混合模式不是“穿透”，图层组中的调整图层或图层混合模式将都不会应用于图层组的外部图层。

另外，Lab模式下无法使用“颜色减淡”、“颜色加深”、“变暗”、“变亮”、“差值”和“排除”等混合模式。

28 选择“图层 12”，单击“图层”面板上的创建新图层按钮 ，新建“图层 13”。将前景色设置为黑色，选择工具箱中的画笔工具，在其工具选项栏中设置合适的柔角笔刷，在图像中裤子及围巾处涂抹，涂抹完毕后，得到的图像效果如图 3-49 所示。在“图层”面板上将其图层混合模式设置为“色相”，得到的图像效果如图 3-50 所示。

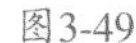
图3-49

图3-50

Effect 04　挽救模糊照片

难度系数：★☆☆☆☆

视频教学 / CH 03 / 04挽救模糊照片

 执行【文件】/【打开】命令（Ctrl+O），弹出“打开”对话框，选择需要的素材，单击“打开”按钮打开图像，如图 4-1 所示。

图4-1

02 将“背景”图层拖曳至“图层”面板中的创建新图层按钮 上，得到“背景副本”图层。执行【图像】/【调整】/【去色】命令（Shift+Ctrl+U），得到的图像效果如图 4-2 所示。

图4-2

03 选择“背景副本”图层，执行【滤镜】/【其它】/【高反差保留】命令，弹出“高反差保留”对话框，具体参数设置如图 4-3 所示，设置完毕后单击“确定”按钮，得到的图像效果如图 4-4 所示。

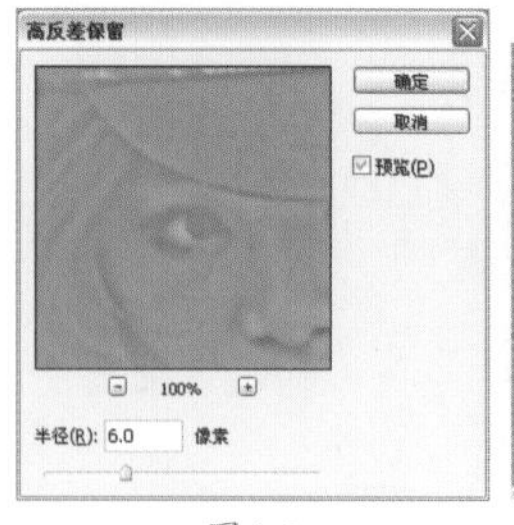

图4-3

图4-4

技术看板："高反差保留"滤镜的特点

"高反差保留"滤镜可以在有强烈颜色转变发生的地方按指定的半径保留边缘细节，并且不显示图像的其余部分。通过"半径"值可以调整原图像保留的程度，该值越高，所保留的原图像像素越高，当该值为"0"时，整个图像都变成灰色。

04 选择"背景副本"图层，在"图层"面板上将其图层混合模式设置为"叠加"，"图层"面板状态如图 4-5 所示，得到的图像效果如图 4-6 所示。

图4-5

图4-6

05 将"背景副本"图层拖曳至"图层"面板中的创建新图层按钮上，得到"背景副本 2"图层。"图层"面板状态如图 4-7 所示，得到的图像效果如图 4-8 所示。

图4-7

图4-8

06 按快捷键 Shift+Ctrl+Alt+E 盖印所有可见图层，得到"图层 1"。选择工具箱中的锐化工具，如图 4-9 所示在图像中五官处涂抹，涂抹完毕后得到的图像效果如图 4-10 所示。

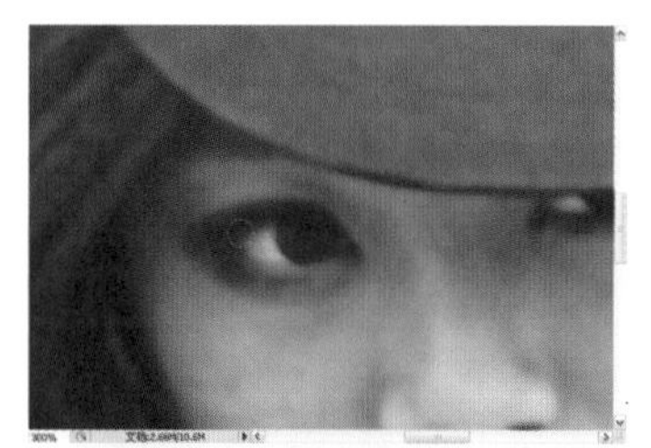

图4-9

图4-10

操作提示

选择工具箱中的锐化工具，在其工具选项栏中设置合适的大小笔刷，强度为25%。

技术看板：学会正确使用锐化工具

Photoshop CS4里的锐化工具可以增强图像相邻像素之间的对比，提高图像的清晰度，如下图所示。在使用锐化工具时，如果反复涂抹同一区域，则会造成图像失真，如下图所示。

原图

适当锐化后的效果

锐化过度的失真图像

Effect 05 调出黑白照片的精华

难度系数：★★☆☆☆

视频教学 / CH 03 / 05调出黑白照片的精华

 执行【文件】/【打开】命令（Ctrl+O），弹出“打开”对话框，选择需要的素材，单击“打开”按钮打开图像，如图 5-1 所示。

图5-1

02 单击“图层”面板上的创建新的填充或调整图层按钮，在弹出的下拉菜单中选择“曲线”选项，在“调整”面板中设置参数如图 5-2 所示，得到的图像效果如图 5-3 所示。

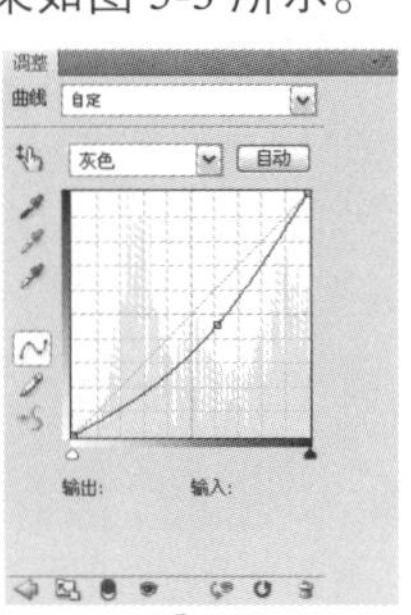

图5-2

图5-3

03 选择“背景”图层，按快捷键 Ctrl+J 复制“背景”图层，得到“背景副本”图层。执行【滤镜】/【杂色】/【添加杂色】命令，弹出“添加杂色”对话框，具体参数设置如图 5-4 所示，设置完毕后单击“确定”按钮，得到的图像效果如图 5-5 所示。

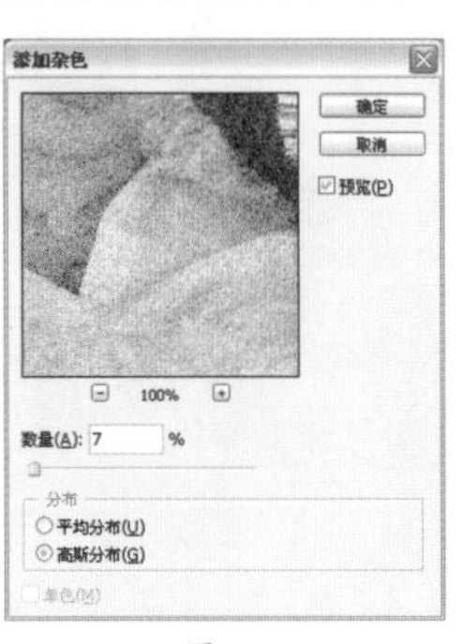

图5-4

图5-5

04 按快捷键 Ctrl+J 复制图像到新图层中，得到“背景副本”图层。选择“背景副本”图层，在“图层”面板上将其图层混合模式设置为“柔光”，“图层”面板状态如图 5-6 所示，得到的图像效果如图 5-7 所示。

图5-6

图5-7

05 选择“背景副本”图层，单击“图层”面板上的添加图层蒙版按钮，为该图层添加蒙版。将前景色设置为黑色，选择工具箱中的画笔工具，在其工具选项栏中设置合适的柔角笔刷，在图像中人物皮肤处涂抹，涂抹完毕后“图层”面板状态如图 5-8 所示，得到的图像效果如图 5-9 所示。

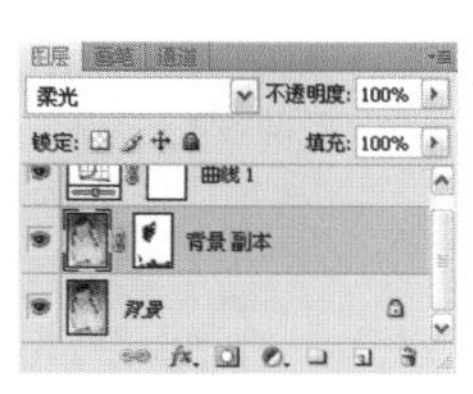

图5-8

图5-9

06 选择“背景副本”图层，单击“图层”面板上的创建新图层按钮，得到“图层 1”。选择工具箱中的渐变工具，在其工具选项栏中单击可编辑渐变条，在弹出的“渐变编辑器”对话框中设置由黑色到透明的渐变类型，如图 5-10 所示。设置完毕后单击“确定”按钮，在其工具选项栏中单击“线性渐变”按钮，在“图像”中按住鼠标左键从左上角向右下角绘制渐变，得到的图像效果如图 5-11 所示。

图5-10

图5-11

07 选择“图层 1”，在“图层”面板上将其图层混合模式设置为“颜色减淡”，“图层”面板状态如图 5-12 所示，得到的图像效果如图 5-13 所示。

图5-12

图5-13

Effect 06 利用蒙版调整高反差照片

难度系数：★★☆☆☆

 视频教学 / CH 03 / 06利用蒙版调整高反差照片

01 执行【文件】/【打开】命令（Ctrl+O），弹出“打开”对话框，选择需要的素材，单击“打开”按钮打开图像，如图 6-1 所示。

图6-1

02 单击“图层”面板上的创建新图层按钮，新建“图层 1”。如图 6-2 所示设置前景色色值，按快捷键 Alt+Delete 填充前景色，在“图层”面板上设置图层混合模式为“叠加”，“图层”面板状态如图 6-3 所示，得到的图像效果如图 6-4 所示。

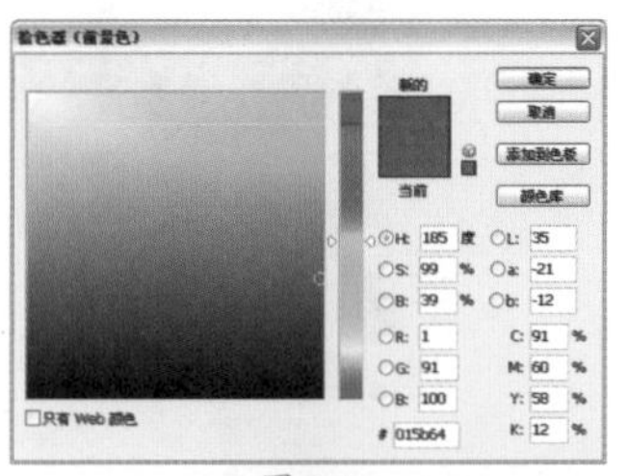

图6-2

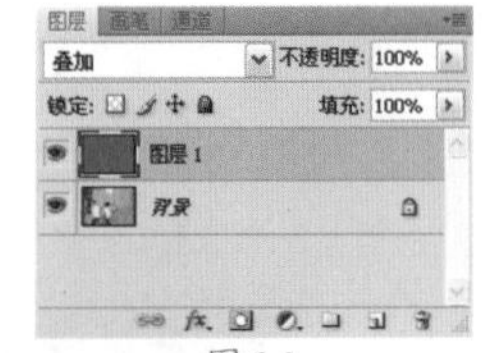

图6-3

图6-4

03 按快捷键 Shift+Ctrl+Alt+E 盖印所有可见图层，得到“图层 2”。将“图层 2”拖曳至“图层”面板中的创建新图层按钮上，得到“图层 2 副本”图层。在“图层”面板上将其图层混合模式设置为“强光”，“图层”面板状态如图 6-5 所示，得到的图像效果如图 6-6 所示。

图6-5

图6-6

图6-11

04 选择“图层 2 副本”图层，单击“图层”面板上的创建新的填充或调整图层按钮，在弹出的下拉菜单中选择“色彩平衡”选项，在“调整”面板中设置参数如图 6-7 所示，得到的图像效果如图 6-8 所示。

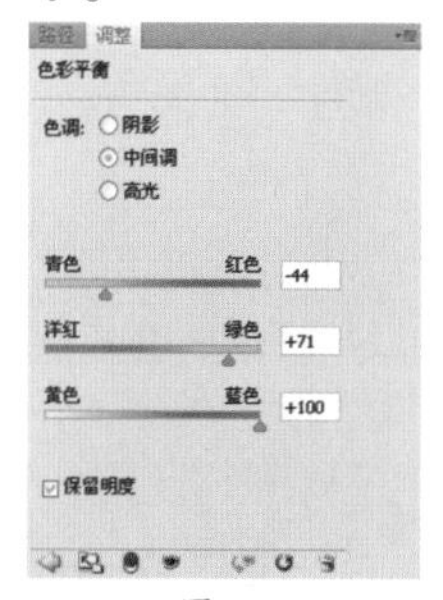
图6-7

图6-8

05 按快捷键 Shift+Ctrl+Alt+E 盖印所有可见图层，得到“图层 3”。隐藏除“背景”图层的所有图层。选择“背景”图层，单击“图层”面板上的创建新的填充或调整图层按钮，在弹出的下拉菜单中选择“色阶”选项，具体参数设置如图 6-9 和图 6-10 所示，得到的图像效果如图 6-11 所示。

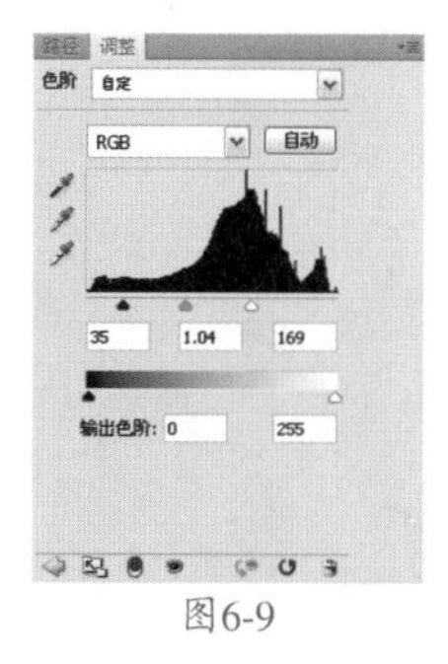
图6-9

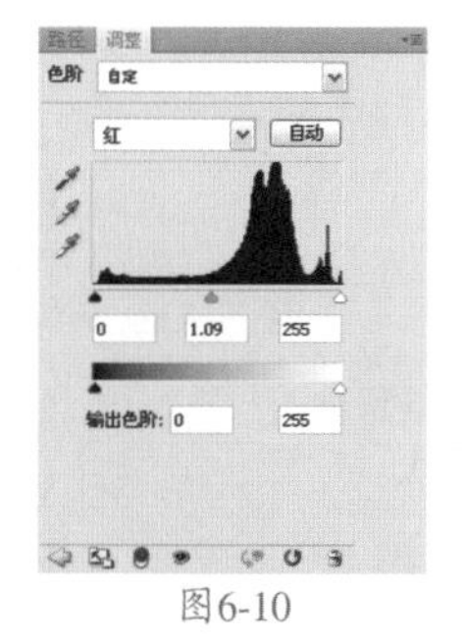
图6-10

06 按快捷键 Shift+Ctrl+Alt+E 盖印所有可见图层，得到“图层 4”。在“图层”面板上将其拖曳至“图层 3”下方。单击“图层 3”前的指示图层可见性按钮，将其图层显示。选择“图层 3”，单击“图层”面板上的添加图层蒙版按钮，为该图层添加蒙版。将前景色设置为黑色，选择工具箱中的画笔工具，在其工具选项栏中设置合适的笔刷，在图像中人物处涂抹，涂抹完毕后图层面板状态如图 6-12 所示，得到的图像效果如图 6-13 所示。

图6-12

图6-13

操作提示

添加图层蒙版时，使用画笔工具进行涂抹，能够突出人物。

技术看板：使用画笔蒙版时前景色的重要性

将前景色设置为黑色，使用画笔工具在蒙版上涂抹，可以看到被涂抹处被擦除的很彻底，如下图所示。

将前景色设置白色，在之前涂抹处继续涂抹可以看到原图像被修复，如下图所示。

将前景色设置为灰色，在图像中涂抹，可以看到被涂抹处会留下50%原图像，如下图所示。

07 按快捷键 Shift+Ctrl+Alt+E 盖印所有可见图层，得到“图层 5”。将“图层 5”拖曳至“图层”面板中的创建新图层按钮上，得到“图层 5 副本”图层。在“图层”面板上将其图层混合模式设置为“柔光”，“图层”面板状态如图 6-14 所示，得到的图像效果如图 6-15 所示。

图6-14

图6-15

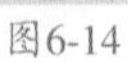
08 选择“图层 5 副本”图层，单击“图层”面板上的创建新的填充或调整图层按钮，在弹出的下拉菜单中选择“色彩平衡”选项，在“调整”面板中设置参数如图 6-16 所示，得到的图像效果如图 6-17 所示。

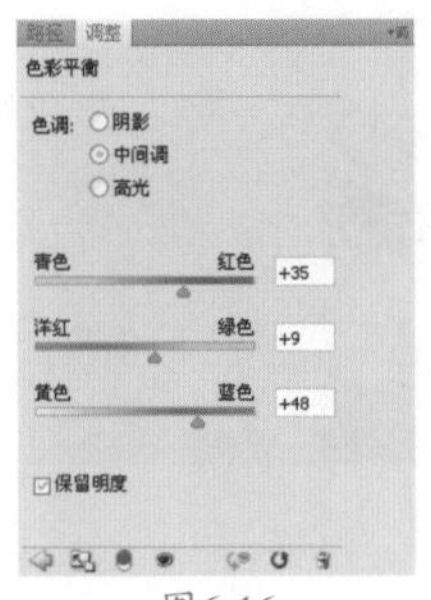
图6-16

图6-17

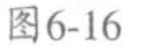
09 将“背景”图层拖曳至“图层”面板中的创建新图层按钮上，得到“背景副本”图层，在“图层”面板上将其置于顶层。按快捷键 Ctrl+M 弹出“曲线”对话框，如图 6-18 所示设置参数，设置完毕后单击“确定”按钮，得到的图像效果如图 6-19 所示。

图6-18　　图6-19

10 选择“背景副本”图层，按住 Alt 键单击“图层”面板上的添加图层蒙版按钮，为该图层添加蒙版。将前景色设置为白色，选择工具箱中的画笔工具，在图像中人物处涂抹。涂抹完毕后，“图层”面板状态如图 6-20 所示，得到的图像效果如图 6-21 所示。

图6-20　　图6-21

11 选择“背景副本”图层，单击“图层”面板上的创建新的填充或调整图层按钮，在弹出的下拉菜单中选择“色阶”选项，在“调整”面板中设置参数如图 6-22 所示，得到的图像效果如图 6-23 所示。

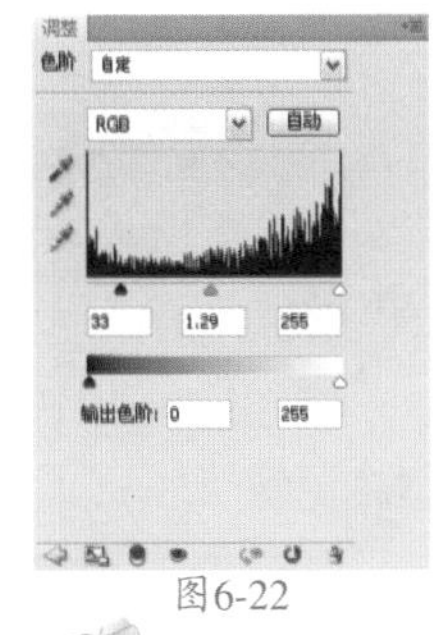

图6-22

图6-23

12 单击“图层”面板上的创建新的填充或调整图层按钮，在弹出的下拉菜单中选择“色彩平衡”选项，在“调整”面板中设置参数，如图 6-24 所示，得到的图像效果如图 6-25 所示。

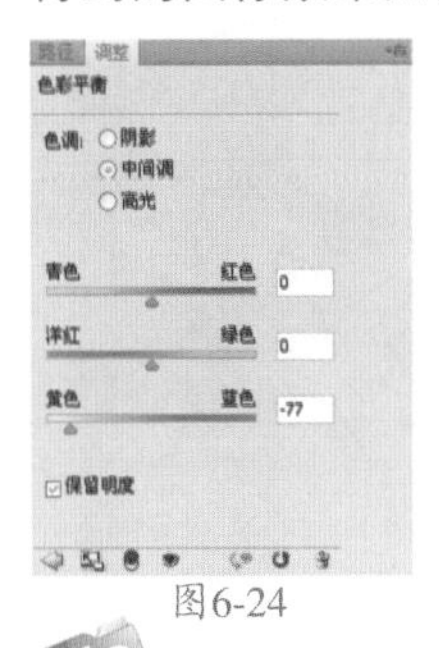

图6-24

图6-25

13 将前景色设置为黑色，单击“色彩平衡 2”调整图层蒙版缩览图，选择工具箱中的画笔工具，在图像中人物及背景处涂抹，涂抹完毕后“图层”面板状态如图 6-26 所示，图像效果如图 6-27 所示。

图6-26

图6-27

14 单击“图层”面板上的创建新的填充或调整图层按钮，在弹出的下拉菜单中选择“可选颜色”选项，在“调整”面板中设置参数，如图 6-28 所示，得到的图像效果如图 6-29 所示。

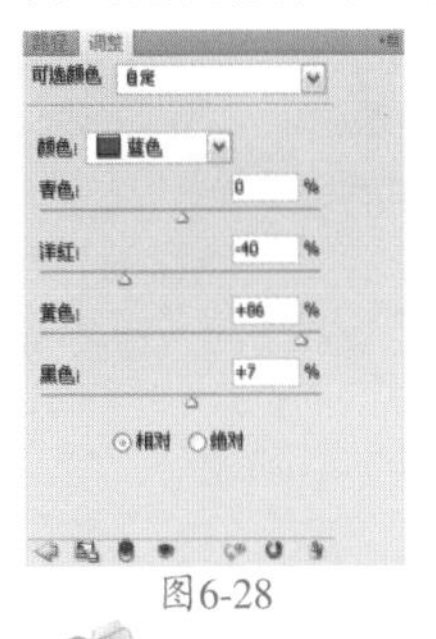

图6-28

图6-29

15 单击“图层”面板上的创建新的填充或调整图层按钮，在弹出的下拉菜单中选择“曲线”选项，在“调整”面板中设置参数，如图 6-30 所示，选择“曲线”调整图层蒙版缩览图，将前景色设置为黑色，选择工具箱中的画笔工具，在图像中人物处涂抹，涂抹完毕后得到的图像效果如图 6-31 所示。

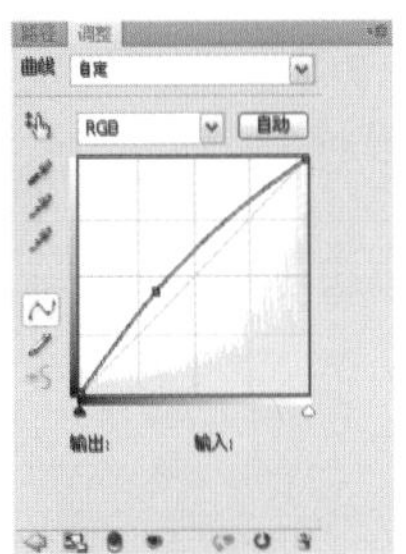

图6-30

图6-31

16 按快捷键 Shift+Ctrl+Alt+E 盖印所有可见图层，得到“图层 6”。选择“图层 6”,单击“图层”面板上的创建新图层按钮上，得到“图层 6 副本”图层。在“图层”面板上将其图层混合模式设置为“叠加”。执行【滤镜】/【其它】/【高反差保留】命令，弹出“高反差保留”对话框，具体参数设置如图 6-32 所示，得到的图像效果如图 6-33 所示。

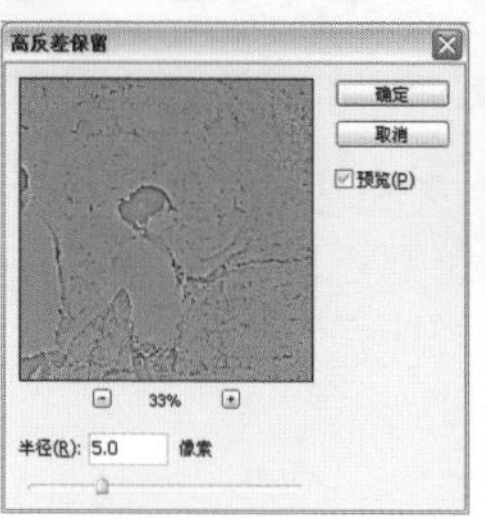

图6-32

图6-33

17 选择“图层 6 副本”，单击“图层”面板上的添加图层蒙版按钮，为该图层添加蒙版。将前景色设置为黑色，选择工具箱中的画笔工具，在图像中涂抹，涂抹完毕后“图层”面板状态如图 6-34 所示，得到的图像效果如图 6-35 所示。

图6-34

图6-35

视频 / 扩展视频 / 视频09　调出橙色柔美色调

课后复习——视频 09 调出橙色柔美色调

Effect 07 局部留色

难度系数：★☆☆☆☆

视频教学 / CH 03 / 07局部留色

01 执行【文件】/【打开】命令（Ctrl+O），弹出“打开”对话框，选择需要的素材，单击“打开”按钮打开图像，如图 7-1 所示。

图7-1

02 将“背景”图层拖曳至“图层”面板中的创建新图层按钮上，得到“背景副本”图层。选择“背景副本”图层，执行【图像】/【调整】/【去色】命令（Shift+Ctrl+U），得到的图像效果如图 7-2 所示。

图7-2

03 选择“背景副本”图层，单击“图层”面板上的添加图层蒙版按钮，为该图层添加图层蒙版。将前景色设置为黑色，选择工具箱中的画笔工具，在图像中需要留色处涂抹，涂抹完毕后“图层”面板状态如图 7-3 所示，得到的图像效果如图 7-4 所示。

图7-3

图7-4

操作提示

使用画笔工具时，在其工具选项栏中设置合适的柔角笔刷，不透明度为30%，流量为50%。在图像中需要留色处涂抹，直至达到想要的图像效果为止。

技术看板：绘制柔和自然笔触的技巧

在画笔工具的工具选项栏中，可以对笔刷的不透明度进行设置，该值越低，被涂抹处透明度越高。设置流量参数，可以改变涂抹速度，参数越大，速度越快，如右图所示。

视频 / 扩展视频 / 视频10　创建图像彩色焦点

课后复习——视频 10 创建图像彩色焦点

Effect 08　使背景色变得简洁

难度系数：★★☆☆☆

视频教学 / CH 03 / 08使背景色变得简洁

01 执行【文件】/【打开】命令（Ctrl+O），弹出“打开”对话框，选择需要的素材，单击“打开”按钮打开图像，如图 8-1 所示。

图8-1

02 将“背景”图层拖曳至“图层”面板中的创建新图层按钮上，得到“背景副本”图层，“图层”面板状态如图 8-2 所示。

03 选择“背景”图层，单击“图层”面板上的创建新图层按钮，得到“图层 1”，将前景色设置为白色，按快捷键 Alt+Delete 填充前景色，“图层”面板状态如图 8-3 所示。

图8-2

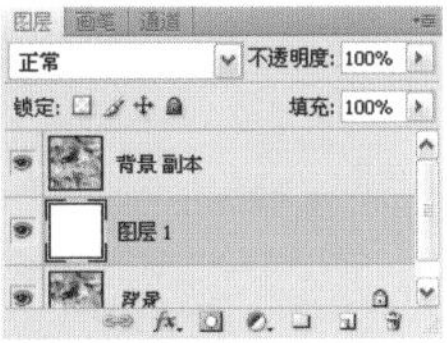

图8-3

04 选择工具箱中的椭圆选框工具，在如图 8-4 所示的位置绘制选区。

图8-4

05 选择“背景副本”图层，执行【选择】/【修改】/【羽化】命令（Shift+F6），弹出“羽化选区”对话框，具体参数设置如图 8-5 所示。

图8-5

06 按快捷键 Shift+Ctrl+I 将选区反选，得到的图像效果如图 8-6 所示。按 Delete 键删除背景，按快捷键 Ctrl+D 取消选区，得到的图像效果如图 8-7 所示。

图8-6

图8-7

操作提示

操作时可多次尝试按下Delete键，直至达到满意的效果为止。

Effect 09 优化低像素的视频照片

难度系数：★★☆☆☆

 视频教学 / CH 03 / 09优化低像素的视频照片

01 执行【文件】/【打开】命令（Ctrl+O），弹出“打开”对话框，选择需要的素材，单击“打开”按钮打开图像，如图 9-1 所示。

图9-1

02 将“背景”图层拖曳至“图层”面板中的创建新图层按钮 上，得到“背景副本”图层。执行【图像】/【应用图像】命令，弹出“应用图像”对话框，具体参数设置如图 9-2 所示，设置完毕后单击“确定”按钮，得到的图像效果如图 9-3 所示。

图9-2

图9-3

03 按快捷键 Shift+Ctrl+Alt+E 盖印所有可见图层，得到“图层 1”。执行【滤镜】/【模糊】/【表面模糊】命令，在弹出的对话框中如图 9-4 所示设置参数，设置完毕后单击“确定”按钮，得到的图像效果如图 9-5 所示。

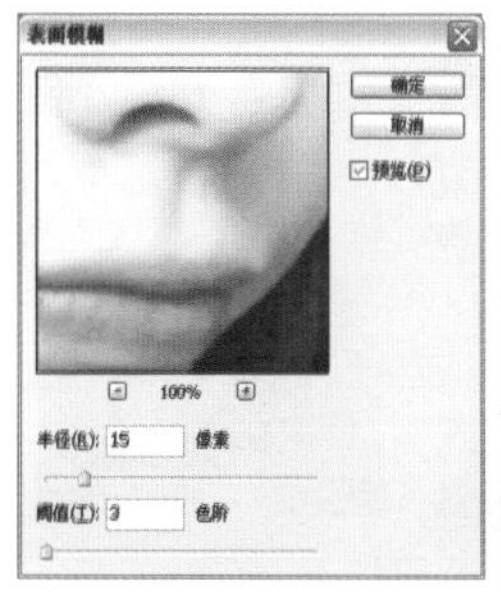

图9-4

图9-5

操作提示

使用表面模糊工具涂抹有杂点的地方，使其图像看起来比较统一。

技术看板："表面模糊"滤镜的优点

【表面模糊】滤镜能够在保留边缘的同时模糊图像，该滤镜可用来创建特殊效果并消除杂色或粒度，如下图所示。

半径：用来指定模糊取样区域的大小。

阈值：用来控制相邻像素色调值与中心像素值相差多大时才能成为模糊的一部分，色调值差小于阈值的像素被排除在模糊之外。

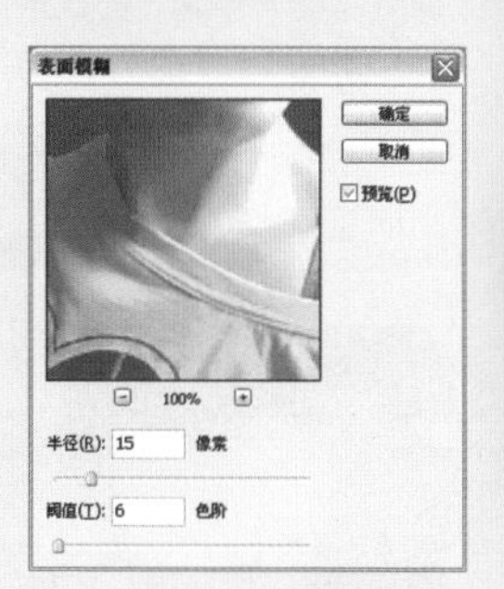

04 选择"图层 1"，按快捷键 Ctrl+J 复制图层，得到"图层 1 副本"图层，在"图层"面板上将其图层混合模式设置为"柔光"，得到的图像效果如图 9-6 所示。

图9-6

05 选择"图层 1 副本"图层，单击"图层"面板上的创建新图层按钮，得到"图层 2"。如图 9-7 所示设置前景色色值，设置完毕后按快捷键 Alt+Delete 填充前景色。在"图层"面板上将其图层混合模式设置为"正片叠底"，得到的图像效果如图 9-8 所示。

图9-7　　图9-8

06 选择"图层 2"，单击"图层"面板上的创建新图层按钮，得到"图层 3"。如图 9-9 所示设置前景色色值。选择工具箱中的画笔工具，在图像中人物头发处涂抹，涂抹完毕后，在"图层"面板上将其图层混合模式设置为"正片叠底"，得到的图像效果如图 9-10 所示。

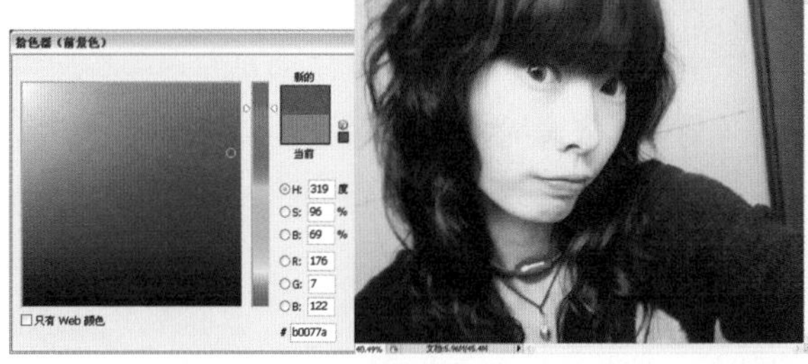

图9-9　　图9-10

07 选择“图层 3”，单击“图层”面板上的创建新图层按钮 ，得到“图层 4”。如图 9-11 所示设置前景色色值，设置完毕后按快捷键 Alt+Delete 填充前景色。在“图层”面板上将其图层混合模式设置为“柔光”，不透明度为 60%。单击“图层”面板上的添加图层蒙版按钮 ，为该图层添加图层蒙版。将前景色设置为黑色，选择工具箱中的画笔工具 ，在其工具选项栏中设置合适的柔角笔刷，在图像中人物头发处涂抹，涂抹完毕后，“图层”面板状态如图 9-12 所示，得到的图像效果如图 9-13 所示。

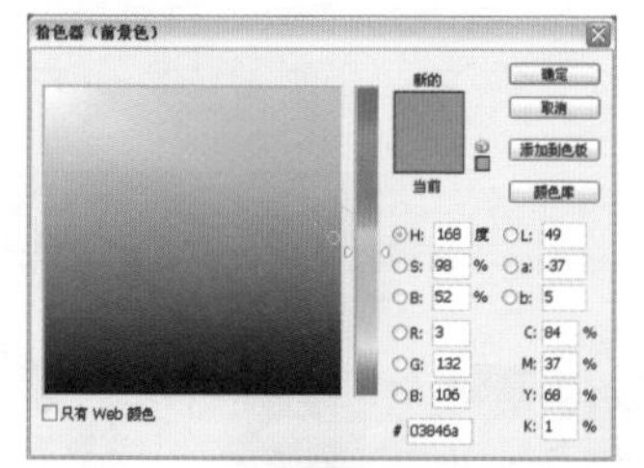

图9-11

图9-12　图9-13

08 按快捷键 Shift+Ctrl+Alt+E 盖印所有可见图层，得到“图层 5”。执行【图像】/【调整】/【色彩平衡】命令，弹出“色彩平衡”对话框，具体参数设置如图 9-14 所示，设置完毕后单击“确定”按钮，得到的图像效果如图 9-15 所示。

图9-14　图9-15

09 选择“图层 5”，执行【滤镜】/【锐化】/【USM 锐化】命令，在弹出的“USM 锐化”对话框中设置参数，如图 9-16 所示，设置完毕后单击“确定”按钮，得到的图像效果如图 9-17 所示。

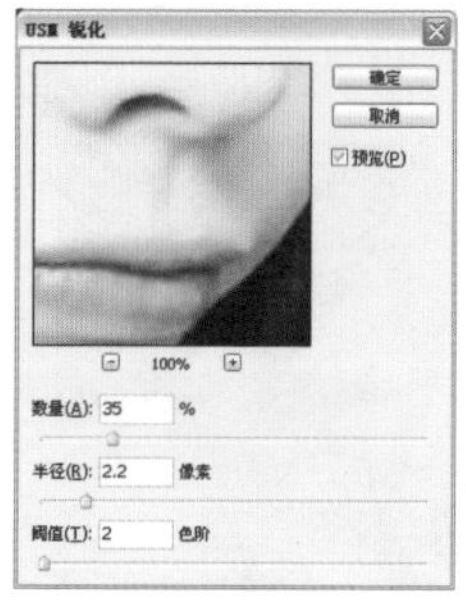

图9-16　图9-17

10 选择“图层 5”，按快捷键 Ctrl+J 复制该图层，得到“图层 5 副本”图层。执行【滤镜】/【模糊】/【动感模糊】命令，弹出“动感模糊”对话框，具体参数设置如图 9-18 所示，设置完毕后单击“确定”按钮，得到的图像效果如图 9-19 所示。

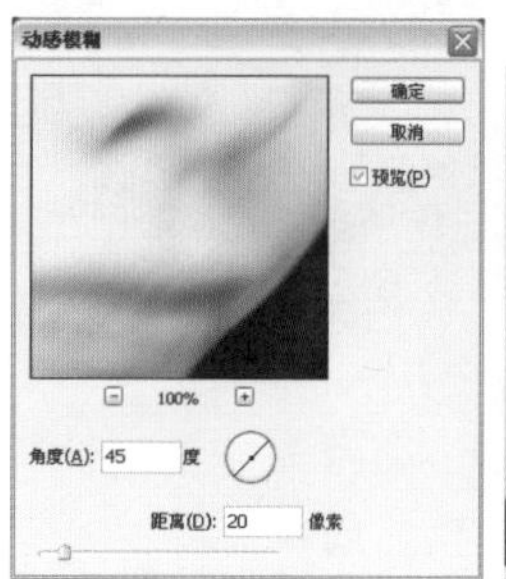

图9-18　图9-19

单击“图层”面板上的添加图层蒙版按钮，为该图层添加蒙版。将前景色设置为黑色，选择工具箱中的画笔工具，在其工具选项栏中设置合适的柔角笔刷，在图像中人物处涂抹，涂抹完毕后“图层”面板状态如图 9-20 所示，得到的图像效果如图 9-21 所示。

图9-20

图9-21

视频 / 扩展视频 / 视频11 巧妙处理视频照片

课后复习
——视频 11 巧妙处理视频照片

Effect 10 模仿童年回忆色调

难度系数：★☆☆☆☆

视频教学 / CH 03 / 10模仿童年回忆色调

01 执行【文件】/【打开】命令（Ctrl+O），弹出“打开”对话框，选择需要的素材，单击“打开”按钮打开图像，如图 10-1 所示。

图10-1

02 将“背景”图层拖曳至“图层”面板中的创建新图层按钮上，得到“背景副本”图层，“图层”面板状态如图 10-2 所示。

图10-2

03 选择“背景副本”图层，单击“图层”面板上的创建新的填充或调整图层按钮，在弹出的下拉菜单中选择“色彩平衡”选项，在“调整”面板中设置参数，如图 10-3 和图 10-4 所示，得到的图像效果如图 10-5 所示。

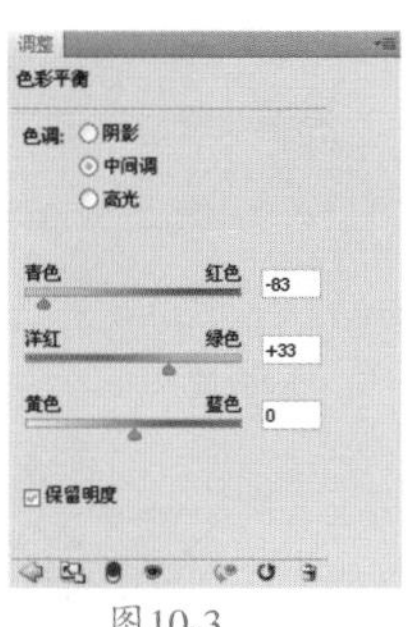

图10-3

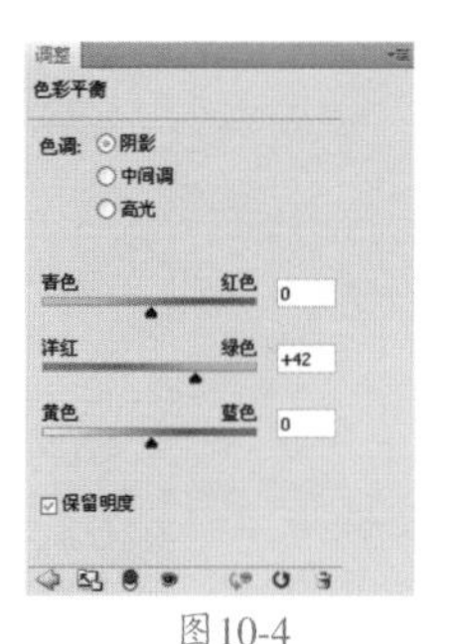

图10-4

图10-5

04 将“背景”图层拖曳至“图层”面板中的创建新图层按钮上，得到“背景副本2”图层，在“图层”面板上将其移至顶层，“图层”面板状态如图 10-6 所示。

图10-6

05 选择“背景副本 2”图层，单击“图层”面板上的创建新的填充或调整图层按钮，在弹出的下拉菜单中选择“渐变映射”选项，在“调整”面板中选择黑白渐变映射如图 10-7 所示，在“图层”面板上，将其图层混合模式设置为“正片叠底”，“图层”面板状态如图 10-8 所示，得到的图像效果如图 10-9 所示。

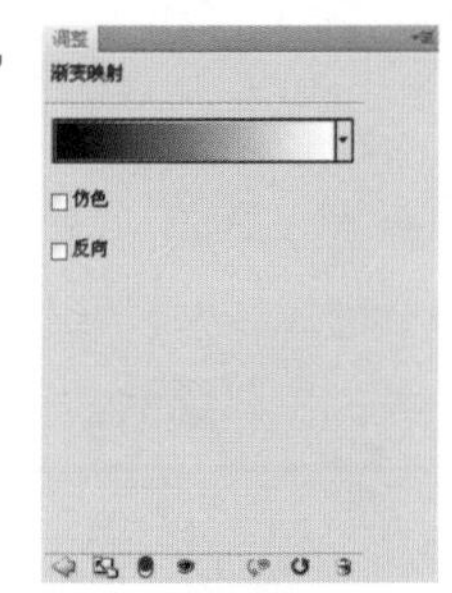

图10-7

图10-8

图10-9

操作提示

在弹出的“调整”面板中，单击渐变条打开“渐变映射器”，在“渐变映射器”中选择色彩颜色，设置完毕后单击“确定”按钮即可。

技术看板：渐变映射的融色功能

渐变映射是将相等的图像灰度范围映射到指定的渐变填充色上，也就是渐变和图像相柔和，最常用来制作双色调图像效果，如下图所示，其中渐变映射的颜色色值从左到右依次为R0、G0、B0，R230、G212、B167。

06 单击“图层”面板上的创建新的填充或调整图层按钮，在弹出的下拉菜单中选择“色阶”选项，在“调整”面板中设置参数如图10-10所示，设置完毕后得到的图像效果如图10-11所示。

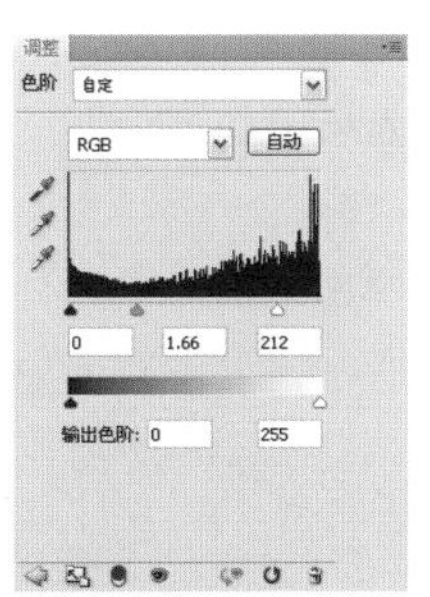

图10-10　　图10-11

07 单击“图层”面板上的创建新的填充或调整图层按钮，在弹出的下拉菜单中选择“色相/饱和度”选项，在“调整”面板中设置参数如图10-12和图10-13所示，设置完毕后得到的图像效果如图10-14所示。

图10-12　　图10-13

图10-14

08 单击“图层”面板上的创建新的填充或调整图层按钮，在弹出的下拉菜单中选择“色相/饱和度”选项，在“调整”面板中设置参数如图10-15所示，设置完毕后得到的图像效果如图10-16所示。

图10-15　　图10-16

09 按快捷键Shift+Ctrl+Alt+E盖印所有可见图层，得到“图层1”。将“图层1”拖曳至“图层”面板中的创建新图层按钮上，得到“图层1副本”图层，

"图层"面板状态如图 10-17 所示。单击"图层"面板上的创建新的填充图层或调整图层按钮，在弹出的下拉菜单中选择"色彩平衡"选项，在"调整"面板中设置参数如图 10-18 所示，得到的图像效果 10-19 所示。

图10-17

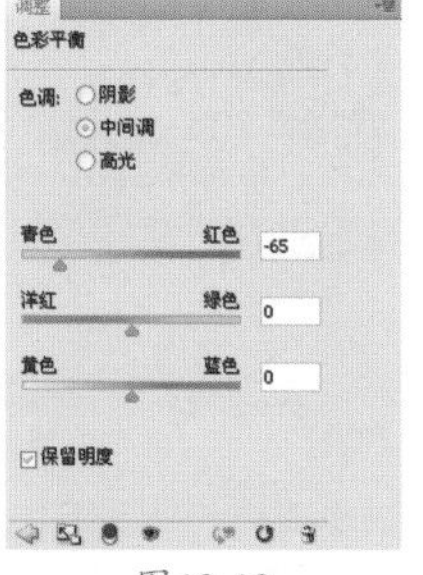

图10-18

图10-19

10 将前景色设置为黑色，单击"图层"面板上的"色彩平衡 2"调整图层的蒙版，按快捷键 Alt+Delete 为蒙版添加前景色。将前景色设置为白色，选择工具箱中的画笔工具，在图像中人物皮肤处涂抹。选择工具箱中的模糊工具和减淡工具，在图像中皮肤处涂抹，涂抹完毕后"图层"面板状态如图 10-20 所示，得到的图像效果如图 10-21 所示。

图10-20

图10-21

11 按快捷键 Shift+Ctrl+Alt+E 盖印所有可见图层，得到"图层 2"。选择工具箱中的套索工具，在图像中人物边缘处绘制选区，得到的选区效果如图 10-22 所示，按快捷键 Shift+Ctrl+I 将选区反选，按快捷键 Shift+F6 弹出"羽化选区"对话框，具体参数设置如图 10-23 所示，设置完毕后单击"确定"按钮。

图10-22　　图10-23

12 保持选区不变，执行【滤镜】/【模糊】/【高斯模糊】命令，弹出"高斯模糊"对话框，具体参数设置如图 10-24 所示，设置完毕后，单击"确定"按钮，得到的图像效果如图 10-25 所示。按快捷键 Ctrl+D 取消选区。

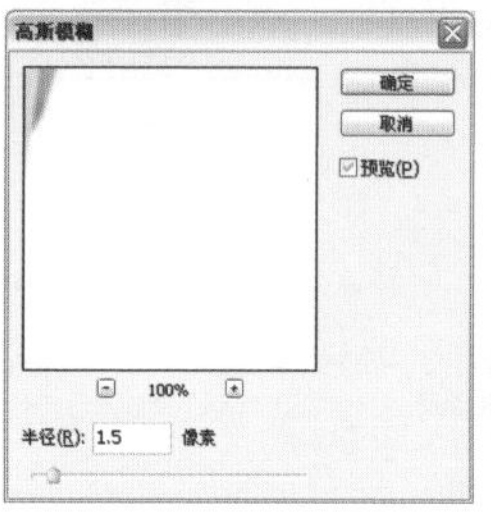

图10-24

图10-25

13 将"图层 2"拖曳至"图层"面板上的创建新图层按钮上，得到"图层 2 副本"图层。执行【滤镜】/【扭曲】/【扩散亮光】命令，弹出"扩散亮光"对话框，具体参数设置如图 10-26 所示，设置完毕后单击"确定"按钮，得到的图像效果如图 10-27 所示。

14 选择工具箱中的横排文字工具，在图像中输入文字，得到的图像效果如图 10-28 所示。

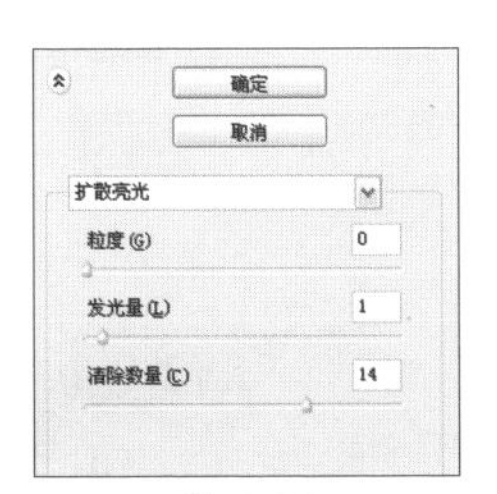

图10-26

图10-27

图10-28

技术看板：【扩散亮光】参数的控制技巧

【扩散亮光】滤镜就是把图片中亮的像素扩散，在用时注意背景为白色或想要的颜色（亮光的颜色由背景色决定），最好是复制一个图层。如果效果太重可以降低透明度解决。

粒度：设置图像添加颗粒的密度。

发光量：设置图像中发光的强度。

清除数量：限制图像中受到滤镜影响的范围，该值越高，滤镜影响的范围越小。

视频 / 扩展视频 / 视频12　调出照片浪漫的暮色效果

课后复习——视频 12 调出照片浪漫的暮色效果

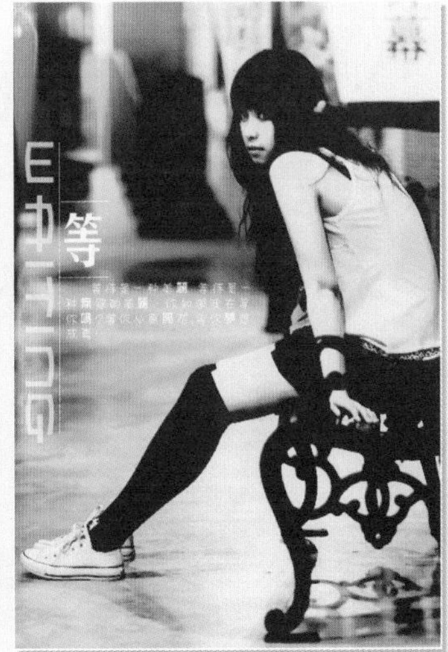

Effect 11 使黄昏气氛更浓郁

难度系数：★★★☆☆

视频教学 / CH 03 / 11使黄昏气氛更浓郁

01 执行【文件】/【打开】命令（Ctrl+O），弹出“打开”对话框，选择需要的素材，单击“打开”按钮打开图像，如图 11-1 所示。

图11-1

02 单击“图层”面板上的创建新的填充或调整图层按钮，在弹出的下拉菜单中选择“曲线”选项，在“调整”面板中设置参数如图 11-2 所示，图像效果如图 11-3 所示。

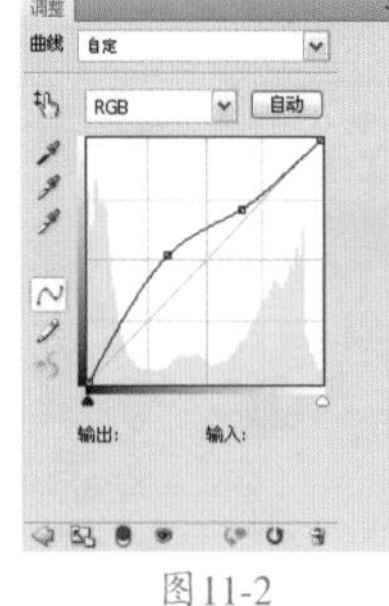

图11-2

图11-3

03 单击“图层”面板上的创建新图层按钮，新建“图层 1”。选择工具箱中渐变工具，在其工具选项栏中选择线性渐变，单击渐变条，弹出“渐变编辑器”对话框，具体参数设置如图 11-4 所示，设置完毕后单击“确定”按钮，在图像中由上至下拖动鼠标绘制渐变，得到的图像效果如图 11-5 所示。

图11-4

图11-5

操作提示

在“渐变编辑器”对话框中将渐变颜色色值由左至右分别设置为R255、G120、B0，不透明度为80%，R255、G246、B0，不透明度为100%。

04 选择“图层1”，在“图层”面板上将其图层混合模式设置为“线性加深”。单击“图层”面板上的创建新图层按钮，新建“图层2”。将前景色设置为白色，选择工具箱中椭圆工具，在其工具选项栏中单击路径按钮，按住Shift键在图像中绘制，如图11-6所示，按快捷键Ctrl+Enter将路径转换为选区，按快捷键Alt+Delete填充前景色，按快捷键Ctrl+D取消选区，图像效果如图11-7所示。

图11-6

图11-7

05 选择“图层2”，执行【滤镜】/【模糊】/【高斯模糊】命令，弹出“高斯模糊”对话框，具体参数设置如图11-8，设置完毕后单击“确定”按钮，得到的图像效果如图11-9所示，在“图层”面板中将其图层不透明度设置为40%。

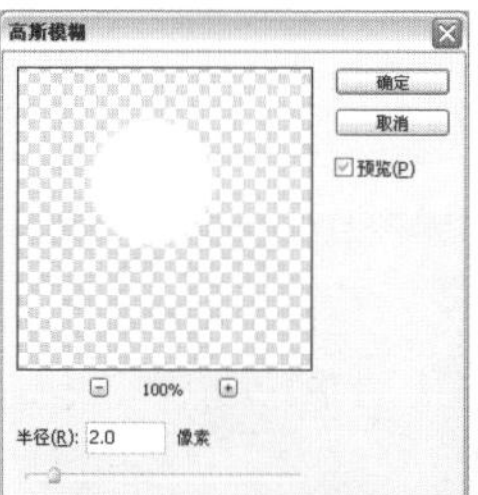

图11-8

图11-9

06 单击“图层”面板上的创建新图层按钮，新建“图层3”。将前景色设置为白色，选择工具箱中的画笔工具，在其工具选项栏中设置柔角画笔，将不透明度设置为20%，在图像中涂抹，如图11-10所示。

图11-10

07 选择“图层3”，在“图层”面板上将其图层混合模式设置为“叠加”，不透明度为90%，“图层”面板状态如图11-11所示，得到的图像效果如图11-12所示。

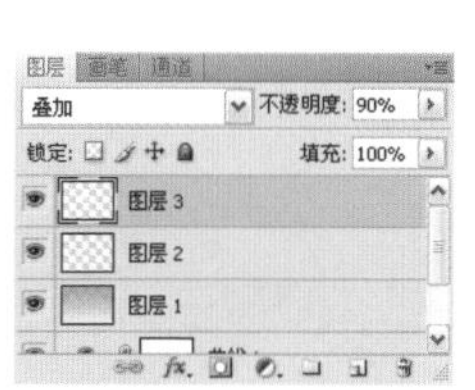

图11-11

图11-12

08 选择“图层3”，单击“图层”面板上的创建新图层按钮，得到“图层4”。设置前景色为黑色，按快捷键Alt+Delete填充前景色。执行【滤镜】/【渲染】/【镜头光晕】命令，弹出“镜头光晕”对话框，具体参数设置如图11-13所示，设置完毕后单击“确定”按钮，得到的图像效果如图11-14所示。

图11-13

图11-14

09 选择“图层 3”，在“图层”面板上将其图层不透明度设置为 65%，选择工具箱中的移动工具，将其拖曳至图像中的合适位置，使其与太阳位置对应，“图层”面板状态如图 11-15 所示，得到的图像效果如图 11-16 所示。

图11-15

图11-16

10 选择“图层 4”，单击“图层”面板上的添加图层蒙版按钮，为该图层添加图层蒙版。设置前景色为黑色，按快捷键 Alt+Delete 填充前景色。将前景色设置为白色，选择工具箱中的画笔工具，在其工具选项栏中设置合适的柔角笔刷，在光晕处涂抹，涂抹完毕后，将其图层混合模式设置为“滤色”，不透明度设置为 80%，“图层”面板状态如图 11-17 所示，得到的图像效果如图 11-18 所示。

图11-17

图11-18

技术看板：解密图层蒙版

图层蒙版是一种特殊的选区，但它的目的并不是对选区进行操作，相反，是要保护选区不被操作。同时，不属于蒙版范围的地方则可以进行编辑与处理。

蒙版虽然是一种选区，但它跟常规的选区颇为不同。常规的选区表明了一种操作趋向，即将对所选区域进行处理；而蒙版却相反，它是对所选区域进行保护，让其免于操作，而对非掩盖的地方应用操作。

视频 / 扩展视频 / 视频13　制作黄绿怀旧色调的照片

课后复习——视频 13 制作黄绿怀旧色调的照片

Effect 12 快速将春天变成秋天

难度系数：★★☆☆☆

 视频教学 / CH 03 / 12快速将春天变成秋天

01 执行【文件】/【打开】命令（Ctrl+O），弹出“打开”对话框，选择需要的素材，单击“打开”按钮打开图像，如图 12-1 所示。

图12-1

02 将“背景”图层拖曳至“图层”面板中的创建新图层按钮上，得到“背景副本”图层，“图层”面板状态如图 12-2 所示。

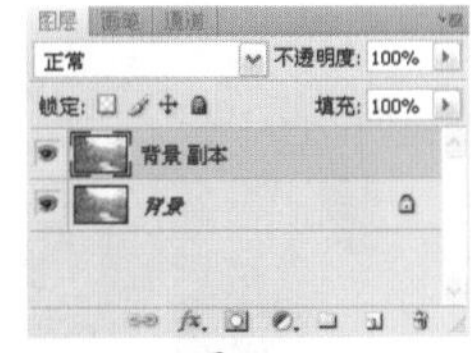

图12-2

03 单击“图层”面板上的创建新的填充或调整图层按钮，在弹出的下拉菜单中选择“色相 / 饱和度”选项，在“调整”面板中设置参数如图 12-3 和图 12-4 所示，调整完毕后得到的图像效果如图 12-5 所示。

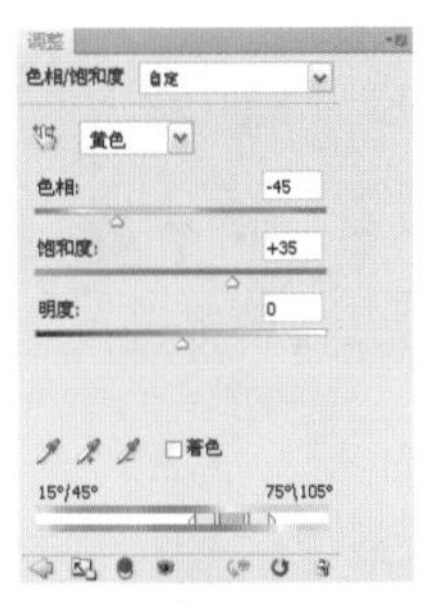

图12-3

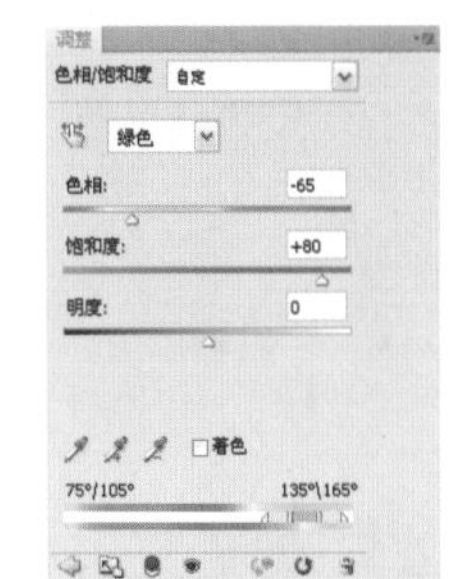

图12-4

图12-5

04 单击“色相 / 饱和度 1”调整图层的图层蒙版缩览图，将前景色设置为黑色，选择工具箱中的画笔工

具，在其工具选项栏中设置合适的柔角笔刷，在图像中不需要调整颜色处涂抹，涂抹完毕后“图层”面板状态如图 12-6 所示，得到的图像效果如图 12-7 所示。

图12-6

图12-7

05 单击“图层”面板上的创建新的填充或调整图层按钮，在弹出的下拉菜单中选择“色相 / 饱和度”选项，在“调整”面板中设置参数如图 12-8 所示，调整完毕后得到的图像效果如图 12-9 所示。

图12-8

图12-9

06 单击“色相 / 饱和度 2”调整图层的图层蒙版缩览图，将前景色设置为黑色，按快捷键 Alt+Delete 填充前景色。将前景色设置为白色，选择工具箱中的画笔工具，在其工具选项栏中设置合适的柔角笔刷，在图像中需要调整颜色处涂抹，涂抹完毕后“图层”面板状态如图 12-10 所示，得到的图像效果如图 12-11 所示。

图12-10

图12-11

技术看板：调整图层蒙版与图层蒙版

调整图层的蒙版与图层的蒙版概念是一样的，在有两个及两个以上的图层的文件中，上一个图层建立蒙版，并用黑色笔涂抹时，可以露出下一个图中的内容，一般用于图像的叠加，这样可以把上面图层中的图像蒙住一部分，不让其图像全部显示。

视频 / 扩展视频 / 视频14　调出皑皑白雪

课后复习——视频 14 调出皑皑白雪

Effect 13 使泛白的天空变得色彩绚丽

难度系数：★★★☆☆

 视频教学 / CH 03 / 13使泛白的天空变得色彩绚丽

01 执行【文件】/【打开】命令（Ctrl+O），弹出“打开”对话框，选择需要的素材，单击“打开”按钮打开图像，如图 13-1 所示。

图13-1

02 单击“图层”面板上的创建新的填充或调整图层按钮，在弹出的下拉菜单中选择“渐变”选项，弹出“渐变填充”对话框，如图 13-2 所示设置蓝、红、黄渐变类型，设置完毕后单击“确定”按钮，在“图层”面板上将其图层混合模式设置为“正片叠底”，得到的图像效果如图 13-3 所示。

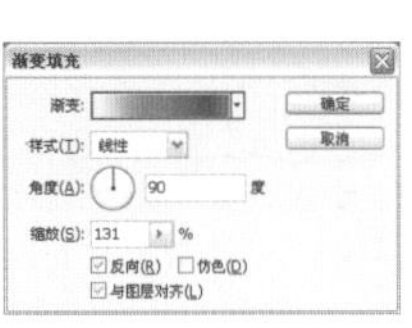

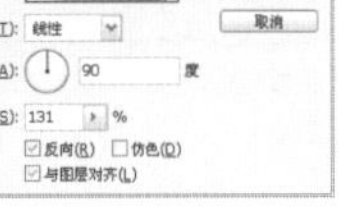

图13-2

图13-3

03 单击“渐变填充 1”调整图层蒙版，将前景色设置为黑色，选择工具箱中的画笔工具，在其工具选项栏中选择合适的柔角笔刷设置不透明度为 50%，在图像中涂抹，“图层”面板状态如图 13-4 所示，得到的图像效果如图 13-5 所示。

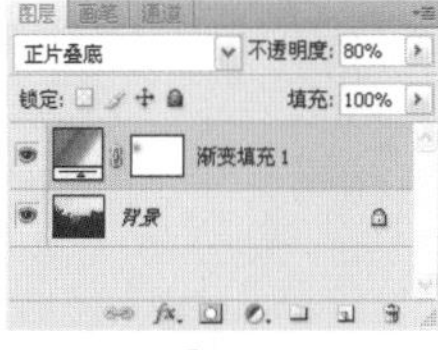

图13-4

图13-5

操作提示

单击可编辑渐变条，弹出“渐变编辑器”，具体设置如右图所示。颜色色值从左到右依次为R10、G0、B178，R255、G0、B0，R255、G252、B0。

04 单击“图层”面板上的创建新的填充或调整图层按钮，在弹出的下拉菜单中选择“色相 / 饱和度”选项,在“调整”面板中设置参数如图 13-6 所示，设置完毕后，得到的图像效果如图 13-7 所示。

图13-6

图13-7

05 单击“色相 / 饱和度 1”调整图层蒙版，将前景色设置为黑色，选择工具箱中的画笔工具，在其工具选项栏中设置合适的柔角笔刷和不透明度，在图像中涂抹，“图层”面板状态如图 13-8 所示，得到的图像效果如图 13-9 所示。

图13-8

图13-9

06 按快捷键 Shift+Ctrl+Alt+E 盖印所有可见图层，得到“图层 1”。选择工具箱中的加深工具,在图像中天空处涂抹，如图 13-10 所示，涂抹完毕后得到的图像效果如图 13-11 所示。

图13-10

图13-11

Effect 14　调出清淡阿宝色调

难度系数：★★☆☆☆

视频教学 / CH 03 / 14调出清淡阿宝色调

01 执行【文件】/【打开】命令（Ctrl+O），弹出“打开”对话框，选择需要的素材，单击“打开”按钮打开图像，如图 14-1 所示。

图14-1

02 单击“图层”面板上的创建新填充或调整图层按钮，在弹出的下拉菜单中选择“可选颜色”选项，在“调整”面板中设置参数如图 14-2、图 14-3 和图 14-4 所示，设置完毕后得到的图像效果如图 14-5 所示。

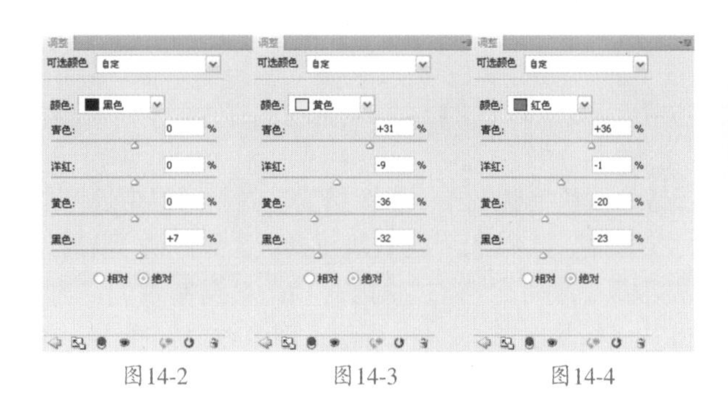

图14-2　　图14-3　　图14-4

图14-5

03 单击“图层”面板上的创建新的或调整图层按钮，在弹出的下拉菜单中选择“色阶”选项，在“调整”面板中设置参数如图 14-6 所示，设置完毕后得到的图像效果如图 14-7 所示。

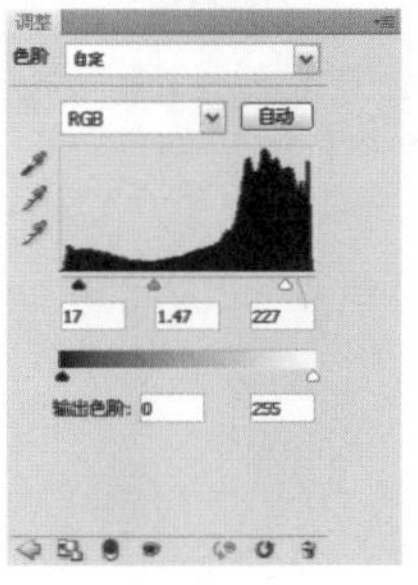

图14-6

图14-7

04 执行【图像】/【模式】/【Lab 颜色】命令，在弹出的对话框中选择“拼合”，“图层”面板状态如图 14-8 所示。

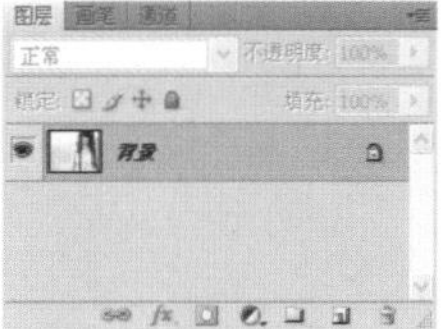

图14-8

05 按快捷键 Ctrl+J 将图层复制到新图层中，得到“图层 1”。切换至“通道”面板，选择“a”通道按快捷键 Ctrl+A 全选，按快捷键 Ctrl+C 复制通道，“通道”面板状态如图 14-9 所示，图像效果如图 14-10 所示。

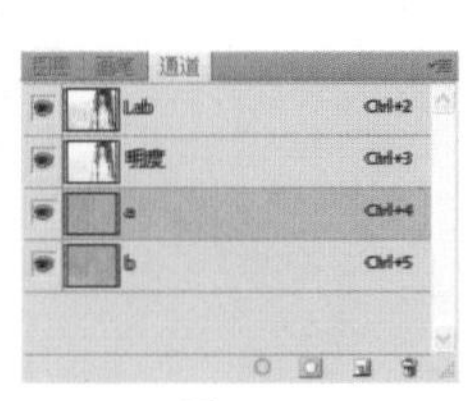

图14-9

图14-10

操作提示

快捷键Ctrl+A是使图像全部载入选区的快捷方式。

06 选择“b”通道按快捷键 Ctrl+V 粘贴通道，“通道”面板状态如图 14-11 所示，图像效果如图 14-12 所示。

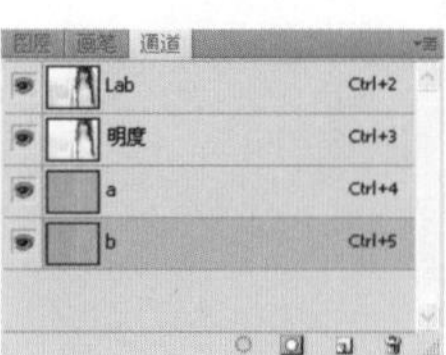

图14-11

图14-12

07 按快捷键 Ctrl+M 曲线命令，弹出“曲线”对话框，具体参数设置如图 14-13 所示，设置完毕后单击“确定”按钮，得到的图像效果如图 14-14 所示。按快捷键 Ctrl+D 取消选择。

图14-13

图14-14

08 切换回“图层”面板，执行【图像】/【模式】/【RGB 颜色】命令，在弹出的对话框中选择“不拼合”。选择“图层 1”，单击“图层”面板上的创建新的填充或调整图层按钮，在弹出的下拉菜单中选择“色彩平衡”选项，在“调整”面板中设置参数如图 14-15 所示，设置完毕后，单击“色彩平衡 1”调整图层蒙版，将前景色设置为黑色，选择工具箱中的画笔工具，在图像中背景处涂抹，涂抹完毕后“图层”面板状态如图 14-16 所示，得到的图像效果如图 14-17 所示。

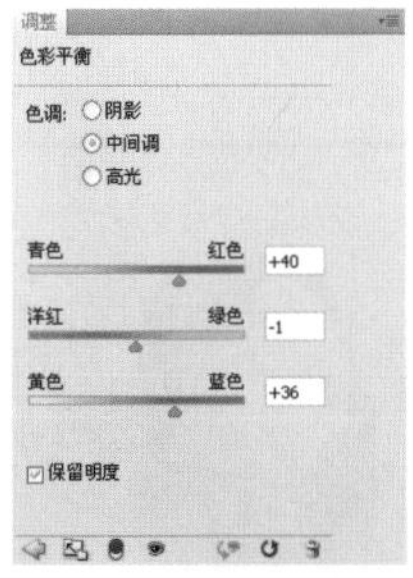
图14-15

图14-16

图14-17

09 单击“图层”面板上的创建新的填充或调整图层按钮，在弹出的下拉菜单中选择“色相/饱和度”选项，在“调整”面板中设置参数如图14-18和图14-19所示，得到的图像效果如图14-20所示。

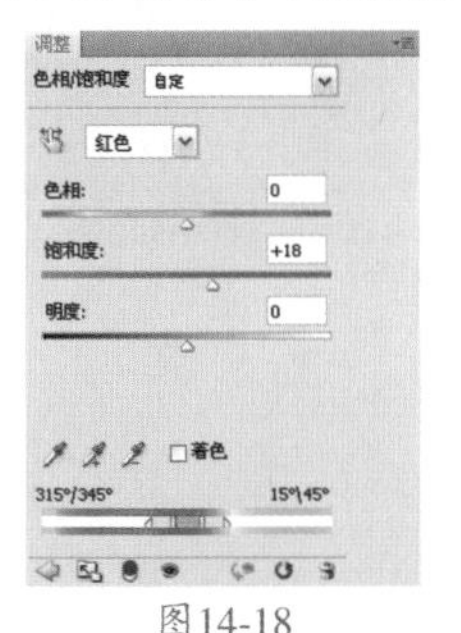
图14-18

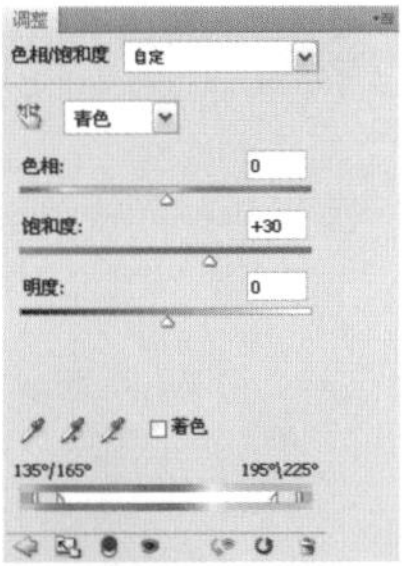

图14-19

图14-20

10 按快捷键Shift+Ctrl+Alt+E盖印所有可见图层，得到“图层2”。执行【滤镜】/【锐化】/【USM锐化】命令，弹出“USM锐化”对话框，具体参数设置如图14-21所示，设置完毕后单击“确定”按钮，得到的图像效果如图14-22所示。

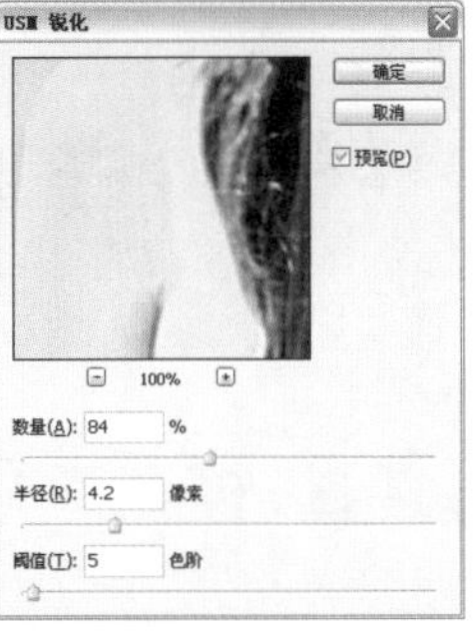

图14-21

图14-22

11 选择“图层2”，单击“图层”面板上的添加图层蒙版按钮，为该图层添加蒙版。将前景色设置为黑色，选择工具箱中的画笔工具，在图像中头发处涂抹，涂抹完毕后“图层”面板状态如图14-23所示，得到的图像效果如图14-24所示。

图14-23

图14-24

12 选择工具箱中的画笔工具和横排文字工具，为图像添加点缀，得到的图像效果如图14-25所示。

图14-25

Effect 15　调出深邃紫色调

难度系数：★★☆☆☆

视频教学 / CH 03 / 15调出深邃紫色调

01 执行【文件】/【打开】命令（Ctrl+O），弹出“打开”对话框，选择需要的素材图像，单击“打开”按钮，如图 15-1 所示。

图15-1

02 单击“图层”面板上的创建新的填充或调整图层按钮，在弹出的下拉菜单中选择“可选颜色”选项，弹出“调整”面板，在“颜色”下拉列表选择“红色”选项，具体参数设置如图 15-2 所示。设置完毕后不关闭对话框，继续在“颜色”选项下拉列表中选择“黄色”选项，具体参数设置如图 15-3 所示。选择“可选取颜色 1”调整图层的图层蒙版，将前景色设置为黑色，选择工具箱中的画笔工具，在其工具选项栏中选择柔角笔刷，设置不透明度为 100%，在图像中人物以外的部分涂抹，得到的图像效果如图 15-4 所示。

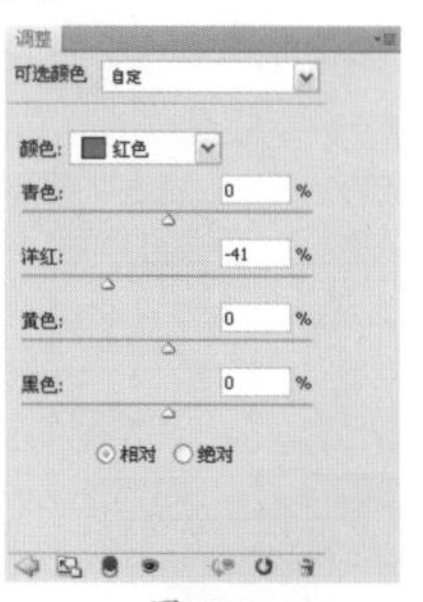

图15-2

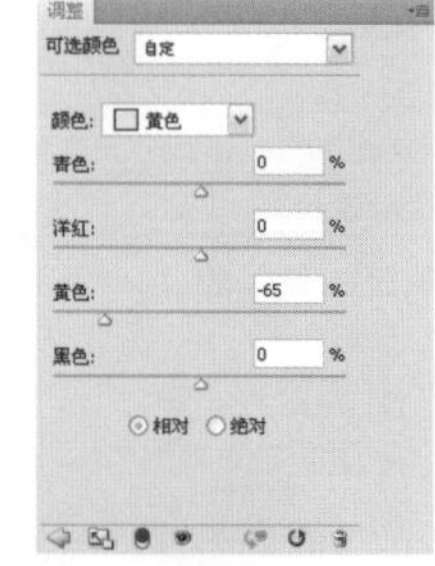

图15-3

图15-4

03 按住 Ctrl 键单击“选取颜色 1”图层的图层蒙版，调出选区，单击“图层”面板上的创建新的填充或调整图层按钮，在弹出的下拉菜单中选择“亮度 / 对比度”选项，弹出“调整”面板，具体参数设置如图 15-5 所示，设置完毕后得到“亮度 / 对比度 1”图层，图像效果如图 15-6 所示。

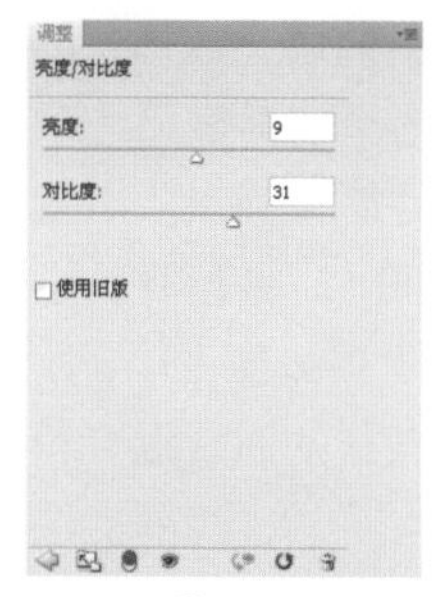

图15-5

图15-6

04 按住 Ctrl 键单击“亮度 / 对比度 1”图层的图层蒙版，调出选区，单击“图层”面板上的创建新的填充或调整图层按钮，在弹出的下拉菜单中选择“色阶”选项，弹出“色阶”对话框，具体参数设置如图 15-7 所示，设置完毕后单击“确定”按钮，得到“色阶 1”图层，图像效果如图 15-8 所示。

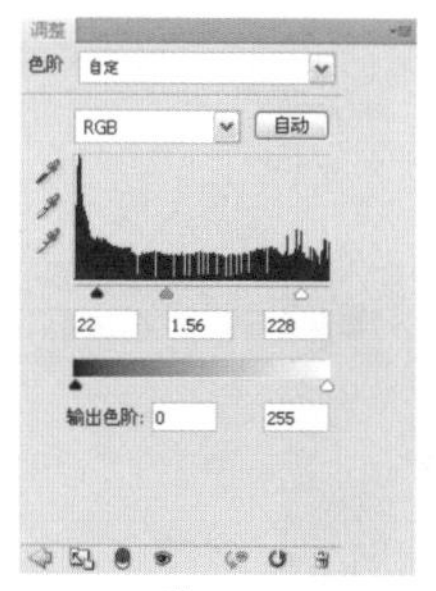

图15-7

图15-8

05 单击“图层”面板上的创建新的填充或调整图层按钮，在弹出的下拉菜单中选择“曲线”选项，在“调整”面板中设置具体参数如图 15-9 所示，设置完毕后图像效果如图 15-10 所示。

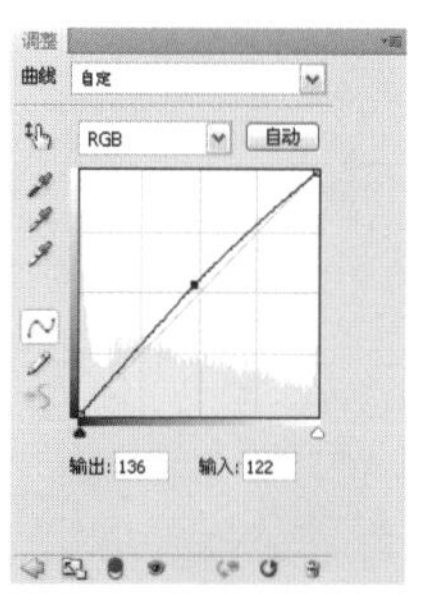

图15-9

图15-10

06 按快捷键 Ctrl+Alt+Shift+E 盖印可见图层，得到“图层 1”。切换至“通道”面板，选择“绿”通道，执行【选择】/【全部】命令（Ctrl+A），将图像全选，执行【编辑】/【拷贝】命令（Ctrl+C），复制选区内图像，选择“蓝”通道，执行【编辑】/【粘贴】命令（Ctrl+V）粘贴图像，按快捷键 Ctrl+D 取消选择，选择“RGB”通道，切换回“图层”面板，图像效果如图 15-11 所示。

图15-11

07 单击“图层”面板上的创建新的填充或调整图层按钮，在弹出的下拉菜单中选择“曲线”选项，弹出“调整”面板，在“通道”选项下拉列表中选择“红”选项，具体参数设置如图 15-12 所示，继续在“通道”选项下拉列表中选择“蓝”选项，具体参数设置如图 15-13 所示，设置完毕后得到的图像效果如图 15-14 所示。

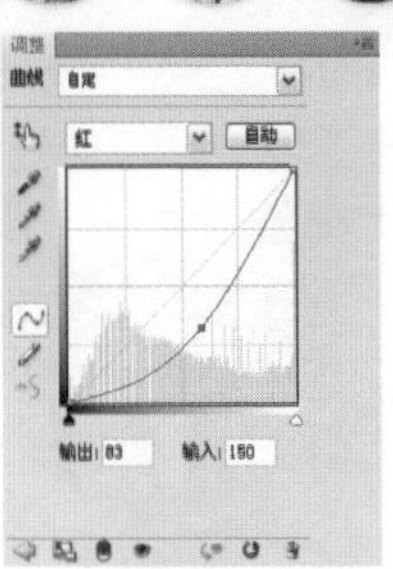

图15-12

图15-13

图15-14

08 单击“图层”面板上的创建新的填充或调整图层按钮，在弹出的下拉菜单中选择“色相/饱和度”选项，弹出“调整”面板，在“编辑”下拉菜单中选择“青色”选项，具体参数设置如图15-15所示，设置完毕后得到“色相/饱和度1”图层，图像效果如图15-16所示。

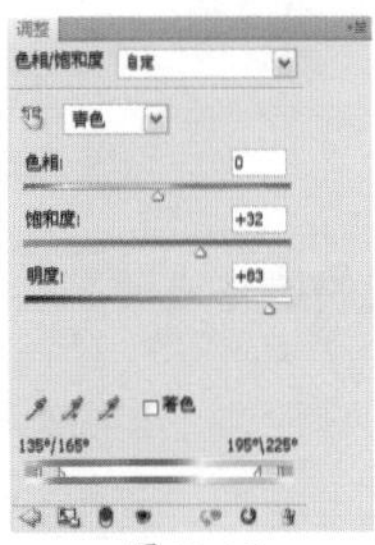

图15-15

图15-16

09 单击“图层”面板上的创建新的填充或调整图层按钮，在弹出的下拉菜单中选择“纯色”选项，在弹出的“拾色器”对话框中设置颜色色值为R48、G60、B110，设置完毕后单击“确定”按钮，得到“颜色填充1”图层，将该图层的图层混合模式设置为“滤色”，不透明度为30%，得到的图像效果如图15-17所示。

图15-17

10 单击“图层”面板上的创建新的填充或调整图层按钮，在弹出的下拉菜单中选择“渐变”选项，弹出“调整”面板，单击“渐变编辑条”，弹出“渐变编辑器”对话框，具体参数设置如图15-18所示，设置完毕后在“渐变填充”对话框中设置如图15-19所示，将生成的“渐变填充1”调整图层的图层混合模式设置为“颜色加深”，不透明度为40%，得到的图像效果如图15-20所示。

图15-18

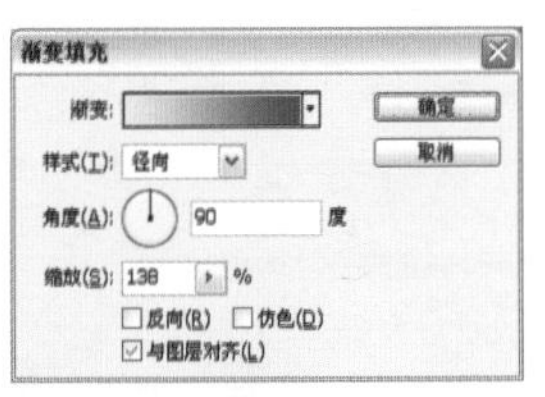

图15-19

图15-20

操作提示

此步骤中渐变颜色色值由左至右依次为R233、G236、B183，R13、G55、B111。

11 按快捷键 Ctrl+Alt+Shift+E 盖印可见图层，得到“图层 2”，执行【滤镜】/【模糊】/【高斯模糊】命令，在弹出的“高斯模糊”对话框中设置半径为 3 像素，设置完毕后单击“确定”按钮，将“图层 2”的图层混合模式设置为“柔光”，得到的图像效果如图 15-21 所示。

图15-21

12 按快捷键 Ctrl+Alt+Shift+E 盖印可见图层，得到“图层 3”，选择工具箱中的减淡工具，在其工具选项栏中选择柔角笔刷，设置“范围”为“中间调”，曝光度为 10%，在图像中人物脸部及颈部涂抹，得到的图像效果如图 15-22 所示。

13 执行【滤镜】/【锐化】/【锐化】命令，将图像锐化，得到的图像效果如图 15-23 所示。

图15-22

图15-23

14 选择工具箱中的横排文字工具 T，将前景色设置为白色，在其工具选项栏中选择合适的字体，在图像中输入文字，并调整文字大小，得到的图像效果如图 15-24 所示。

图15-24

视频 / 扩展视频 / 视频15　调出沉稳的波西色

课后复习——视频 15 调出沉稳的波西色

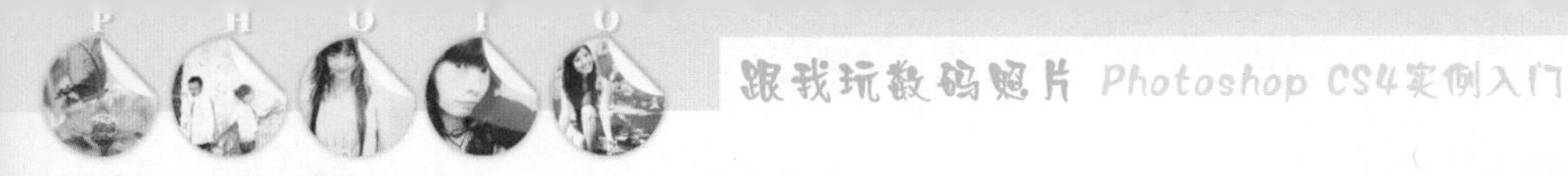

Effect 16　使白天变夜晚

难度系数：★★☆☆☆

视频教学 / CH 03 / 16使白天变夜晚

01 执行【文件】/【打开】命令（Ctrl+O），弹出“打开”对话框，选择需要的素材，单击“打开”按钮打开图像，如图 16-1 所示。

图16-1

02 将“背景”图层拖曳至“图层”面板中的创建新图层按钮上，得到“背景副本”图层。单击“图层”面板上的创建新的填充或调整图层按钮，在弹出的下拉菜单中选择“渐变”选项，如图 16-2 所示设置渐变填充，如图 16-3 所示设置“图层”面板，得到的图像效果如图 16-4 所示。

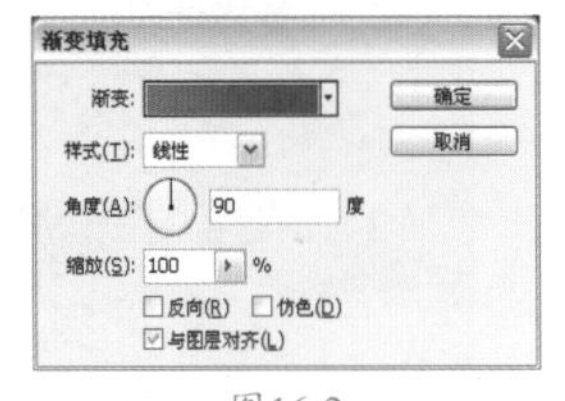

图16-2

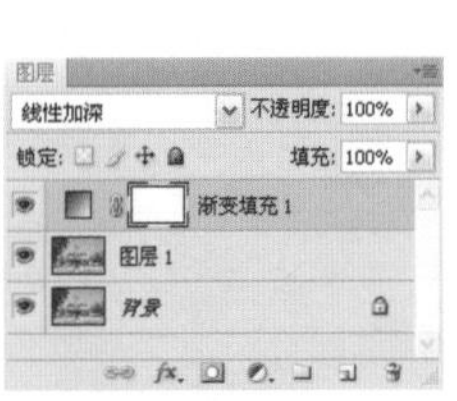

图16-3

图16-4

操作提示

在弹出的“渐变填充”对话框中，单击渐变条设置渐变填充色值从左至右依次为R53、G99、B161，R12、G33、B105，设置完毕后，单击“确定”按钮，继续在“渐变填充”对话框中设置。

03 选择“渐变填充 1”调整图层蒙版缩览图，将前景色设置为黑色，选择工具箱中的画笔工具，在其工具选项栏中设置不透明度为 25%，流量为 30%，选择合适的柔角笔刷，在图像中的门处涂抹，涂抹完毕后“图层”面板状态如图 16-5 所示，得到的图像效果如图 16-6 所示。

图16-5

图16-6

04 选择“渐变填充 1”调整图层单击“图层”面板上的创建新图层按钮上，得到“图层 1”。将前景色设置为白色，选择工具箱中的画笔工具，在其工具选项栏中设置合适的大小笔刷、流量和不透明度，在图像中灯处涂抹，涂抹完毕后得到的图像效果如图 16-7 所示。

图16-7

05 选择“背景副本”图层，选择工具箱中的钢笔工具，如图 16-8 所示在图像中窗口处绘制闭合路径，按快捷键 Ctrl+Enter 将路径转换为选区，按快捷键 Ctrl+J 复制选区中的图像到新图层中，得到“图层 2”，将“图层 2”拖曳至顶层，图像效果如图 16-9 所示。

图16-8

图16-9

06 选择“图层 2”，单击“图层”面板上的添加图层样式按钮，在弹出的下拉菜单中选择“外发光”选项，弹出“图层样式”对话框，具体参数设置如图 16-10 所示，设置完毕后单击“确定”按钮，得到的图像效果如图 16-11 所示。

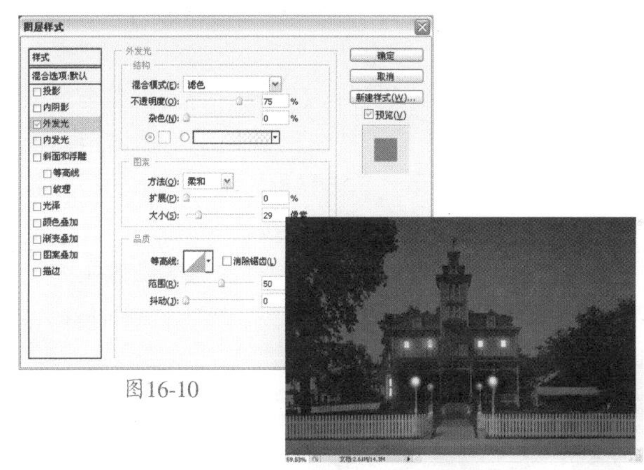

图16-10

图16-11

07 选择“图层 1”，单击“图层”面板上的创建新的填充或调整图层按钮，在弹出的下拉菜单中选择“色相 / 饱和度”选项，弹出“调整”面板，按快捷键 Ctrl+Alt+G 创建剪贴蒙版，在“调整”面板中设置色相 / 饱和度参数如图 16-12 所示，得到的图像效果如图 16-13 所示。

图16-12

图16-13

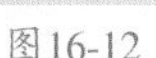

08 执行【文件】/【打开】命令（Ctrl+O），弹出“打开”对话框，选择需要的素材，单击“打开”按钮打开图像，如图 16-14 所示。

图16-14

选择工具箱中的移动工具，将其拖曳至主文档中，生成“图层 3”。按快捷键 Ctrl+T 调出自由变换框如图 16-15 所示，单击鼠标右键在弹出的下拉菜单中选择“水平翻转”选项，按住 Shift 键同比例缩放图像，按 Enter 键确认变换，得到的图像效果如图 16-16 所示。

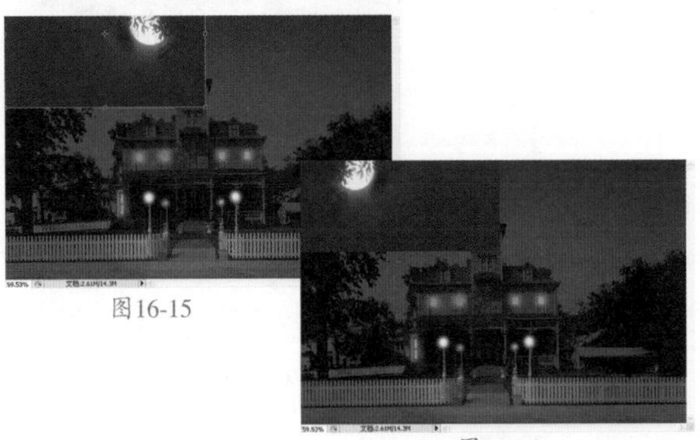

图16-15

图16-16

选择“图层 3”，单击“图层”面板上的添加图层蒙版按钮，为该图层添加蒙版。将前景色设置为黑色，选择工具箱中的画笔工具，在图像中边界处涂抹，涂抹完毕后“图层”面板状态如图 16-17 所示，得到的图像效果如图 16-18 所示。

图16-17

图16-18

操作提示

选择工具箱中的画笔工具，在其工具选项栏中设置合适的笔刷，设置不透明度和流量为100%。

执行【文件】/【打开】命令（Ctrl+O），弹出“打开”对话框，选择需要的素材，单击“打开”按钮打开图像，如图 16-19 所示。

图16-19

选择工具箱中的移动工具，将其拖曳至主文档中，生成“图层 4”。按快捷键 Ctrl+T 调出自由变换框，按住 Shift 键等比例缩放图像，按 Enter 键确认变换，得到的图像效果如图 16-20 所示。

图16-20

选择“图层 4”，单击“图层”面板上的添加图层蒙版按钮，为该图层添加蒙版。将前景色设置为黑色，选择工具箱中的画笔工具，在图像中边界处涂抹，涂抹完毕后“图层”面板状态如图 16-21 所示，得到的图像效果如图 16-22 所示。

图16-21

图16-22

Chapter 04
数码照片的局部修

本章共10个案例，对数码照片局部修复进行了系统的讲解，如对老照片的折痕进行修复、对面部难以处理的阴影进行修复等。本章挑选9个视频形式的课后复习加以辅助。

Effect 01 去除照片上的多余杂物

难度系数：★★☆☆☆

视频教学 / CH 04 / 01去除照片上的多余杂物

01 执行【文件】/【打开】命令（Ctrl+O），弹出“打开”对话框，选择需要的素材，单击“打开”按钮打开图像，如图 1-1 所示。

图1-1

02 将“背景”图层拖曳至“图层”面板中的创建新图层按钮 上，得到“背景副本”图层。选择“背景副本”图层，将视图放大至合适比例。选择工具箱中的修补工具，按住鼠标左键在如图 1-2 所示的位置绘制选区，将其拖曳至杂草处释放鼠标，得到的图像效果如图 1-3 所示，按快捷键 Ctrl+D 取消选区。

图1-2

图1-3

03 按快捷键 Shift+Ctrl+Alt+E 盖印所有可见图层，得到“图层 1”。继续使用修补工具，直至杂草修复完毕，得到的图像效果如图 1-4 所示。

图1-4

04 选择工具箱中的仿制图章工具，在其工具选项栏中设置合适的笔刷大小，如图 1-5 所示按住 Alt 键的同时按住鼠标左键在图像中干净处取样，在如图 1-6 所示的位置进行涂抹。

图1-5

图1-6

技术看板：仿制图章工具的设置及使用

在工具箱中选取仿制图章工具，在其工具选项栏中设置如下图所示，然后把鼠标放到要被复制的图像处，这时鼠标将显示一个图章的形状，按住Alt键，单击一下鼠标进行定点选样，这样复制的图像被保存。把鼠标移到要复制的图像处，然后按住鼠标拖动即可逐渐地出现复制的图像。

画笔: 100 模式: 正常 不透明度: 100% 流量: 100% 对齐 样本: 当前图层

05 重复操作，直至电线全部修复完毕，恢复视图大小，得到的图像效果如图 1-7 所示。

图1-7

视频 / 扩展视频 / 视频16 清除照片中多余的人物

课后复习——视频 16 清除照片中多余的人物

Effect 02　去除照片中的多余阴影

难度系数：★★★☆☆

视频教学 / CH 04 / 02去除照片中的多余阴影

 执行【文件】/【打开】命令（Ctrl+O），弹出“打开”对话框，选择需要的素材，单击“打开”按钮打开图像，如图 2-1 所示。

图2-1

02 选择“背景”图层，单击“图层”面板上的创建新的填充图层或调整图层按钮，在弹出的下拉菜单中选择“曲线”选项，在“调整”面板中设置参数如图 2-2 所示，得到的图像效果如图 2-3 所示。

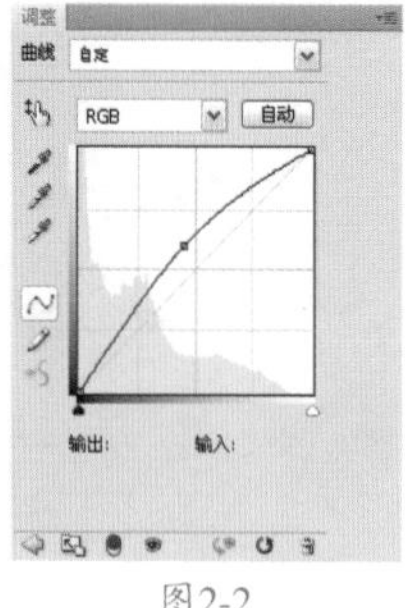

图2-2

图2-3

03 按快捷键 Ctrl+Shift+Alt+E 盖印所有可见图层，得到“图层 1”。执行【滤镜】/【模糊】/【表面模糊】命令，弹出“表面模糊”对话框，具体参数设置如图 2-4 所示，设置完毕后单击“确定”按钮，得到的图像效果如图 2-5 所示。

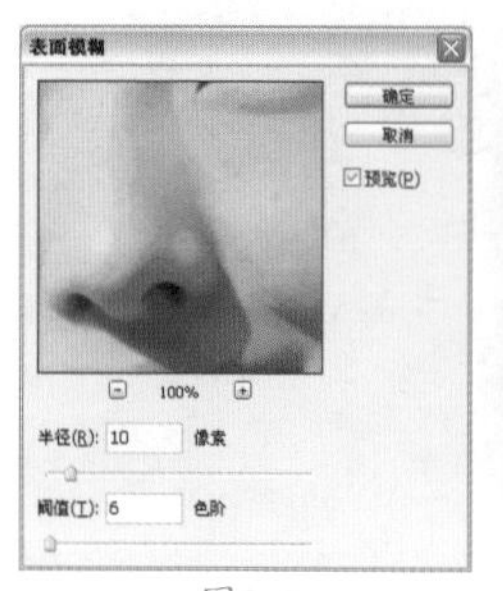

图2-4

图2-5

04 选择“图层 1”，按快捷键 Ctrl+I 将图像反向，“图层”面板状态如图 2-6 所示，得到的图像效果如图 2-7 所示。

图2-6

图2-7

05 选择“图层 1”，单击“图层”面板上的创建新图层按钮，新建“图层 2”。选择工具箱中的吸管工具，如图 2-8 所示，在人物脸部相似色值处吸取颜色。选择工具箱中的画笔工具，在其工具选项栏中设置合适的柔角笔刷，在图像中阴影处涂抹，如图 2-9 所示。

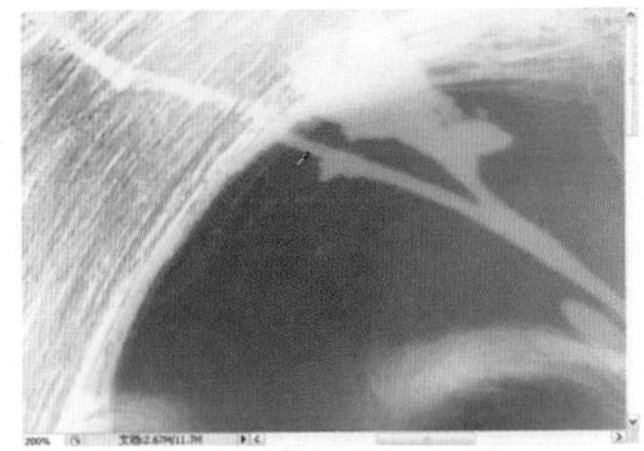
图2-8

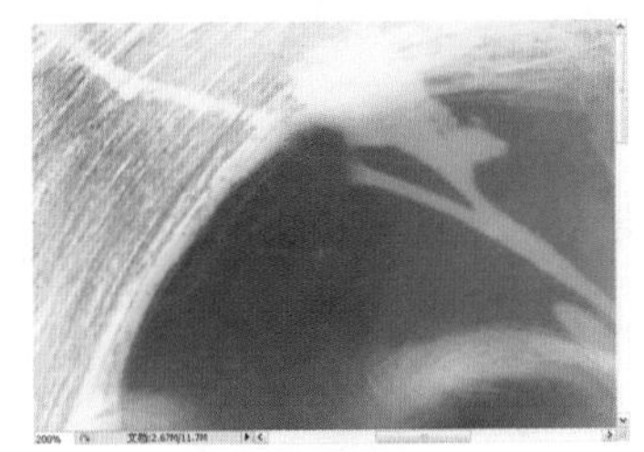
图2-9

06 重复使用此动作，直至阴影修复完毕，得到的图像效果如图 2-10 所示。

图2-10

操作提示

在使用画笔工具时，在其工具选项栏中参数设置如下图所示，在图像中设置合适的不透明度和流量，不会完全把图像中原有的纹理遮盖。

07 按快捷键 Shift+Ctrl+Alt+E 盖印所有可见图层，得到“图层 3”。按快捷键 Ctrl+I 将图像反向，得到的图像效果如图 2-11 所示。选择工具箱中的仿制图章工具，按住 Alt 键的同时单击鼠标左键在图像中头发处取样如图 2-12 所示，在阴影头发处涂抹如图 2-13 所示。

图2-11

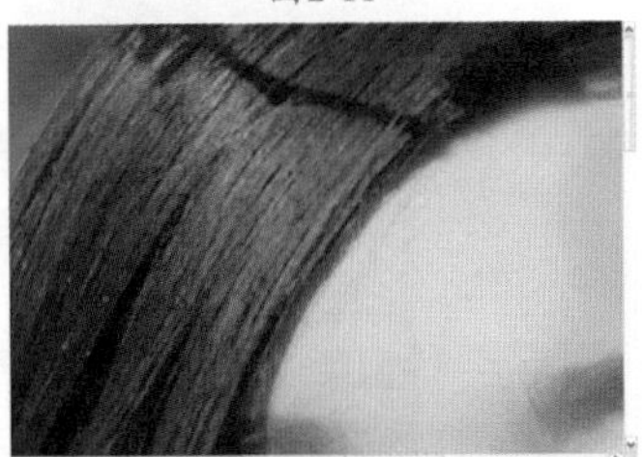
图2-12

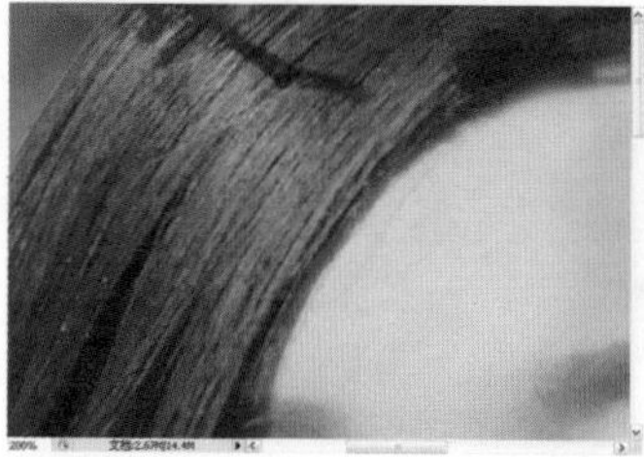
图2-13

08 重复此动作，直至头发上阴影全部被修复，得到的图像效果如图 2-14 所示。

图2-14

操作提示

使用仿制图章时，按住Alt键在图像中头发处取样时，要在相近的色值处取，否则图像效果不真实。

09 按快捷键 Shift+Ctrl+Alt+E 盖印所有可见图层，得到“图层 4”。执行【滤镜】/【锐化】/【USM 锐化】命令，弹出“USM”锐化对话框，具体参数设置如图 2-15 所示，设置完毕后单击“确定”按钮，得到的图像效果如图 2-16 所示。

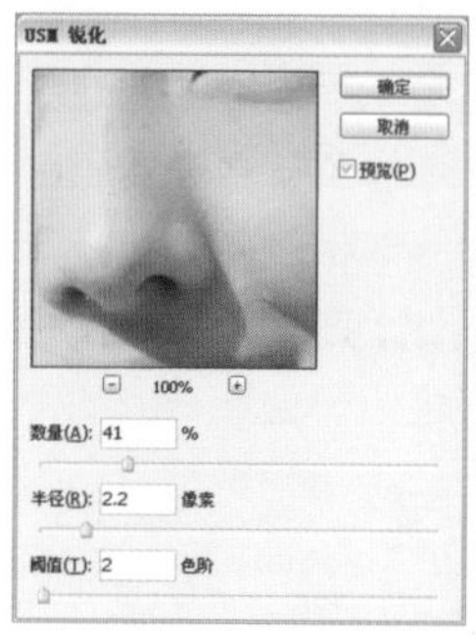

图2-15

图2-16

视频 / 扩展视频 / 视频17　去除脸部雀斑

课后复习——视频 17 去除脸部雀斑

Effect 03 修复残旧老照片

难度系数：★★☆☆☆

视频教学 / CH 04 / 03修复残旧老照片

01 执行【文件】/【打开】命令（Ctrl+O），弹出“打开”对话框，选择需要的素材，单击“打开”按钮打开图像，如图 3-1 所示。

图3-1

02 将“背景”图层拖曳至“图层”面板中的创建新图层按钮上，得到“背景副本”图层，“图层”面板状态如图 3-2 所示。

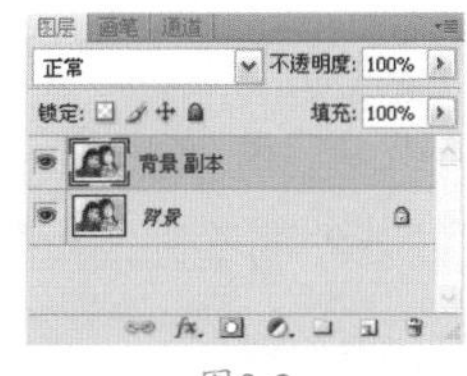

图3-2

03 选择“背景副本”图层，执行【图像】/【调整】/【去色】命令 (Shift+Ctrl+U)，为该图层去色，得到的图像效果如图 3-3 所示。

图3-3

04 按快捷键 Ctrl++ 将图像放大至合适比例，选择工具箱中的仿制图章工具，在其工具选项栏中设置合适的笔刷大小，将不透明度设置为 25%，流量设置为 35%，在图像中按住 Alt 键的同时单击鼠标左键在干净处取样如图 3-4 所示，在图像中折痕处涂抹如图 3-5 所示。

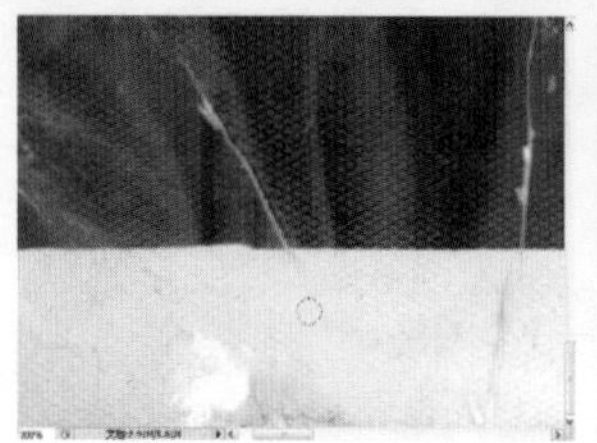
图3-4

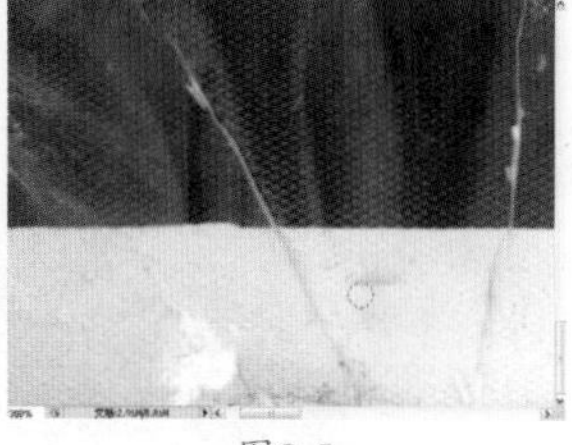
图3-5

05 使用同样的方法修复其他得到的图像效果如图 3-6 所示。

图3-6

06 按快捷键 Ctrl+Shift+Alt+E 盖印可见图层，生成“图层 1”。选择工具箱中的仿制图章工具，在其工具选项栏中设置合适的笔刷大小，将不透明度设置为 25%，流量设置为 35%，在图像中按住 Alt 键的同时单击鼠标左键在干净处取样如图 3-7 所示，在折痕处涂抹如图 3-8 所示。

图3-7

图3-8

07 使用同样的方法修复其他得到的图像效果如图 3-9 所示。

图3-9

08 按快捷键 Ctrl+Shift+Alt+E 盖印可见图层，生成“图层 2”。选择工具箱中的修补工具，在图像中衣服干净处绘制选区，如图 3-10 所示，按住鼠标左键将选区中的图像拖曳至折痕处松开鼠标，可以看到折痕被修复，图像效果如图 3-11 所示，按快捷键 Ctrl+D 取消选择。

图3-10

图3-11

09 重复此动作直至衣服上的折痕修复完毕，得到的图像效果如图 3-12 所示。

图3-12

10 按快捷键 Ctrl+Shift+Alt+E 盖印可见图层，生成“图层 3”。选择工具箱中的修补工具，在图像中人物脸部光滑皮肤处绘制选区，如图 3-13 所示；按住鼠标左键将选区中的图像拖曳至人物脸部折痕处松开鼠标，可以看到折痕被修复，图像效果如图 3-14 所示，按快捷键 Ctrl+D 取消选区。

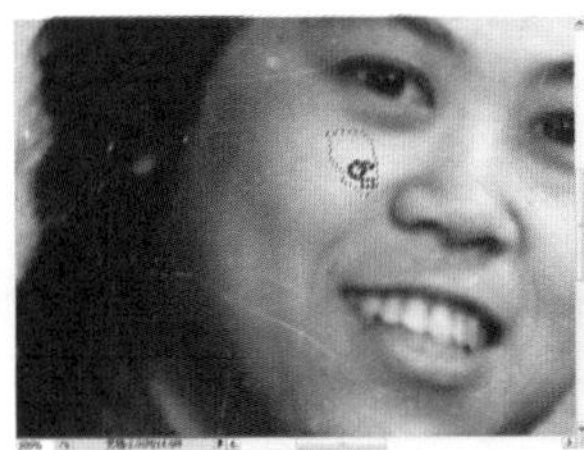

图3-13

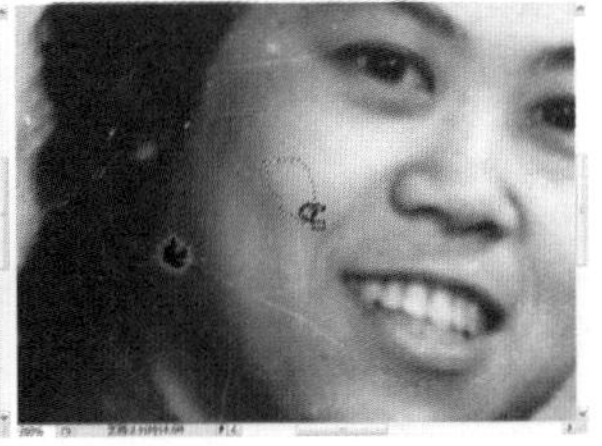

图3-14

11 重复此动作直至人物脸部的折痕修复完毕，得到的图像效果如图 3-15 所示。

图3-15

12 按快捷键 Ctrl+Shift+Alt+E 盖印可见图层，生成“图层 4”。选择工具箱中的修补工具，在图像中背景干净处绘制选区，如图 3-16 所示；按住鼠标左键将选区中的图像拖曳至折痕处松开鼠标，可以看到折痕被修复，图像效果如图 3-17 所示；按快捷键 Ctrl+D 取消选区。

图3-16

图3-17

13 重复此动作直至图像背景的折痕修复完毕，得到的图像效果如图 3-18 所示。

图3-18

14 选择工具箱中的裁剪工具，在图像中将多余图像裁切，如图 3-19 所示；按 Enter 键确认变换，得到的图像效果如图 3-20 所示。

图3-19

图3-20

操作提示

最后使用裁剪工具剪切图像，使其图像最终效果比例统一，效果更完美。

Effect 04 去除照片中的污痕

难度系数：★★☆☆☆

视频教学 / CH 04 / 04去除照片中的污痕

01 执行【文件】/【打开】命令（Ctrl+O），弹出“打开”对话框，选择需要的素材，单击“打开”按钮打开图像，如图 4-1 所示。

图4-1

02 将“背景”图层拖曳至“图层”面板中的创建新图层按钮上，得到“背景副本”图层。执行【图像】/【调整】/【去色】命令（Shift+Ctrl+U），得到的图像效果如图 4-2 所示。

图4-2

03 选择“背景副本”图层，单击“图层”面板上的创建新的填充或调整图层按钮，在弹出的下拉菜单中选择“曲线”选项，在“调整”面板中设置参数如图 4-3 所示，得到的图像效果如图 4-4 所示。

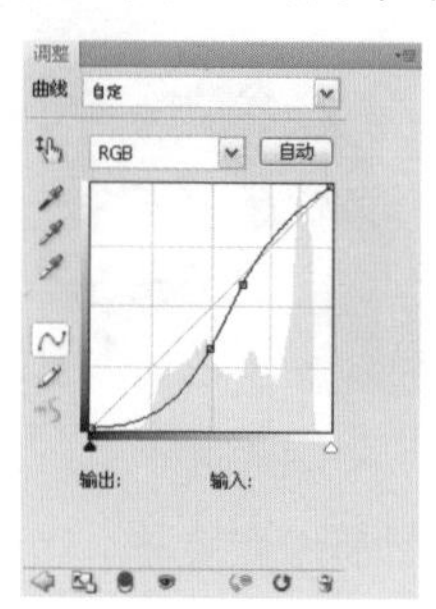

图4-3

图4-4

04 单击“图层”面板上的创建新的填充或调整图层按钮，在弹出的下拉菜单中选择“亮度/对比度”选项，在“调整”面板中设置参数如图4-5所示，得到的图像效果如图4-6所示。

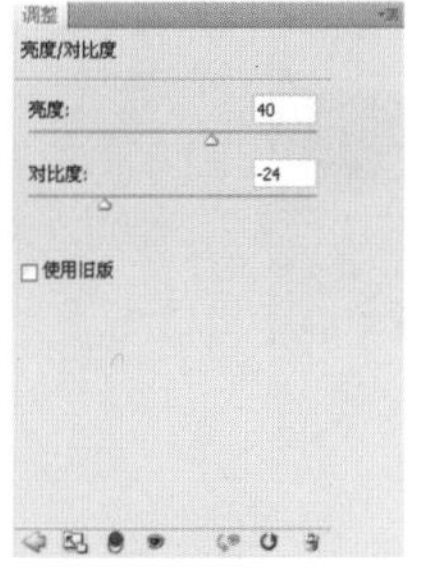

图4-5

图4-6

05 选择“亮度/对比度1”调整图层蒙版缩览图，将前景色设置为黑色，选择工具箱中的画笔工具，在其工具选项栏中设置合适的柔角笔刷，在图像中涂抹，涂抹完毕后“图层”面板状态如图4-7所示，得到的图像效果如图4-8所示。

图4-7

图4-8

操作提示

使用画笔工具在不需要调整处涂抹，把左边山体污渍处留下。

06 单击“图层”面板上的创建新的填充或调整图层按钮，在弹出的下拉菜单中选择“亮度/对比度”选项，在“调整”面板中设置参数如图4-9所示，得到的图像效果如图4-10所示。

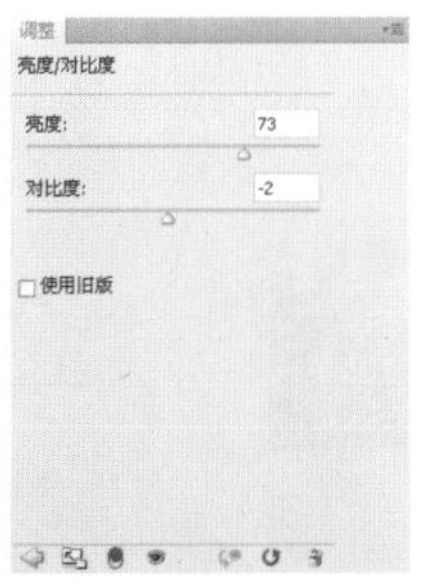

图4-9

图4-10

07 选择“亮度/对比度2”调整图层蒙版缩览图，将前景色设置为黑色，选择工具箱中的画笔工具，在其工具选项栏中设置合适的柔角笔刷，在图像中涂抹，涂抹完毕后“图层”面板状态如图4-11所示，得到的图像效果如图4-12所示。

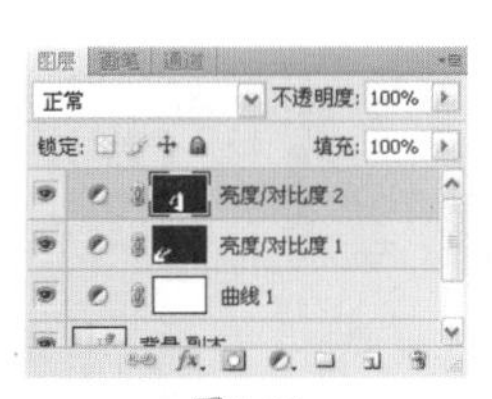

图4-11

图4-12

操作提示

使用画笔工具在不需要调整处涂抹，把建筑物和其余山体污渍处留下。

08 按快捷键Shift+Ctrl+Alt+E盖印所有可见图层，得到“图层1”。执行【滤镜】/【模糊】/【表面模糊】命令，弹出“表面模糊”对话框，具体参数设置如图4-13所示，设置完毕后得到的图像效果如图4-14所示。

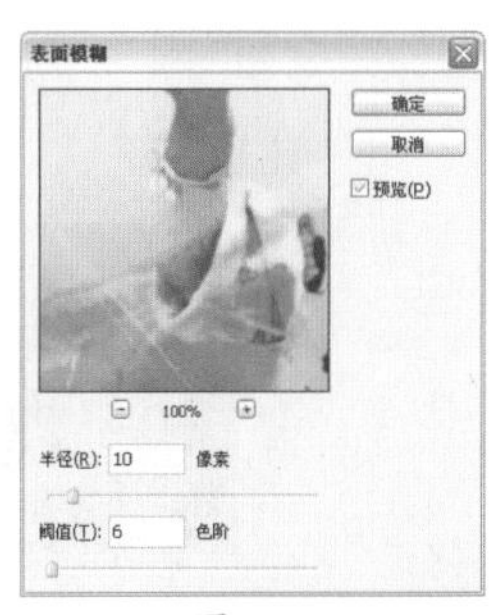

图4-13

图4-14

09 按快捷键 Shift+Ctrl+Alt+E 盖印所有可见图层，得到“图层 2”。选择工具箱中的仿制图章工具，在其工具选项栏中设置不透明度为 30%，流量为 50%，按住 Alt 键的同时单击鼠标左键在图像中干净处取样如图 4-15 所示在图像中污渍处涂抹如图 4-16 所示。

图4-15

图4-16

10 重复此动作，直至山体污渍全部修复，得到的图像效果如图 4-17 所示。

图4-17

11 按快捷键 Shift+Ctrl+Alt+E 盖印所有可见图层，得到“图层 3”。选择工具箱中的仿制图章工具，在其工具选项栏中设置不透明度为 30%，流量为 50%，按住 Alt 键的同时单击鼠标左键在图像中干净处取样如图 4-18 所示，在图像中污渍涂抹如图 4-19 所示。

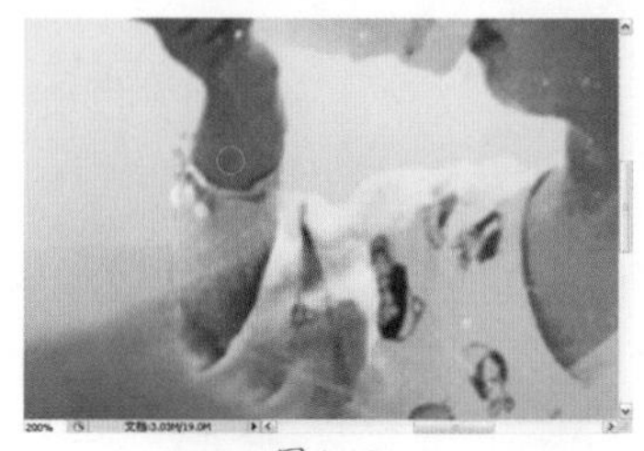
图4-18

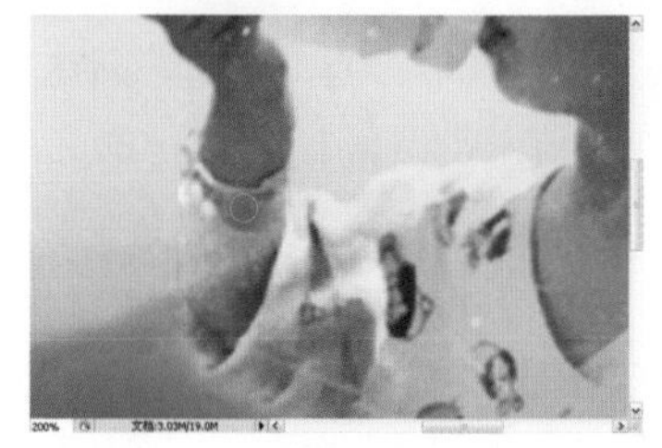
图4-19

12 重复此动作，直至人物皮肤污渍全部修复，得到的图像效果如图 4-20 所示。

图4-20

13 按快捷键 Shift+Ctrl+Alt+E 盖印所有可见图层，得到“图层 4”。选择工具箱中的修补工具，在图像中按住鼠标左键在干净处绘制选区如图 4-21 所示，将其拖曳至天空杂点处松开鼠标左键，可以看到杂点被修复如图 4-22 所示，按快捷键 Ctrl+D 取消选择。

图4-21

图4-22

14 重复此动作，直至天空杂点处全部修复，得到的图像效果如图 4-23 所示。

图4-23

视频 / 扩展视频 / 视频18 修复发黄的老照片

课后复习——视频 18 修复发黄的老照片

Effect 05 修复噪点照片

难度系数：★★☆☆☆

视频教学 / CH 04 / 05修复噪点照片

 执行【文件】/【打开】命令（Ctrl+O），弹出“打开”对话框，选择需要的素材，单击“打开”按钮打开图像，如图 5-1 所示。

图5-1

02 将“背景”图层拖曳至“图层”面板中的创建新图层按钮 上，得到“背景副本”图层，“图层”面板状态如图 5-2 所示。

图5-2

03 选择“背景副本”图层，执行【滤镜】/【杂色】/【去斑】命令，得到的图像效果如图 5-3 所示。

图5-3

04 将“背景副本”图层拖曳至“图层”面板中的创建新图层按钮上，得到“背景副本 2”图层。执行【滤镜】/【模糊】/【高斯模糊】命令，弹出“高斯模糊”对话框，具体参数设置如图 5-4 所示，设置完毕后单击“确定”按钮，得到的图像效果如图 5-5 所示。

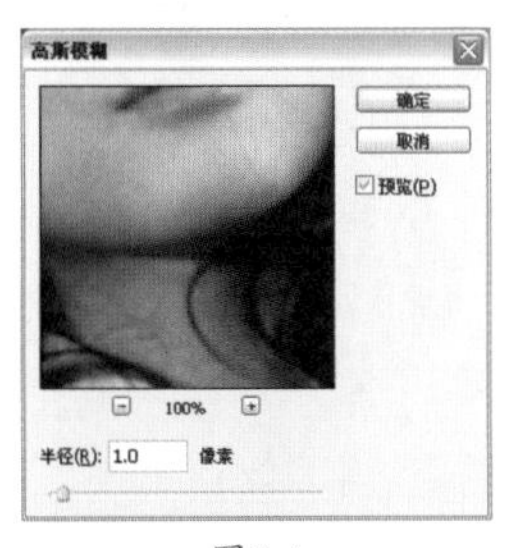

图5-4

图5-5

05 选择“背景副本 2”图层，单击“图层”面板上的添加图层蒙版按钮，为该图层添加蒙版。将前景色设置为黑色，选择工具箱中的画笔工具，在其工具选项栏中设置合适的笔刷，在图像中人物五官处涂抹，涂抹完毕后，“图层”面板状态如图 5-6 所示，得到的图像效果如图 5-7 所示。

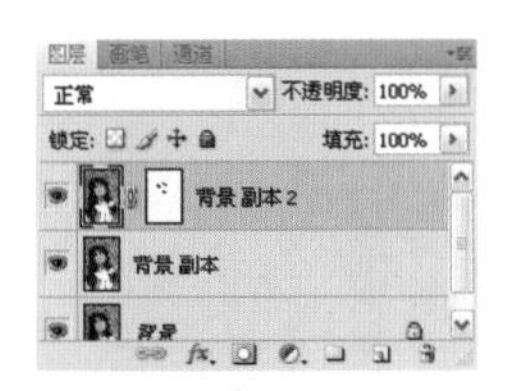

图5-6

图5-7

操作提示

使用图层蒙版时，用画笔工具涂抹，主要是要将人物五官以外的图像变清晰，保持皮肤模糊。

06 选择“背景副本 2”图层，按快捷键 Shift+Ctrl+Alt+E 盖印所有可见图层，得到“图层 1”，“图层”面板状态如图 5-8 所示。

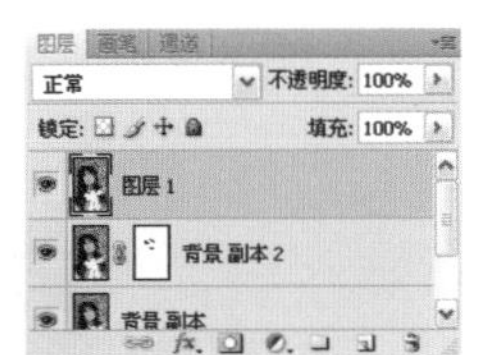

图5-8

07 选择工具箱中的套索工具，在图像中人物脸部绘制选区，如图 5-9 所示。

图5-9

08 保持选区不变。执行【滤镜】/【锐化】/【USM 锐化】命令，弹出“USM 锐化”对话框，具体参数设置如图 5-10 所示，设置完毕后单击“确定”按钮，得到的图像效果如图 5-11 所示，按快捷键 Ctrl+D 取消选区。

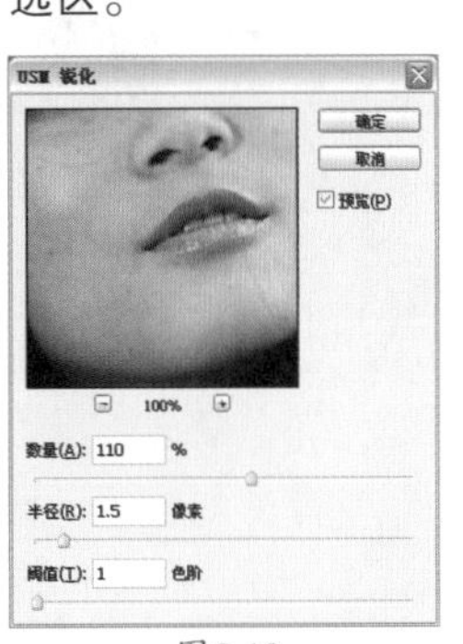

图5-10

图5-11

09 执行【图层】/【新建调整图层】/【色阶】命令，在弹出的对话框中默认设置，单击“确定”按钮，在“调整”面板上如图 5-12 所示设置色阶参数，得到的图像效果如图 5-13 所示。

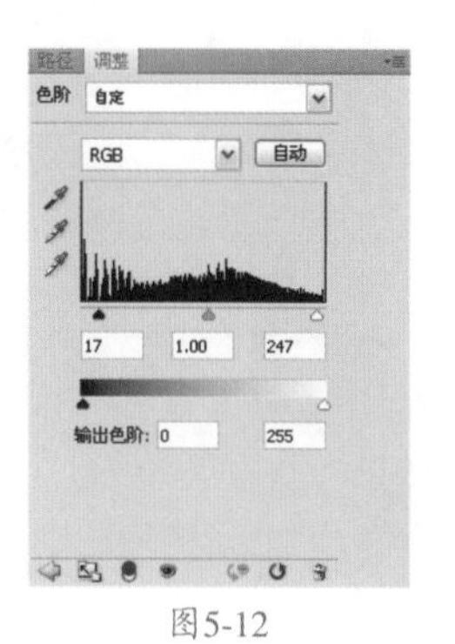

图5-12

图5-13

10 执行【图层】/【新建调整图层】/【色相 / 饱和度】命令，在弹出的对话框中默认设置，单击“确定”按钮,在“调整”面板上如图 5-14 所示设置色相 / 饱和度参数，得到的图像效果如图 5-15 所示。

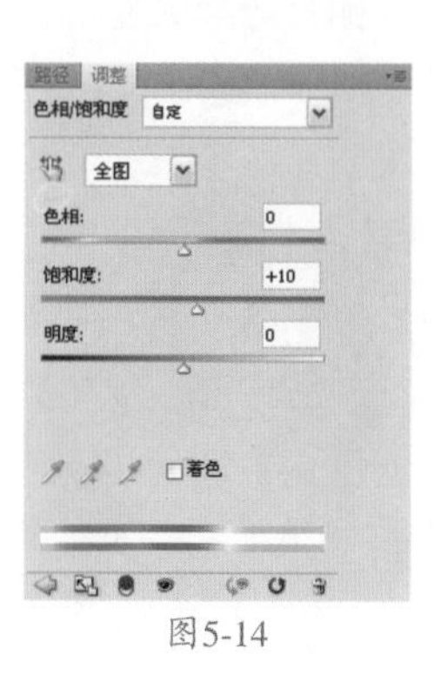

图5-14

图5-15

视频 / 扩展视频 / 视频19　修正人物脸部瑕疵

课后复习——视频 19 修正人物脸部瑕疵

Effect 06 去除照片上的日期

难度系数：★★☆☆☆

视频教学 / CH 04 / 06去除照片上的日期

01 执行【文件】/【打开】命令（Ctrl+O），弹出的“打开”对话框，选择需要的素材，单击“打开”按钮打开图像，如图 6-1 所示。

图6-1

02 将“背景”图层拖曳至“图层”面板中的创建新图层按钮 上，得到“背景副本”图层，“图层”面板状态如图 6-2 所示。

图6-2

03 选择“背景副本”图层，选择工具箱中的仿制图章工具，在其工具选项栏中设置合适的笔刷大小。将视图放大，在图像中按住Alt键的同时并单击鼠标左键在图像中相似色值处取样，如图 6-3 所示，在图像中日期处涂抹如图 6-4 所示。

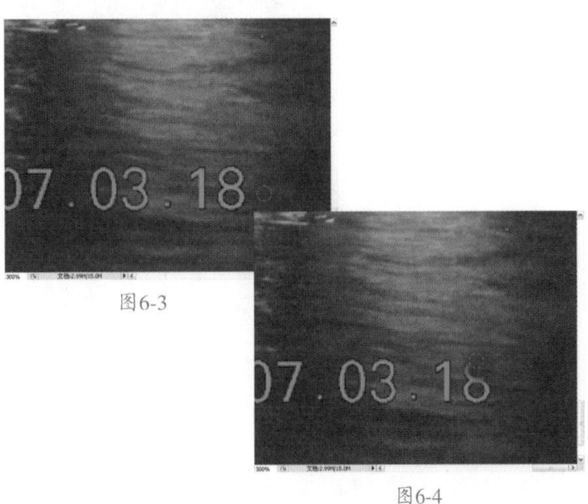

图6-3

图6-4

04 重复此动作，直至日期处修复完毕，得到的图像效果如图 6-5 所示。

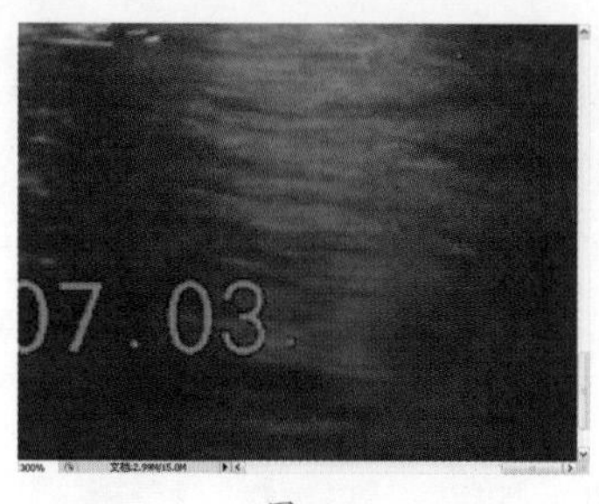

图6-5

05 按快捷键 Shift+Ctrl+Alt+E 盖印所有可见图层，得到“图层 1”。重复上述动作，得到的图像效果如图 6-6 所示。

图6-6

操作提示

使用仿制图章工具按住Alt键在相似色值处取样，修复日期。

视频 / 扩展视频 / 视频20　修正人物面部阴影

课后复习——视频 20 修正人物面部阴影

Effect 07 替换照片背景

难度系数：★★☆☆☆

视频教学 / CH 04 / 08替换照片背景

01 执行【文件】/【打开】命令（Ctrl+O），弹出“打开”对话框，选择需要的素材，单击“打开”按钮打开图像，如图 7-1 所示。

图7-1

02 将“背景”图层拖曳至“图层”面板中的创建新图层按钮上，得到“背景副本”图层，“图层”面板状态如图 7-2 所示。

图7-2

03 选择“背景副本”图层，执行【滤镜】/【抽出】命令，弹出“抽出”对话框，在其工具选项栏中选择边缘高光器工具，设置合适的笔刷大小，在图像中人物边缘处绘制，绘制完毕后，选择工具箱中的填充工具，在图像中单击鼠标左键，图像效果如图 7-3 所示，单击“确定”按钮。在“图层”面板上单击“背景”图层前的指示图层可见性按钮，将其隐藏，图像效果如图 7-4 所示。

图7-3

图7-4

04 按住 Ctrl 键单击“背景副本”图层缩览图，调出其选区。执行【选择】/【修改】/【收缩】命令，弹出“收缩选区”对话框，设置收缩量为 1 像素，设置完毕后单击“确定”按钮，按快捷键 Ctrl+Shift+I 将选区反选，按 Delete 键删除选区内图像，图像效果如图 7-5 所示，按快捷键 Ctrl+D 取消选区。

图7-5

05 执行【文件】/【打开】命令（Ctrl+O），弹出“打开”对话框，选择需要的素材，单击“打开”按钮打开图像，如图 7-6 所示。

图7-6

06 选择工具箱中的移动工具，将其拖曳至主文档中，生成“图层 1”。按快捷键 Ctrl+T 调出变换框，按住 Shift 键对图像同比例缩放，调整完毕后按 Enter 键确认变换，图像效果如图 7-7 所示。在“图层”面板上，将“图层 1”移至“背景副本”图层下方。

图7-7

操作提示

按Ctrl+T更改图像大小时，按住Shift键的同时按住鼠标左键拉动自由变换框，图像同比例缩放，否则，图像会变形。

07 选择“背景副本”图层，按快捷键 Ctrl+T 调出自由变换框，按住 Shift 键对图像同比例缩放，如图 7-8 所示，调整完毕后按 Enter 键确认变换，得到的图像效果如图 7-9 所示。

图7-8

图7-9

08 选择“背景副本”图层，单击“图层”面板上的添加图层蒙版按钮，为其图层添加蒙版，将前景色设置为黑色，选择工具箱中的画笔工具，在其工具选项栏中设置合适的柔角笔刷，在图像中边缘处多余图像中涂抹，涂抹完毕后，“图层”面板状态如图 7-10 所示，图像效果如图 7-11 所示。

图7-10

图7-11

09 选择“背景副本”图层，单击“图层”面板上的创建新的填充或调整图层按钮 ，在弹出的下拉菜单中选择“可选颜色”选项，在“调整”面板中设置参数如图 7-12 和图 7-13 所示，设置完毕后得到的图像效果如图 7-14 所示。

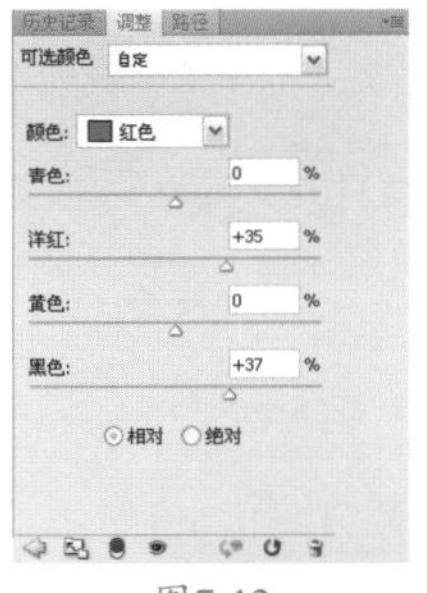

图7-12

图7-13

图7-14

10 单击“图层”面板上的创建新的填充或调整图层按钮 ，在弹出的下拉菜单中选择“曲线”选项，在“调整”面板中设置参数如图 7-15 所示，设置完毕后得到的图像效果如图 7-16 所示。

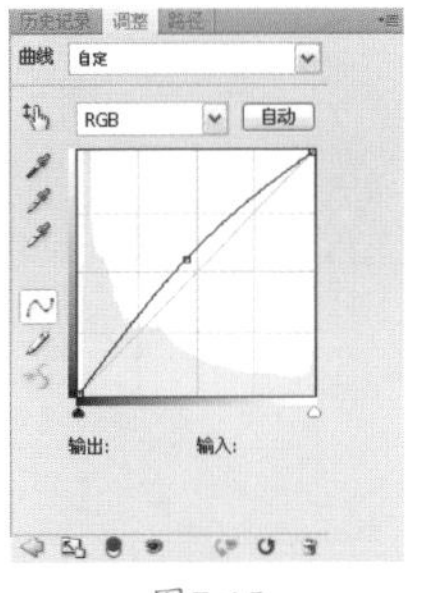

图7-15

图7-16

11 使用描边和工具箱中的横排文字工具 T，为图像添加点缀，得到的图像效果如图 7-17 所示。

图7-17

视频 / 扩展视频 / 视频21 数码照片5种不同抠图法

课后复习——视频 21 数码照片5种不同抠图法

Effect 08　利用置换给衣服加图案

难度系数：★★☆☆☆

视频教学 / CH 04 / 08利用置换给衣服加图案

01 执行【文件】/【打开】命令（Ctrl+O），弹出“打开”对话框，选择需要的素材，单击“打开”按钮打开图像，如图 8-1 所示。

图8-1

02 执行【文件】/【打开】命令（Ctrl+O），弹出“打开”对话框，选择需要的素材，单击“打开”按钮打开图像，如图 8-2 所示。

图8-2

03 选择工具箱中的移动工具，将其拖曳至主文档中，生成“图层 1”。在图像中将其移至合适位置，得到的图像效果如图 8-3 所示。

图8-3

04 选择“图层 1”，执行【滤镜】/【扭曲】/【置换】命令，弹出“置换”对话框，具体参数设置如图 8-4 所示，设置完毕后单击“确定”按钮，在弹出的对话框中选择图 8-5 的 PSD 格式的素材图像，单击“打开”按钮打开素材。

图8-4

图8-5

操作提示

使用【置换】命令可以使花纹能够随衣服的明暗关系进行扭曲，以达到更逼真。【置换】命令的置换图案只能是PSD格式。

技术看板：“置换”滤镜的参数关系

“置换”滤镜可以根据另一张图片的明暗关系使图像的像素重新排列并产生位移，如下图所示。

水平比例/垂直比例：设置置换图在水平垂直方向的变形比例。

置换图：当置换图与当前图像大小不同时，可以根据图像的需要选择。

未定义区域：选择一种方式，在图像边界不完整的空白区域填入边缘的像素颜色。

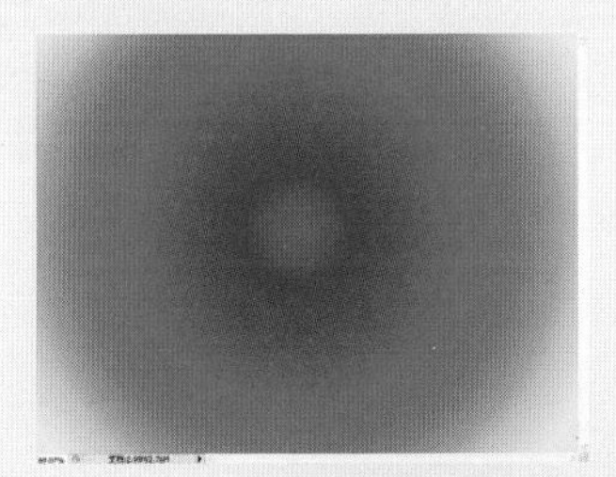

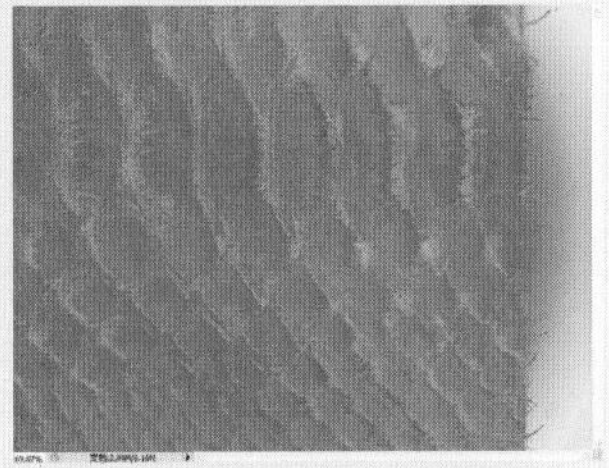

05 选择“图层 1”，在“图层”面板上，将其图层混合模式设置为“叠加”，不透明度为 60%，设置完毕后，“图层”面板状态如图 8-6 所示，得到的图像效果如图 8-7 所示。

图8-6

图8-7

06 选择工具箱中的钢笔工具，在图像中沿衣服边缘绘制闭合路径，得到的图像效果如图 8-8 所示，绘制完毕后，按快捷键 Ctrl+Enter 将路径转换为选区。

图8-8

07 保持选区不变，选择“图层 1”，在“图层”面板上单击添加图层蒙版按钮，为该图层添加蒙版，“图层”面板状态如图 8-9 所示，得到的图像效果如图 8-10 所示。

图8-9

图8-10

08 选择“图层 1”，单击“图层”面板上的创建新的填充或调整图层按钮 ，在弹出的下拉菜单中选择“色相 / 饱和度”选项，弹出“调整”面板，按快捷键 Ctrl+Alt+G 创建剪贴蒙版，在“调整”面板中设置具体参数，如图 8-11 所示，得到的图像效果如图 8-12 所示。

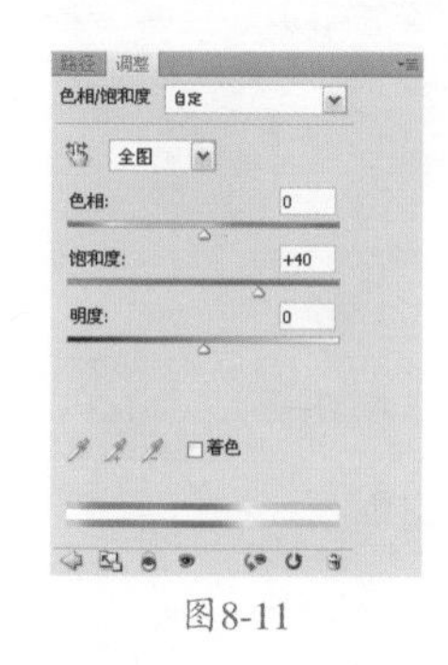

图8-11

图8-12

Effect 09　照片无痕拼接

难度系数：★★★☆☆

视频教学 / CH 04 / 09照片无痕拼接

01 执行【文件】/【打开】命令（Ctrl+O），弹出“打开”对话框，选择需要的素材，单击“打开”按钮打开图像，如图 9-1 所示。

图9-1

02 执行【文件】/【新建】命令（Ctrl+N），在弹出的对话框中设置参数如图 9-2 所示，设置完毕后单击“确定”按钮打开新文档。

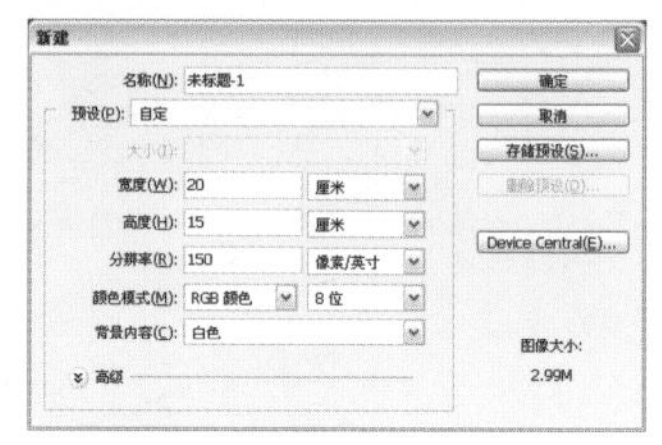

图9-2

03 切换至之前打开的文档，选择工具箱中的移动工具，将其拖曳至主文档中，如图 9-3 所示，生成“图层 1”。按快捷键 Ctrl+T 调出自由变换框，如图 9-4 所示单击鼠标右键，在弹出的下拉菜单中选择“水平旋转”选项。

图9-3

图9-4

04 按住 Shift 键对图像等比例缩放，直至调整至合适位置，按 Enter 键确认变换，得到的图像效果如图 9-5 所示。

图9-5

05 执行【文件】/【打开】命令（Ctrl+O），弹出“打开”对话框，选择需要的素材，单击“打开”按钮打开图像，如图 9-6 所示。

图9-6

06 选择工具箱中的移动工具，将其拖曳至主文档中，如图 9-7 所示，生成“图层 2”。

图9-7

07 按快捷键 Ctrl+T 调出自由变换框，如图 9-8 所示按住 Shift 键等比例缩放图像，直至移至合适位置，按 Enter 键确认变换得到的图像效果如图 9-9 所示。

图9-8

图9-9

08 选择“图层 2”，单击“图层”面板上的图层蒙版按钮，为该图层添加蒙版。将前景色设置为黑色，选择工具箱中的画笔工具，在其工具选项栏中设置合适的大小笔刷，在图像中边界处涂抹，涂抹完毕后，“图层”面板状态如图 9-10 所示，得到的图像效果如图 9-11 所示。

图9-10

图9-11

操作提示

使用图层蒙版时，尽量使用画笔工具的柔角笔刷，如用硬角笔刷，被涂抹的图像边缘显得生硬、不柔和。

09 选择“图层 2”，单击“图层”面板上的创建新的填充或调整图层按钮，在弹出的下拉菜单中选择“色彩平衡”选项，在“调整”面板中设置参数如图 9-12 所示，得到的图像效果如图 9-13 所示。

图9-12

图9-13

10 按快捷键 Shift+Ctrl+Alt+E 盖印所有可见图层，得到“图层 3”。选择“色彩平衡 1”调整图层，单击“图层”面板上的创建新图层按钮，得到“图层 4”，将前景色设置为黑色，按快捷键 Alt+Delete 填充前景色。选择“图层 3”，按快捷键 Ctrl+T 调出自由变换框，按住 Shift 键同比例缩放图像，得到的图像效果如图 9-14 所示。

图9-14

11 按住 Ctrl 键单击“图层 3”缩览图，调出其选区，执行【编辑】/【描边】命令，在弹出的“描边”对话框中设置具体参数，如图 9-15 所示，设置完毕后单击“确定”按钮，按快捷键 Ctrl+D 取消选区，得到的图像效果如图 9-16 所示。

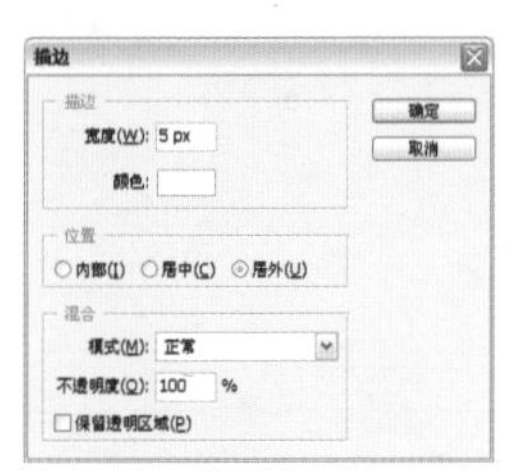

图9-15

图9-16

12 选择“图层 3”，单击“图层”面板上的创建新的填充或调整图层按钮，在弹出的下拉菜单中选择“纯色”选项，在拾色器中设置参数，如图 9-17 所示。在“图层”面板上设置其混合模式设置为“正片叠底”，图层不透明度为 80%，“图层”面板状态如图 9-18 所示。选择工具箱中的横排文字工具，在图像中输入文字，得到的图像效果如图 9-19 所示。

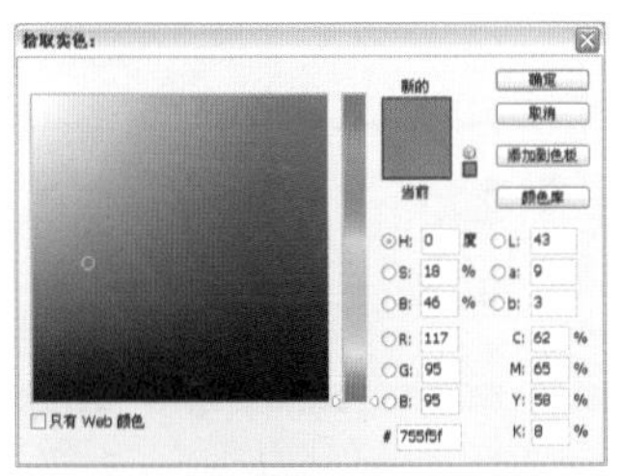

图9-17

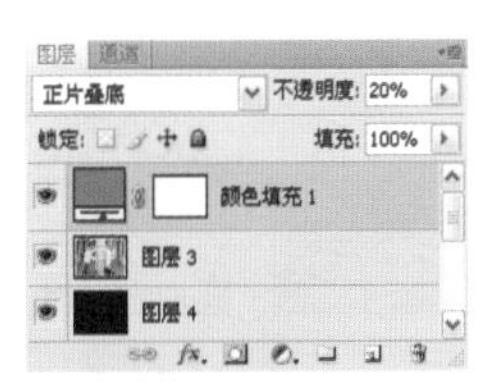

图9-18

图9-19

视频 / 扩展视频 / 视频22 修正拍摄瞬间的遗憾

课后复习——视频 22 修正拍摄瞬间的遗憾

视频 / 扩展视频 / 视频23 修复白平衡错误的照片

课后复习——视频 23 修复白平衡错误的照片

Effect 10 拼接全景照片

难度系数：★★☆☆☆

视频教学 / CH 04 / 10拼接全景照片

01 执行【文件】/【自动】/【Photomerge】命令，在弹出的对话框中单击“浏览”按钮，按住 Ctrl 键选择需要拼合的素材，单击“打开”关闭对话框，如图 10-1 所示进行设置，单击“确定”按钮确定拼合，得到的图像效果如图 10-2 所示。

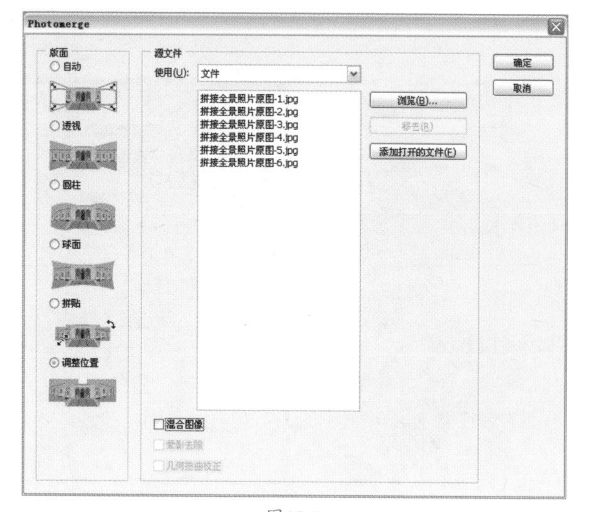

图10-1

图10-2

操作提示

通过上面的操作，得到了一个有6个图层的照片图像文件，按图层顺序从下到上，分别将各个图层重命名为“图层1～图层6”。

02 选择“图层 6”，单击“图层”面板上的创建新的填充或调整图层按钮，在弹出的下拉菜单中选择“色阶”选项，弹出“调整”面板，按快捷键 Ctrl+Alt+G 创建剪贴蒙版，在“调整”面板中设置色阶参数如图 10-3 所示，得到的图像效果如图 10-4 所示。

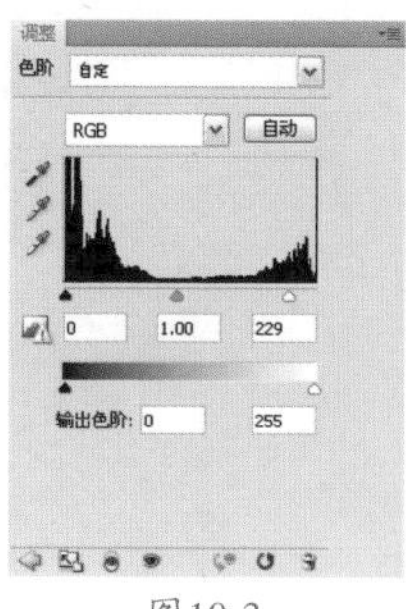

图10-3

图10-4

03 选择“图层 2”，单击“图层”面板上的添加图层蒙版按钮，为该图层添加蒙版。将前景色设置为黑色，选择工具箱中的画笔工具，在其工具选项栏中设置合适的柔角画笔，在图像中边界处涂抹，涂抹完毕后，得到的图像效果如图 10-5 所示。

图10-5

04 使用同样的方法制作另外几个图层的蒙版，“图层”面板状态如图10-6所示，得到的图像效果如图10-7所示。

图10-6

图10-7

05 选择工具箱中的裁剪工具，在图像中拖动如图 10-8 所示，按 Enter 键确认裁剪操作，得到的图像效果如图 10-9 所示。

图10-8

图10-9

06 按快捷键 Ctrl+Shift+Alt+E 盖印所有可见图层，得到“图层 1”。选择工具箱中的仿制图章工具，在其工具选项栏中设置合适的笔刷大小，按住 Alt 键的同时单击鼠标左键在图像中完整的天空处取样，如图 10-10 所示，在图像中缺损天空处涂抹，如图 10-11 所示。

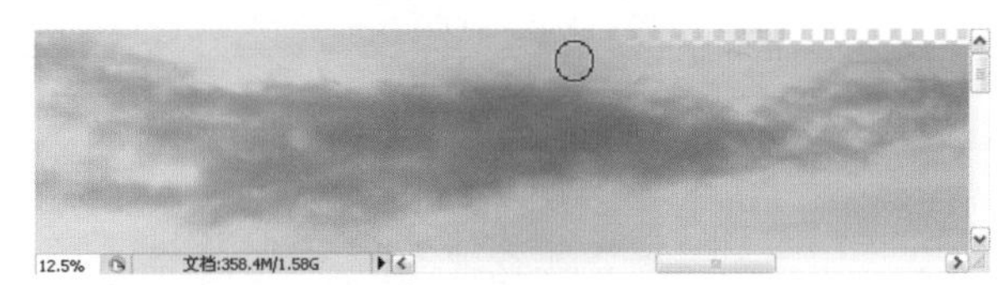

图10-10

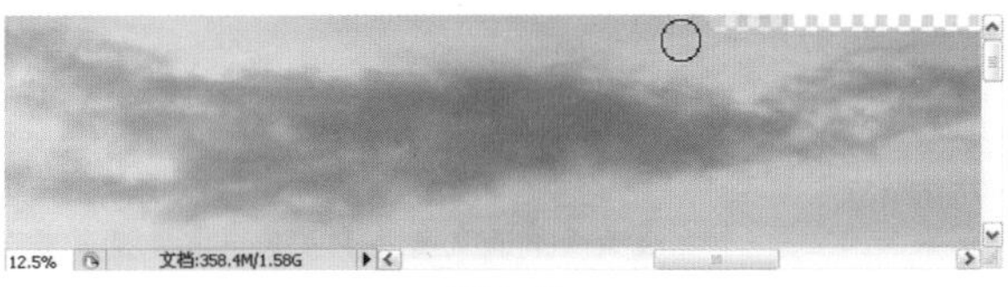

图10-11

07 使用同样的方法修补其他残缺天空，得到的图像效果如图 10-12 所示。

图10-12

技术看板：仿制图章的应用技巧

按住Alt键单击鼠标左键，即取得光标所在处的色样，在其他处点击或拖动鼠标左键即可用色样进行遮盖。

遮盖操作时，应注意，十字所在位置即是色样位置，当十字所在位置不是需要的色样时，就应停止遮盖或用“编辑/返回”取消操作。

另外，遮盖浓淡虽取决于色样，但同时与按左键力度有关，即在图像中鼠标停留的时间。

视频 / 扩展视频 / 视频24　制作全景底片效果

课后复习——视频 24 制作全景底片效果

Chapter 05 数码人像处理完全攻略

本章共21个案例，主要针对人物数码照片的后期修饰做讲解，如修饰人物皮肤、给人物换脸、添加人物纹身等。

Effect 01　人物磨皮

难度系数：★★☆☆☆

 视频教学 / CH 05 / 01人物磨皮

01 执行【文件】/【打开】命令（Ctrl+O），弹出“打开”对话框，选择需要的素材，单击“打开”按钮打开图像，如图 1-1 所示。

图1-1

02 将“背景”图层拖曳至“图层”面板中的创建新图层按钮上，得到“背景副本”图层。执行【滤镜】/【模糊】/【表面模糊】命令，弹出“表面模糊”对话框，设置半径为 8，阈值为 5，设置完毕后单击“确定”按钮，得到的图像效果如图 1-2 所示。

图1-2

技术看板：表面模糊命令的工作原理

表面模糊是Photoshop CS以上的版本新增的功能，可以通过调整半径和阈值来达到人物细腻皮肤的效果。模糊原理：以像素点为单位，稀释并扩展该点的色彩范围，模糊的阈值越高，稀释度越高色彩扩展范围越大，也越接近透明。

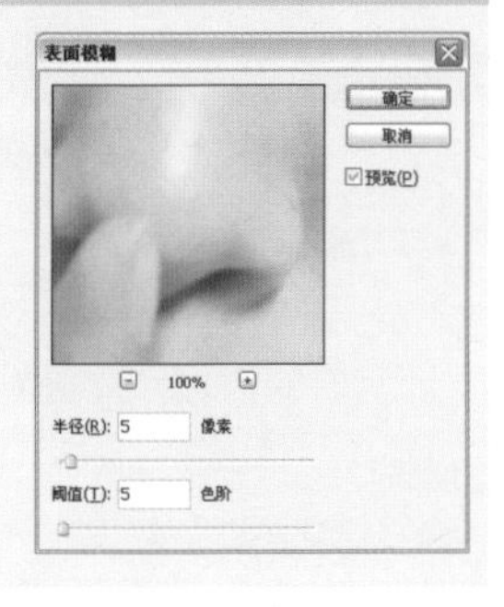

03 单击“图层”面板上的添加图层蒙版按钮，为“背景副本”图层添加蒙版，将其前景色设置为黑色，选择工具箱中的画笔工具，在其工具选项栏中设置合适的柔角笔刷，不透明度和流量均为 100%，在图像中人物五官处及头发、背景处进行涂抹，“图层”面板如图 1-3 所示，得到的图像效果如图 1-4 所示。

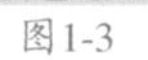

图1-3

图1-4

操作提示

使用图层蒙版时，用画笔工具涂抹，主要是要将皮肤以外的图像变清晰，保持皮肤模糊。

04 将“背景副本”图层拖曳至“图层”面板中的创建新图层按钮上，得到“背景副本2”图层。选择工具箱中的缩放工具，放大视图，图像效果如图1-5所示。

图1-5

05 选择工具箱中的修补工具，在图像中人物脸部斑点处绘制选区，按住鼠标左键将鼠标移动至光滑的皮肤处，如图1-6所示。松开鼠标可以看到斑点被修补上了，如图1-7所示，按快捷键Ctrl+D取消选区。

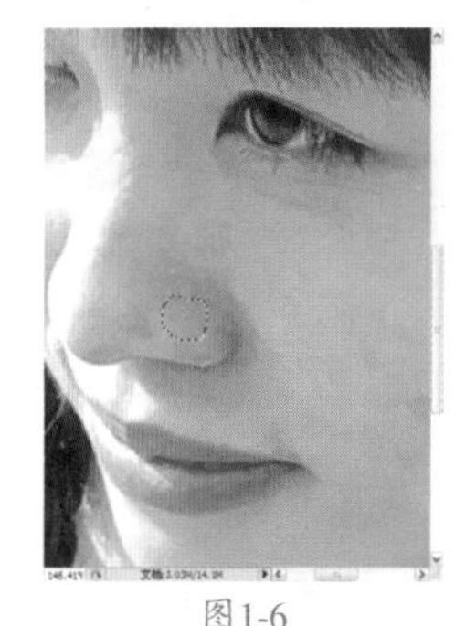

图1-6

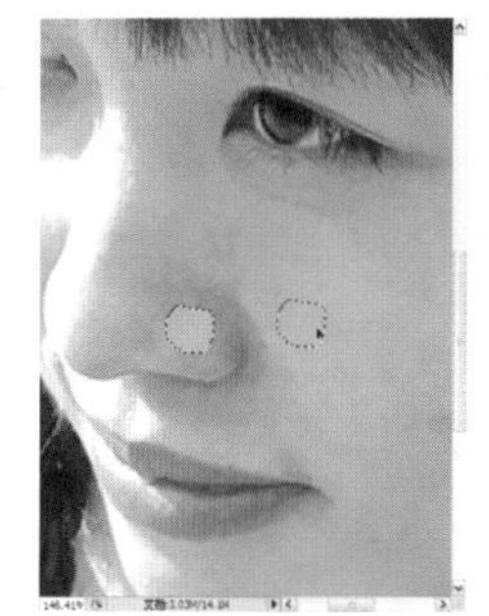

图1-7

06 继续使用修补工具修复瑕疵，修复完毕后，按快捷键Ctrl+0恢复视图大小，得到的图像效果如图1-8所示。

图1-8

课后复习
——视频25 模拟柔焦效果

视频/扩展视频/视频25 模拟柔焦效果

Effect 02　让闭着的眼睛睁开

难度系数：★★★☆☆

视频教学 / CH 05 / 02让闭着的眼睛睁开

01 执行【文件】/【打开】命令（Ctrl+O），弹出“打开”对话框，选择需要的素材，单击“打开”按钮打开图像，如图 2-1 和图 2-2 所示。

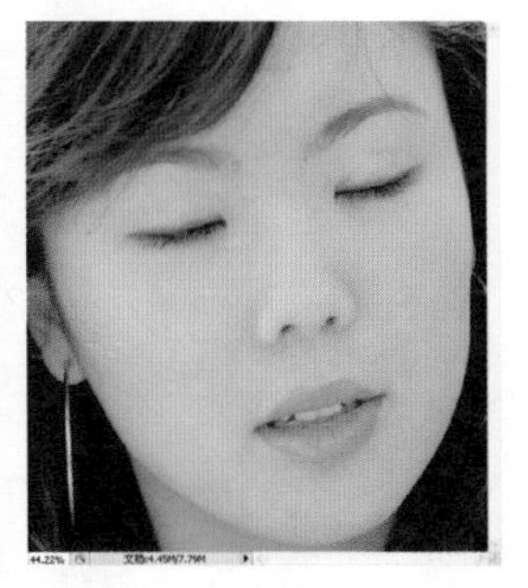

图2-1

图2-2

02 选择工具箱中的套索工具，在图 2-2 所示素材图像中绘制选区，得到的图像效果如图 2-3 所示，按住 Shift 键，继续在另外一只眼睛上绘制选区，得到的图像效果如图 2-4 所示。

图2-3

图2-4

03 按快捷键 Shift+F6，弹出“羽化选区”对话框，在对话框中设置羽化半径为 5 像素，设置完毕后单击“确定”按钮，得到的图像效果如图 2-5 所示。

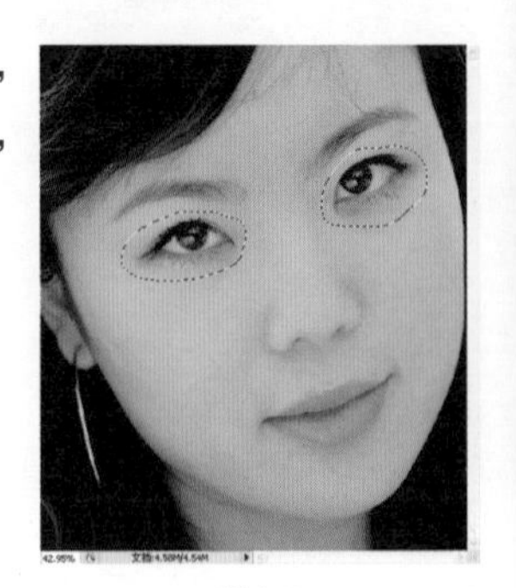

图2-5

技术看板：羽化选区命令

“羽化选区”是针对选区的一项编辑工作。“羽化选区”的原理是令选区内外衔接的部分虚化，起到渐变的作用，从而达到自然衔接的效果。它在设计作图中使用很广泛。实际运用过程中具体的羽化值可根据图像需要进行设置。

羽化选区
羽化半径(R): 5 像素
确定
取消

羽化半径越大，虚化范围越宽；羽化半径越小，虚化范围越窄，可根据实际情况进行调节。

04 选择工具箱中的移动工具，将选区中图像拖曳至主文档中，生成“图层 1”，得到的图像效果如图 2-6 所示。

图2-6

05 在“图层”面板中，设置“图层 1”的图层不透明度为 50%，“图层”面板如图 2-7 所示，得到的图像效果如图 2-8 所示。

图2-7

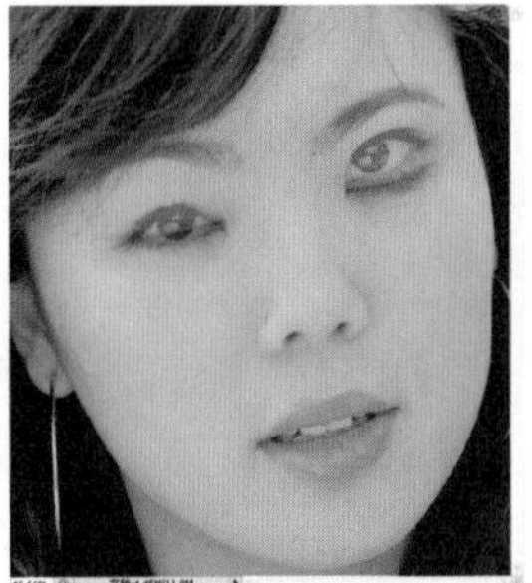

图2-8

06 执行【编辑】/【自由变换】命令（Ctrl+T），调出自由变换框，图像效果如图 2-9 所示，调整图像的大小与位置，调整完毕后按 Enter 键确认变换，得到的图像效果如图 2-10 所示。

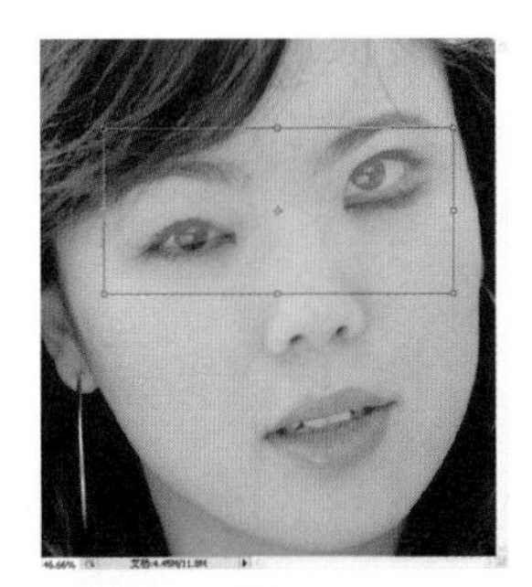

图2-9

图2-10

操作提示

调整自由变换框时，按住Shift键，拖动变换四角的点可以实现等比例缩放，若不按住Shift键，直接拖动图像则会改变图像的长宽比例。将鼠标放在四角的任意点，光标会呈现出旋转样式，可以根据需要旋转图像。

07 在“图层”面板中，将“图层 1”的图层不透明度设置为 100%，得到的图像效果如图 2-11 所示。

图2-11

08 选择工具箱中的橡皮擦工具，在其工具选项栏中设置合适大小的柔角笔刷，设置不透明度和流量均为 50%，在图像中有明显分界的地方进行涂抹，得到的图像效果如图 2-12 所示。

图2-12

09 选择“图层 1”，按住 Ctrl 键单击“图层 1”的缩览图，调出其选区，得到的图像效果如图 2-13 所示。

图2-13

10 单击“图层”面板上的创建新的填充或调整图层按钮，在弹出的下拉菜单中选择“色相/饱和度”选项，在“调整”面板中设置参数，“调整”面板如图2-14所示，得到的图像效果如图2-15所示。

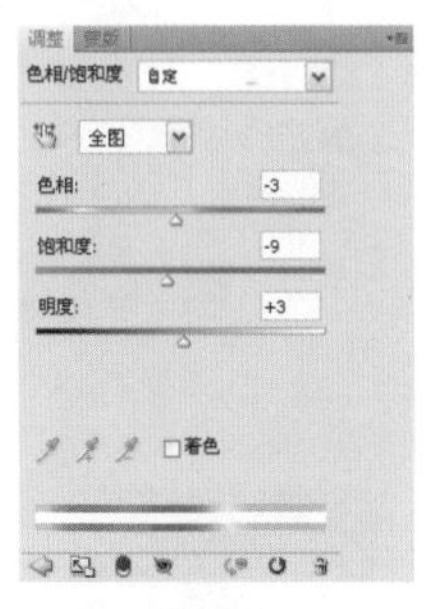

图2-14

图2-15

视频/扩展视频/视频26 修补牙齿漏洞

课后复习——视频26 修补牙齿漏洞

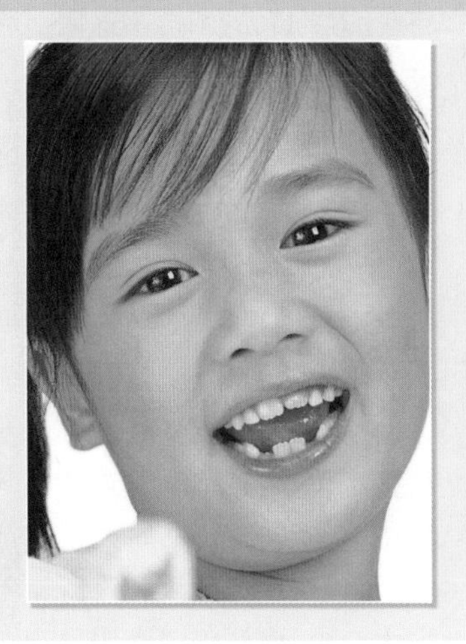

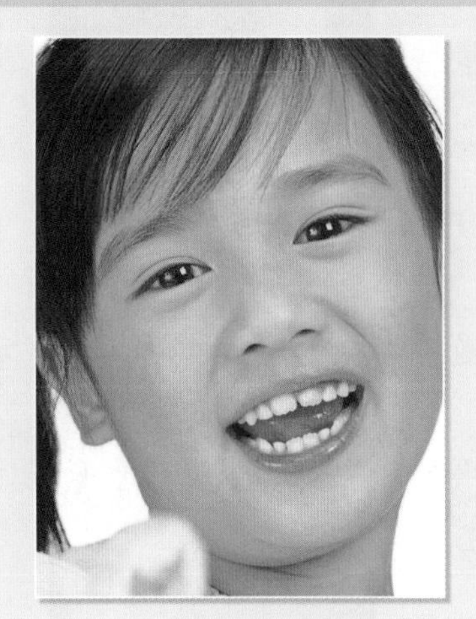

Effect 03 去除脸部瑕疵

难度系数：★★☆☆☆

视频教学 / CH 05 / 03去除脸部瑕疵

01 执行【文件】/【打开】命令（Ctrl+O），弹出“打开”对话框，选择需要的素材，单击“打开”按钮打开图像，如图 3-1 所示。

图3-1

02 将“背景”图层拖曳至“图层”面板中的创建新图层按钮上，得到“背景副本”图层。选择工具箱中的缩放工具，放大视图，得到的图像效果如图 3-2 所示。

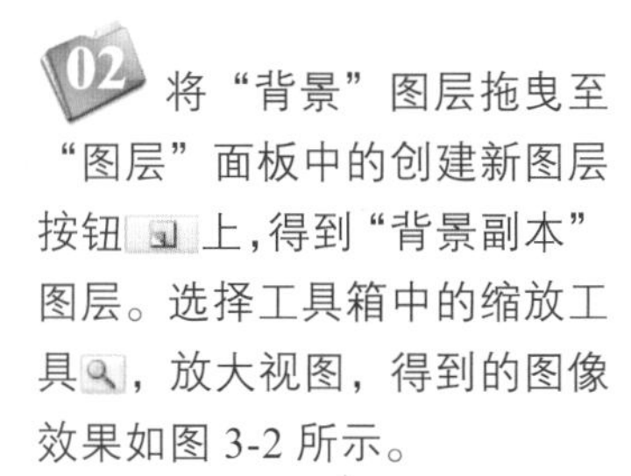

图3-2

03 选择工具箱中的修补工具，在人物脸部瑕疵处绘制选区，按住鼠标左键将选区中的图像拖曳至左边光滑皮肤处，如图 3-3 所示，松开鼠标可以看到瑕疵被修复如图 3-4 所示，按快捷键 Ctrl+D 取消选区。

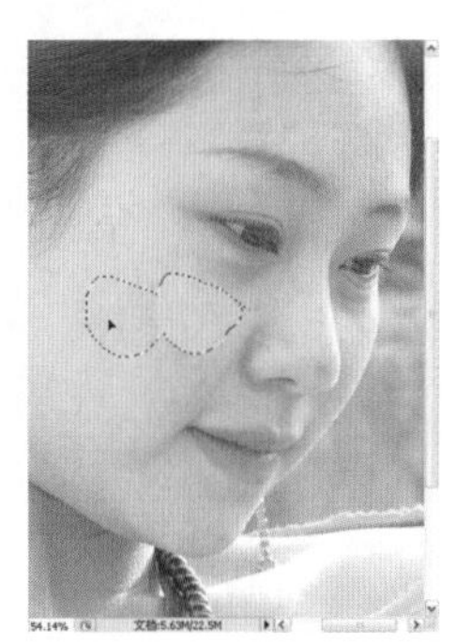

图3-3

图3-4

04 重复此动作，直至瑕疵全部修复完毕，得到的图像效果如图 3-5 所示。

图3-5

图3-6

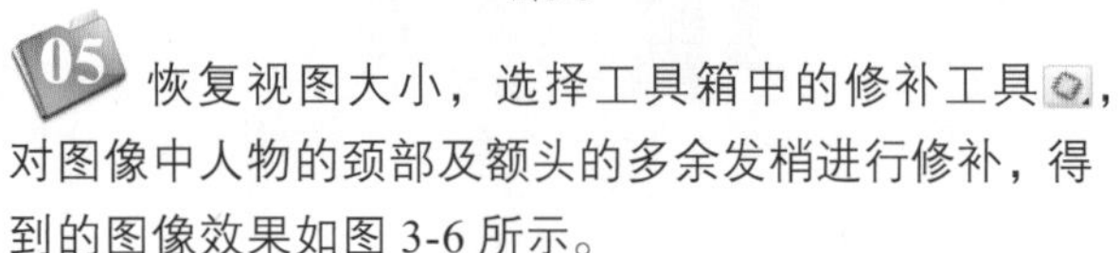
恢复视图大小，选择工具箱中的修补工具，对图像中人物的颈部及额头的多余发梢进行修补，得到的图像效果如图 3-6 所示。

操作提示

如果对图像效果还是不满意，可以选择工具箱中的模糊工具，在人物脸部进行涂抹，直至达到满意效果。

视频 / 扩展视频 / 视频27　调出清透皮肤的技巧

课后复习——视频 27 调出清透皮肤的技巧

Effect 04 洁白牙齿

难度系数：★★☆☆☆

视频教学 / CH 05 / 04洁白牙齿

01 执行【文件】/【打开】命令（Ctrl+O），弹出“打开”对话框，选择需要的素材，单击“打开”按钮打开图像，如图 4-1 所示。

图4-1

02 将“背景”图层拖曳至“图层”面板中的创建新图层按钮 上，得到“背景副本”图层。选择工具箱中的缩放工具，将视图放大至牙齿，得到的图像效果如图 4-2 所示。

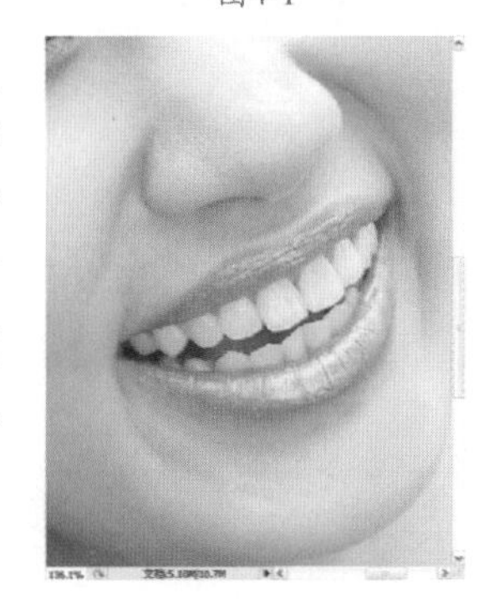
图4-2

03 选择工具箱中的减淡工具，在其工具选项栏中设置合适的柔角笔刷，设置曝光度为 50%，在图像中牙齿处进行涂抹，涂抹完毕后得到的图像效果如图 4-3 所示。

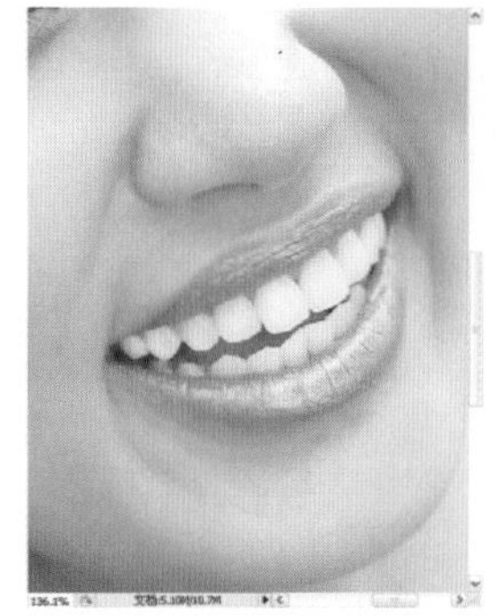
图4-3

04 选择工具箱中的多边形套索工具，在图像中牙齿周围单击并拖曳鼠标绘制选区，图像效果如图 4-4 所示，按快捷键 Shift+F6，弹出“羽化选区”对话框，设置羽化半径为 5 像素，得到的图效果如图 4-5 所示。

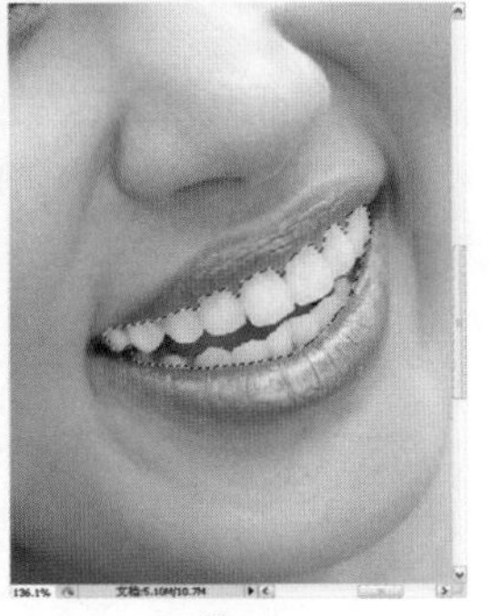

图4-4

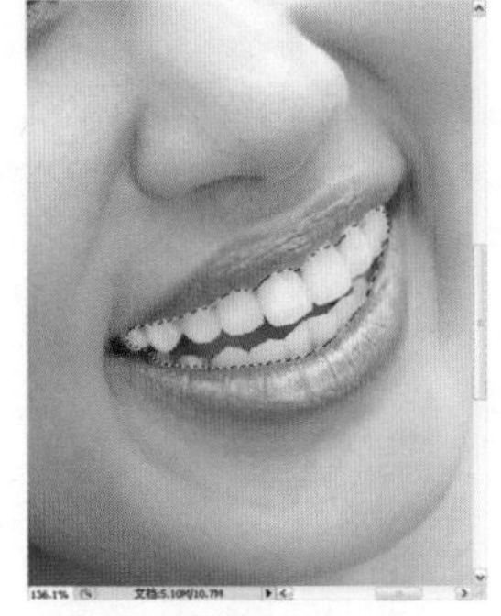

图4-5

05 执行【图像】/【调整】/【亮度/对比】命令，弹出“亮度/对比”对话框，设置亮度为10，对比度为-5，设置完毕后单击“确定”按钮，按快捷键Ctrl+D取消选择，得到的图像效果如图4-6所示。

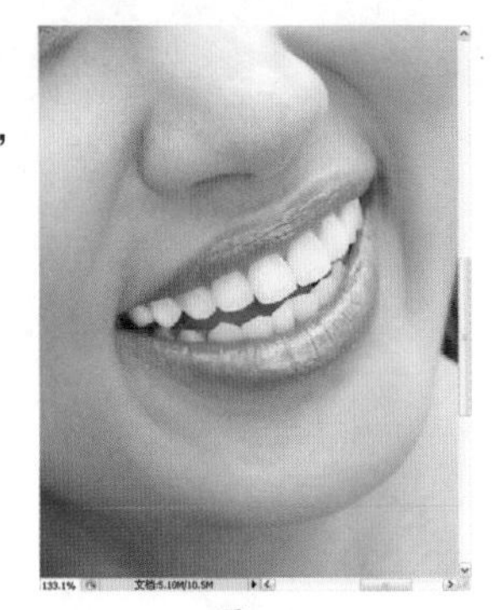

图4-6

技术看板：亮度/对比度调整

“亮度/对比度”对话框中，亮度可以调节图像的明暗程度，对比度可以提高或减弱图像中色彩与明暗的对比强度，在调整图像时需根据实际需要进行参数设置。

亮度：将亮度滑块向右拖动会增加色值并扩展图像高光，将亮度滑块向左拖动会减少色值并扩展阴影。

对比度：拖动滑块可以扩展或收缩图像中色调值的总体范围。

下图为上步操作的亮度/对比度的参数设置。

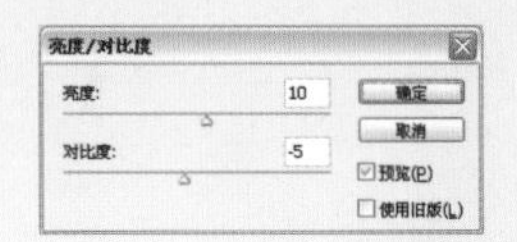

06 按快捷键Ctrl+0，恢复视图大小，得到的图像效果如图4-7所示。

图4-7

视频/扩展视频/视频28 提亮眼白更有神

课后复习——视频28 提亮眼白更有神

Effect 05 去除眼袋

难度系数：★★☆☆☆

视频教学 / CH 05 / 05去除眼袋

01 执行【文件】/【打开】命令（Ctrl+O），弹出“打开”对话框，选择需要的素材，单击“打开”按钮打开图像，如图 5-1 所示。

图5-1

02 将“背景”图层拖曳至“图层”面板中的创建新图层按钮上，得到“背景副本”图层。选择工具箱中的缩放工具，放大视图，如图 5-2 所示。

图5-2

03 选择工具箱中的修补工具，在图像中人物眼袋处绘制选区，按住鼠标左键将鼠标移动至光滑的皮肤处如图 5-3 所示，松开鼠标可以看到眼袋被修补上。使用同样的方法，继续修补另外一只眼睛，得到的图像效果如图 5-4 所示。

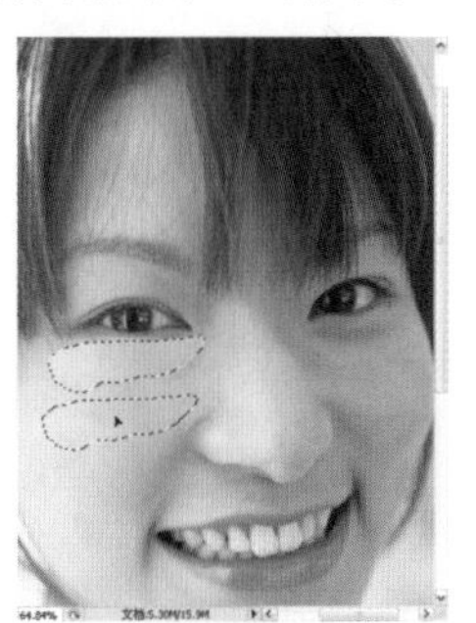

图5-3

图5-4

Effect 06 让眼睛看起来更加明亮

难度系数：★★☆☆☆

视频教学 / CH 05 / 06让眼睛看起来更加明亮

01 执行【文件】/【打开】命令（Ctrl+O），弹出“打开”对话框，选择需要的素材，单击“打开”按钮打开图像，如图 6-1 所示。

图6-1

02 将“背景”图层拖曳至“图层”面板中的创建新图层按钮上，得到“背景副本”图层。选择工具箱中的缩放工具，将视图放大至眼睛，图像效果如图 6-2 所示。

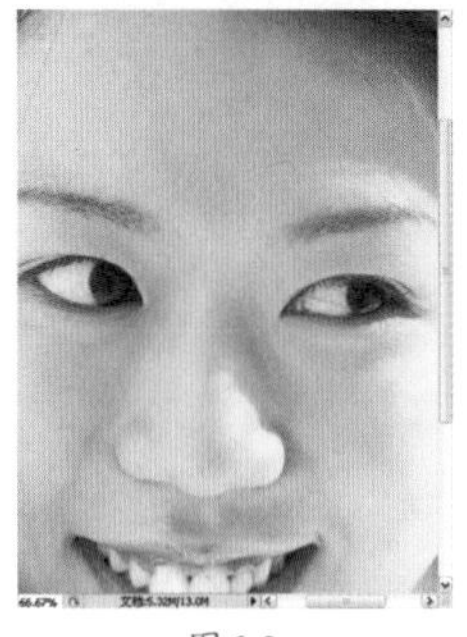

图6-2

03 选择工具箱中的减淡工具，在其工具选项栏中设置合适的柔角笔刷，设置曝光度为 50%，在图像中眼白区域涂抹掉，缩小画笔直径，在瞳孔高光处单击鼠标提亮高光，得到的图像效果如图 6-3 所示。

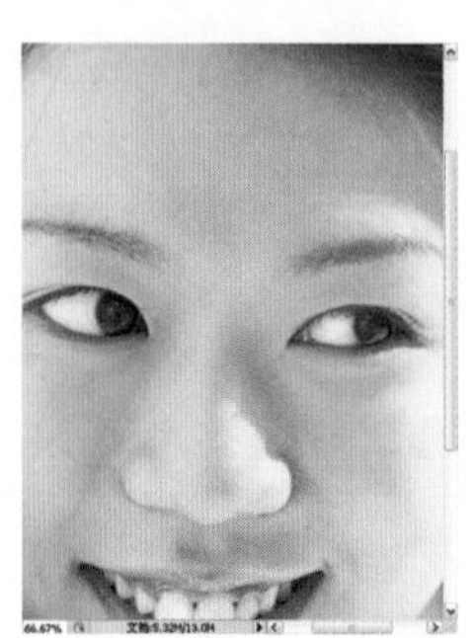

图6-3

04 单击“图层”面板上的创建新图层按钮，新建“图层 1”，将前景色设置为白色，选择工具箱中的画笔工具，在其工具选项栏中设置合适的柔角笔刷，设置画笔不透明度为 10%，在图像中人物的眼睛高光和反光处进行涂抹，得到的图像效果如图 6-4 和图 6-5 所示。

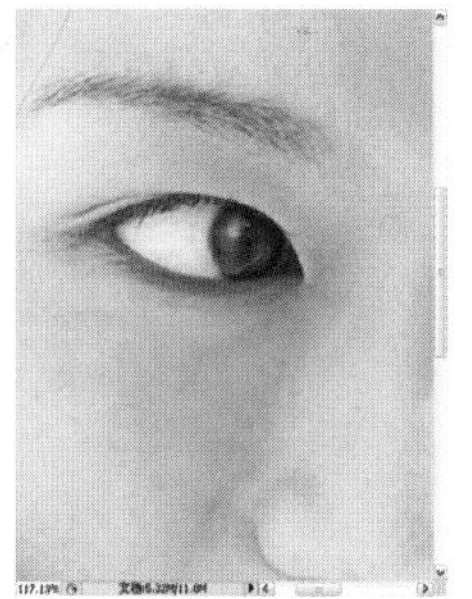
图6-4

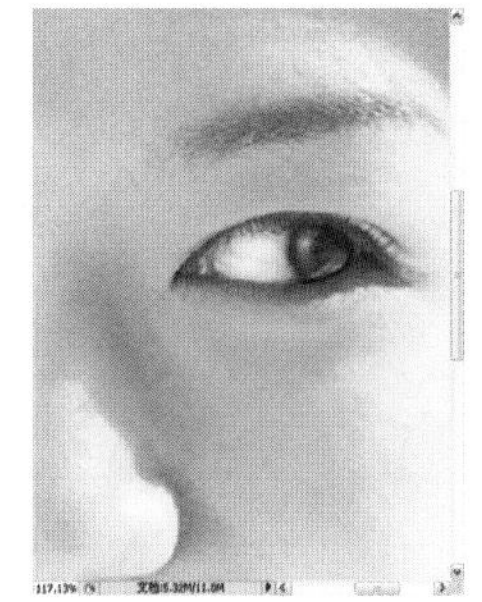
图6-5

将“图层 1”拖曳至图层面板中创建新图层按钮上，得到“图层 1 副本”图层，恢复视图大小，得到的图像效果如图 6-6 所示。

图6-6

操作提示

复制“图层1”后图像的效果更为突出，用户在操作时可以根据需要，进行操作。如果认为效果过于明显，可以降低图层的不透明度，减弱效果。

Effect 07 人物上彩妆

难度系数：★★★★☆

视频教学 / CH 05 / 07人物上彩妆

01 执行【文件】/【打开】命令（Ctrl+O），弹出“打开”对话框，选择需要的素材，单击“打开”按钮打开图像，如图 7-1 所示。

图7-1

02 单击“图层”面板上的创建新图层按钮，新建“图层 1”，将其图层混合模式设置为“颜色加深”，“图层”面板如图 7-2 所示。设置前景色色值 R20、G151、B10，设置完毕后单击“确定”按钮。放大视图至眼部，选择工具箱中的画笔工具，在其工具选项栏中设置合适大小的柔角笔刷，在图像中人物睫毛上方进行绘制，如图 7-3 所示。

图7-2

图7-3

03 选择“图层 1”，单击“图层”面板上的添加图层蒙版按钮，为“图层 1”添加图层蒙版。选择工具箱中的画笔工具，在其工具选项栏中设置画笔不透明度为 50%，流量为 20%，将前景色设置为黑色。在图像中根据眼睛轮廓对多余部分进行涂抹，“图层”面板如图 7-4 所示，图像效果如图 7-5 所示。

图7-4

图7-5

04 单击“图层”面板上的创建新图层按钮，新建“图层 2”，将其图层混合模式设置为“变暗”，“图层”面板如图 7-6 所示。将前景色色值设置为 R248、G229、B23，设置完毕后单击“确定”按钮。选择工具箱中的画笔工具，在其工具选项栏中设置合适大小的柔角笔刷，设置画笔不透明度和流量均为 100%，在图像中如图 7-7 所示的位置进行绘制。

图7-6

图7-7

技术看板：“颜色加深”和“变暗”混合模式

在本实例中应用到了“图层”面板中的图层混合模式。图层混合模式用来设置当前图层中的像素与下面其他图层中的像素以哪种方式进行混合。在图层模式的下拉菜单中共有23种图层模式选项，选择不同的选项可以将当前图层设置为不同的的模式，其效果也随之改变。这里主要讲解“颜色加深”和“变暗”模式，如下所示。

颜色加深：查看每个通道中的颜色信息，并通过增加对比度使基色变暗以反映混合色。

变暗：查看每个通道中的颜色信息，选择基色或混合色比较暗的颜色为结果色，比混合色亮的像素被替换，比混合色暗的像素保持不变。

05 选择“图层 2”，单击“图层”面板上的添加图层蒙版按钮，为“图层 2”添加图层蒙版。将前景色设置为黑色，选择工具箱中的画笔工具，在其工具选项栏中设置画笔不透明度为 70%，流量为 50%，在图像中对多余部分进行涂抹，“图层”面板如图 7-8 所示，得到的图像效果如图 7-9 所示。

图7-8

图7-9

操作提示

在使用画笔工具对多余图像进行涂抹时，将前景色设置为黑色，在英文状态下，按X键可以实现前景色和背景色的转换。前景色为黑色时清除图像，前景色为白色时还原图像。这个方法同样适用于抠图时，对图像进行修整。

06 单击“图层”面板上的创建新图层按钮，新建“图层 3”，将前景色设置为白色，选择工具箱中的画笔工具，在其工具选项栏中设置适当大小的柔角笔刷，设置画笔不透明度和流量均为 10%，在图像中人物的眉毛下方的眉骨处进行涂抹，如图 7-10 所示。

图7-10

操作提示

用白色笔刷涂抹人物的眉骨，可以让眼睛看起来更加深邃，增加眼妆的立体感。

07 将视图放大至人物唇部，选择工具箱中的钢笔工具，在其工具选项栏中单击路径按钮，在嘴唇边缘绘制闭合路径，如图 7-11 所示。按快捷键 Ctrl+Enter 将路径转换为选区，得到的图像效果如图 7-12 所示。

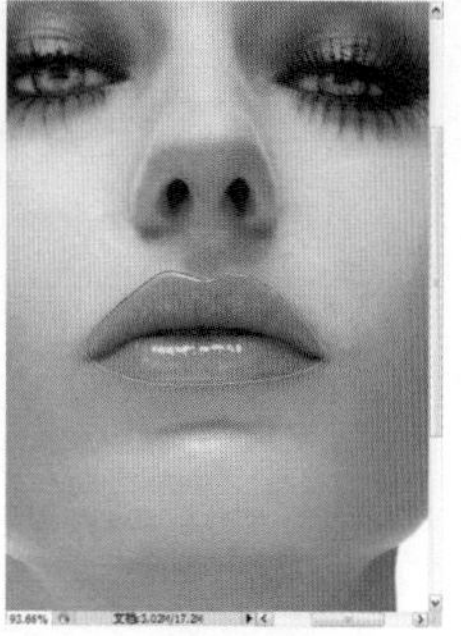

图7-11

图7-12

08 按快捷键 Shift+F6，弹出“羽化选区”对话框，设置羽化半径为 2 像素，设置完毕后单击“确定”按钮，得到的效果如图 7-13 所示。

图7-13

09 单击“图层”面板上的创建新图层按钮，新建“图层 4”，如图 7-14 所示设置前景色色值，设置完毕后单击“确定”按钮，按快捷键 Alt+Delete 填充前景色，得到的图像效果如图 7-15 所示。

图7-14

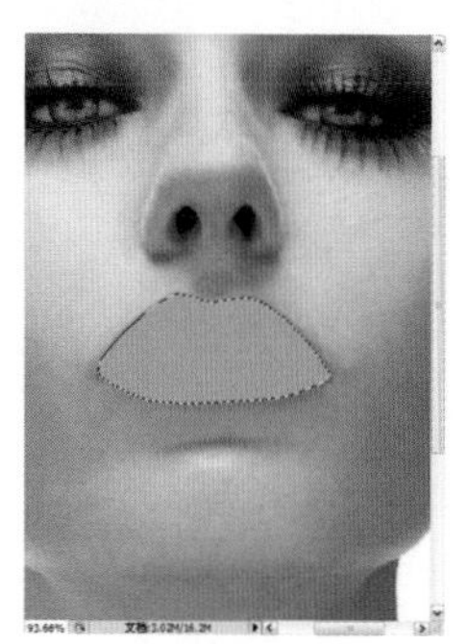

图7-15

10 按快捷键 Ctrl+D 取消选择。在“图层”面板上将“图层 4”的混合模式设置为“颜色加深”，得到的图像效果如图 7-16 所示。

图7-16

11 单击“图层”面板上的创建新图层按钮，新建“图层 5”，将前景色色值设置为 R128、G128、B128，按快捷键 Alt+Delete 填充前景色，执行【滤镜】/【杂色】/【添加杂色】命令，弹出“添加杂色”对话框，设置数量为 8%，设置完毕后单击“确定”按钮。按住 Ctrl 键单击“图层 4”缩览图，调出其选区，单击“图层”面板上的添加图层蒙版按钮，为“图层 5”添加图层蒙版，并将其图层混合模式设置为“线性减淡”，“图层”面板如图 7-17 所示，得到的图像效果如图 7-18 所示。

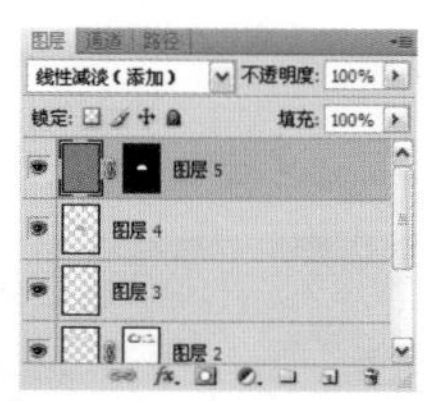

图7-17

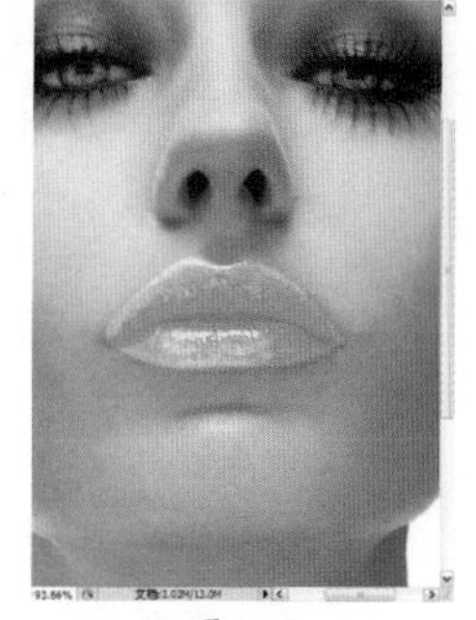

图7-18

技术看板：“添加杂色”命令

滤镜下的“添加杂色”命令的作用是在影像中加入一些随机像素，产生特殊的效果。

数量：加入杂点数量，以百分数为单位。

分布：平衡和高斯分布。

单色选项：只会将滤镜套用到影像中的色调影像组件，而不会更改颜色。

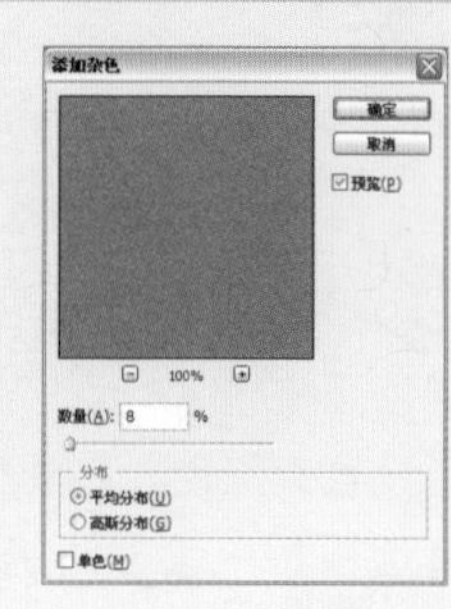

12 单击“图层”面板上的创建新的填充或调整图层按钮，在弹出的下拉菜单中选择“色阶”选项，执行【图层】/【创建剪贴蒙版】命令，“图层”面板如图 7-19 所示，在“调整”面板中设置参数如图 7-20 所示，设置完毕后得到的图像效果如图 7-21 所示。

图7-19

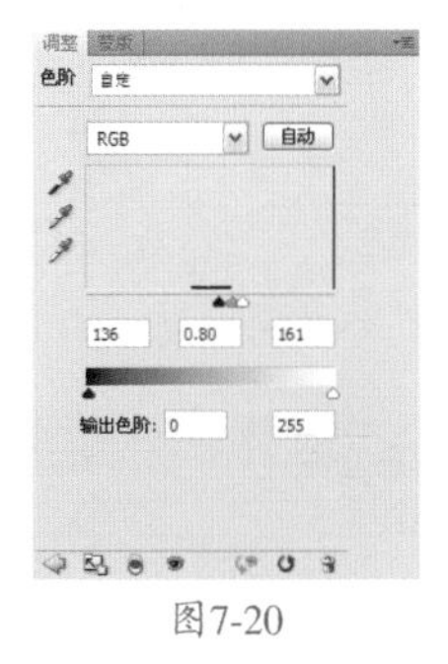

图7-20

图7-21

13 按快捷键 Ctrl+0，恢复视图大小，得到的图像效果如图 7-22 所示。

图7-22

视频 / 扩展视频 / 视频29　画出时尚苹果妆

课后复习——视频 29 画出时尚苹果妆

Effect 08 去皱

难度系数：★★☆☆☆

 视频教学 / CH 05 / 08去皱

01 执行【文件】/【打开】命令（Ctrl+O），弹出“打开”对话框，选择需要的素材，单击“打开”按钮打开图像，如图 8-1 所示。

图8-1

02 将“背景”图层拖曳至“图层”面板中的创建新图层按钮上，得到“背景副本”图层。选择工具箱中的缩放工具，放大视图。选择工具箱中的修补工具，在图像中人物眼袋部位绘制选区，按住鼠标左键将鼠标移动至光滑的皮肤处，如图 8-2 所示。松开鼠标可以看到眼袋被修补，继续修补另外一只眼睛，得到的图像效果如图 8-3 所示。

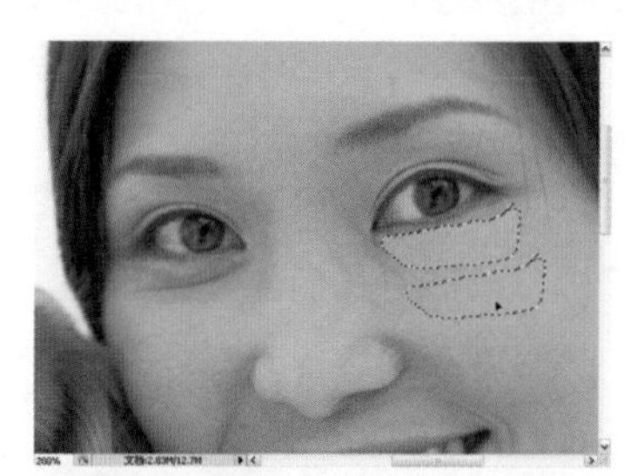

图8-2

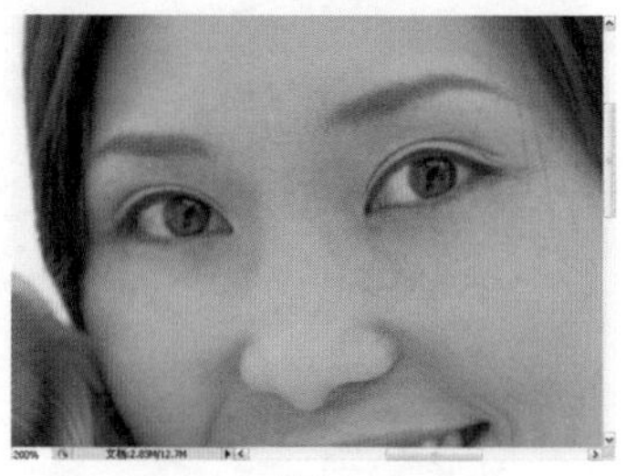

图8-3

03 选择工具箱中的仿制图章工具，在人物眼角周围的光滑皮肤处按住 Alt 键单击鼠标左键，选择仿制源，在人物眼角细纹处单击鼠标，得到的图像效果如图 8-4 所示。

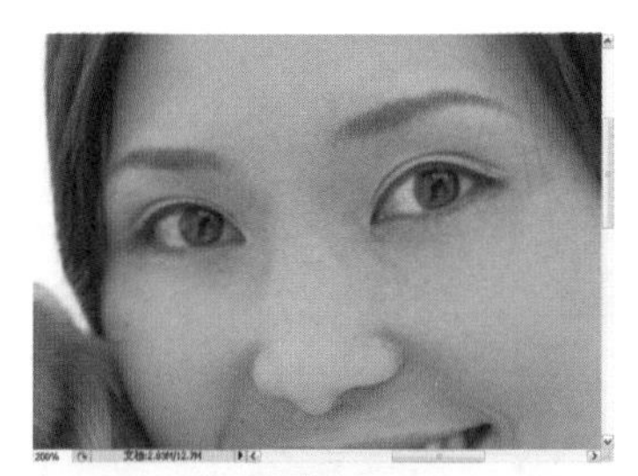

图8-4

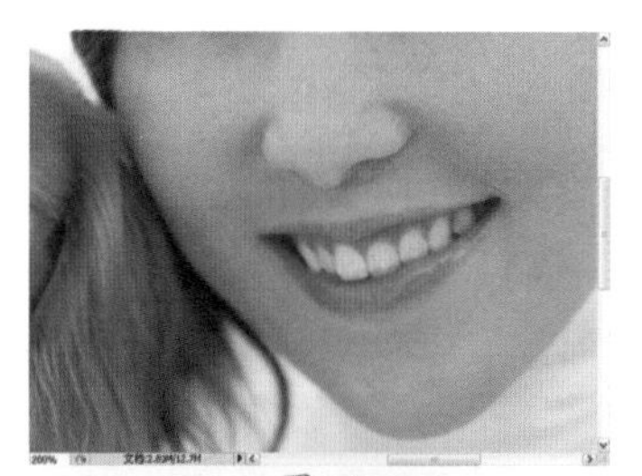

图8-5

04 选择工具箱中的抓手工具，按住鼠标左键向上拖曳至人物嘴巴区域，选择工具箱中的仿制图章工具，在其工具选项栏中设置合适的柔角笔刷，在人物嘴角周围按住 Alt 键单击鼠标左键选择仿制源，在人物嘴角的细纹处涂抹，得到的图像效果如图 8-5 所示。

05 按快捷键 Ctrl+0，恢复视图大小，得到的图像效果如图 8-6 所示。

图8-6

技术看板：调整笔刷大小的快捷方式

在使用仿制图章工具时，调整笔刷大小的快捷方式与画笔工具相同，按“[”键缩小笔刷直径，按“]”键放大笔刷直径。

视频 / 扩展视频 / 视频30　为面部添加胡须

课后复习——视频 30 为面部添加胡须

Effect 09 让皱纹更加沧桑

难度系数：★☆☆☆☆

 视频教学 / CH 05 / 09让皱纹更加沧桑

01 执行【文件】/【打开】命令（Ctrl+O），弹出“打开”对话框，选择需要的素材，单击“打开”按钮打开图像，如图 9-1 所示。

图9-1

图9-2

02 将“背景”图层拖曳至“图层”面板中的创建新图层按钮上，得到“背景副本”图层。执行【滤镜】/【锐化】/【智能锐化】命令，弹出“智能锐化”对话框，在对话框中设置数量为 170%，半径为 3 像素，设置完毕后单击“确定”按钮，得到的图像效果如图 9-2 所示。

03 单击“图层”面板上的添加图层蒙版按钮，为“背景副本”图层添加图层蒙版。将前景色设置为黑色，选择工具箱中画笔工具，在其工具选项栏中设置合适的柔角笔刷，在图像中对人物五官处及脸部以外的区域进行涂抹，“图层”面板如图 9-3 所示，得到的图像效果如图 9-4 所示。

图9-3

图9-4

技术看板：比较智能锐化与USM锐化

Photoshop CS2开始引入智能锐化滤镜，默认时该对话框处于基本模式，有两个滑块：数量（控制锐化量）和半径（决定锐化将影响多少像素）。默认时，数量设置是100%，使用智能锐化滤镜与USM锐化滤镜相比，用智能锐化滤镜时使用较低的数量设置就可以得到类似的锐化量，所以在设置时需要注意控制数量。

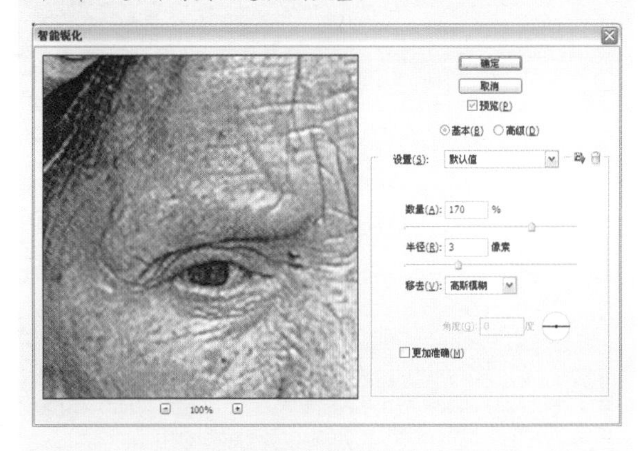

该对话框中的下拉列表中设置了3个“移去”选项：高斯模糊、镜头模糊和动感模糊，在实际操作中可以根据需要进行选择。

视频 / 扩展视频 / 视频31　巧变双眼皮

课后复习——视频 31 巧变双眼皮

Effect 10 打造完美身材

难度系数：★★★☆☆

视频教学 / CH 05 / 10打造完美身材

01 执行【文件】/【打开】命令（Ctrl+O），弹出“打开”对话框，选择需要的素材，单击“打开”按钮打开图像，如图 10-1 所示。选择工具箱中的缩放工具，将视图放大至人物腿部，图像效果如图 10-2 所示。

图10-1

图10-2

02 选择工具箱中的钢笔工具，在其工具选项栏中单击路径按钮，在图像中人物腿部绘制闭合路径，如图 10-3 所示。按快捷键 Ctrl+Enter 将路径转换为选区，得到的图像效果如图 10-4 所示。

图10-3

图10-4

03 执行【图层】/【新建】/【通过拷贝的图层】命令（Ctrl+J），将选区内图像复制到新图层中，得到“图层 1”，“图层”面板如图 10-5 所示。

图10-5

04 执行【编辑】/【自由变换】命令（Ctrl+T），弹出自由变换框，如图 10-6 所示，对人物腿部进行缩放调整，调整完毕后按 Enter 键确认变换，图像效果如图 10-7 所示。

图10-6　　图10-7

技术看板：自由变换命令

在Photoshop CS4中，“自由变换”是功能强大的制作手段之一，在很多地方都能够应用到，下面进行简单介绍。

1.自由变换的快捷键：Ctrl+T。

2.功能键：Ctrl、Shift、Alt 。

按住Ctrl键控制自由变化，按住Shift键控制方向、角度和等比例放大缩小，按住Alt键控制中心对称。

在对图像进行自由变换时，按住Shift键拖动变形框四角的点，可以等比例改变图像的大小，若不按住Shift键直接拖动，则会改变图像的长宽比例。

05 选择“背景”图层，将其拖曳至“图层”面板中的创建新图层按钮上，得到“背景副本”图层。选择工具箱中的仿制图章工具，在图像中腿部周围按住 Alt 键单击鼠标左键选择仿制源，在多余的腿部涂抹，如图 10-8 所示，得到的图像效果如图 10-9 所示。

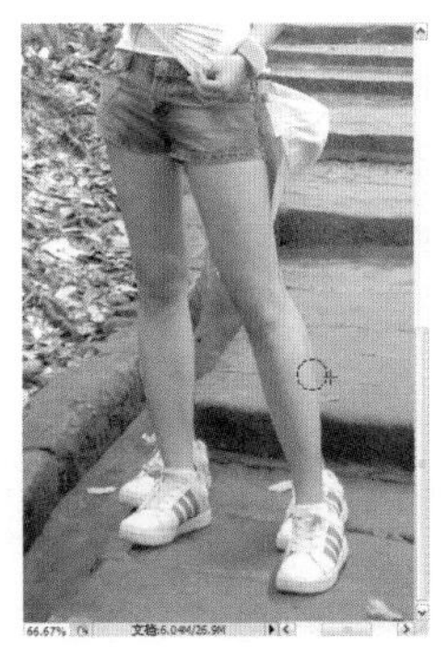

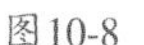

图10-8

图10-9

06 选择“图层 1”，单击“图层”面板上的添加图层蒙版按钮，为“图层 1”添加图层蒙版，选择工具箱中的画笔工具，在其工具选项栏中设置合适的柔角笔刷，在图像中腿部与鞋部边缘有明显分界处进行涂抹，得到的图像效果如图 10-10 所示。

图10-10

07 恢复视图大小，得到的图像效果如图 10-11 所示。单击“图层 1”缩览图，选择工具箱中的矩形选框工具，在图像中的人物脚部绘制选区，如图 10-12 所示。

图10-11

图10-12

08 按快捷键 Ctrl+T，调出自由变换框，调整自由变换框，调整完毕后按 Enter 键确认变换，按快捷键 Ctrl+D 取消选择，得到的图像效果如图 10-13 所示。

图10-13

操作提示

通过整体观察发现人物脚部过大，所以对脚部进行局部调整。

09 选择“背景副本”图层，执行【滤镜】/【液化】命令，弹出“液化”对话框，放大视图，在对话框中选择向前变形工具，在“工具选项”中设置合适的笔刷大小，在图像中人物胳膊处按住鼠标左键向左推动鼠标，如图 10-14 所示，缩小笔刷直径，在人物腰部按住鼠标左键向里推鼠标。

图10-14

10 调整完毕后单击“确定”按钮，得到的图像效果如图 10-15 所示。

图10-15

视频/扩展视频/视频32　细腰效果

课后复习——视频 32 细腰效果

Effect 11 为人物添加饰品

难度系数：★★☆☆☆

视频教学 / CH 05 / 11为人物添加饰品

01 执行【文件】/【打开】命令（Ctrl+O），弹出“打开”对话框，选择需要的素材，单击“打开”按钮打开图像，如图 11-1 和图 11-2 所示。

图11-1

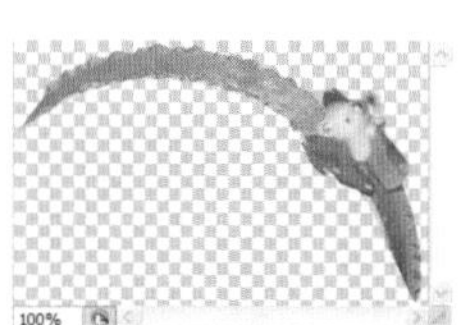

图11-2

02 选择工具箱中的移动工具，将如图 11-2 所示的素材图像拖曳至主文档中，生成“图层 1”，图像效果如图 11-3 所示。

03 放大视图，执行【编辑】/【自由变换】命令（Ctrl+T），调出的自由变换框，调整图像的大小与位置，调整完毕后按 Enter 键确认变换，得到的图像效果如图 11-4 所示。

图11-3

图11-4

04 单击“图层”面板上的添加图层蒙版按钮，为“图层 1”添加蒙版。将前景色设置为黑色，选择工具箱中的画笔工具，在图像中涂抹发卡及左边多余部分边缘，“图层”面板如图 11-5 所示，得到的图像效果如图 11-6 所示。

图11-5

图11-6

操作提示

使用图层蒙版，用画笔工具涂抹，使添加的发卡跟头发更加融合。

05 按快捷键 Ctrl+0，恢复视图大小，得到的图像效果如图 11-7 所示。

图11-7

Effect 12 为人物添加假睫毛

难度系数：★★★☆☆

视频教学 / CH 05 / 12为人物添加假睫毛

01 执行【文件】/【打开】命令（Ctrl+O），弹出的“打开”对话框，选择需要的素材，单击“打开”按钮打开图像，如图 12-1 所示。

图12-1

02 单击“图层”面板上的创建新图层按钮，新建“图层 1”。选择工具箱中缩放工具，将视图放大至眼睛，图像效果如图 12-2 所示。

图12-2

03 选择工具箱中的画笔工具，执行【窗口】/【画笔】命令，打开“画笔”面板，在“画笔”面板中选择名为“沙丘草”的笔刷，设置合适的笔刷大小与角度，设置参数如图 12-3 所示，在图像中绘制眼睛前部的眼睫毛，得到的图像效果如图 12-4 所示。

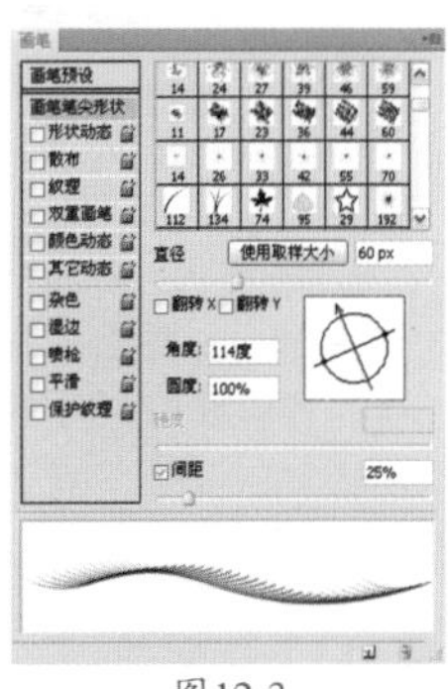

图12-3

图12-4

技术看板：自定义“画笔”面板中的笔刷

用户可以通过执行【编辑】/【定义画笔预设】命令，自己制作想要的画笔样式。首先，新建一个透明的文档，在文档中绘制想要的画笔样式，绘制完毕后执行【编辑】/【定义画笔预设】命令，弹出“画笔名称”对话框，为自定义画笔命名，命名完毕后单击“确定”按钮，在“画笔”面板中可以找到自定义的画笔样式。

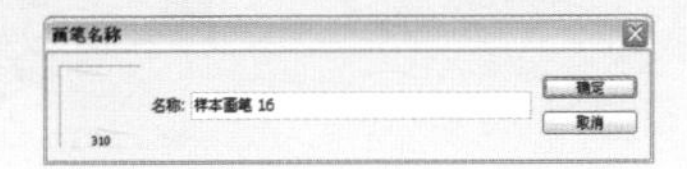

04 在“画笔”面板中设置合适的笔刷大小与角度，设置参数如图 12-5 所示，在图像中绘制眼睛中部的眼睫毛，得到的图像效果如图 12-6 所示。

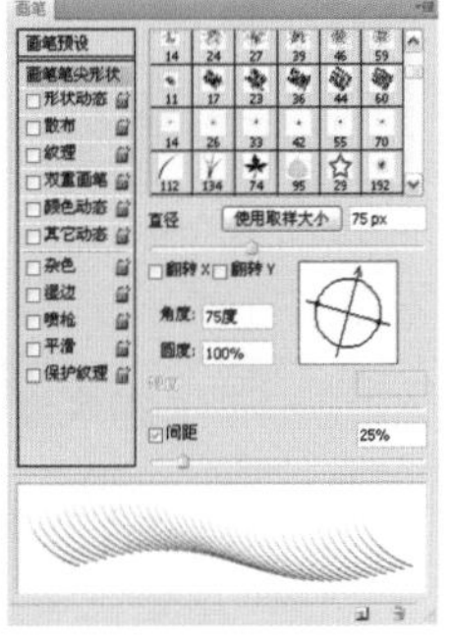

图12-5

图12-6

05 在“画笔”面板中设置合适的笔刷大小与角度，设置参数如图 12-7 所示，在图像中绘制眼睛主体部分的眼睫毛，得到的图像效果如图 12-8 所示。

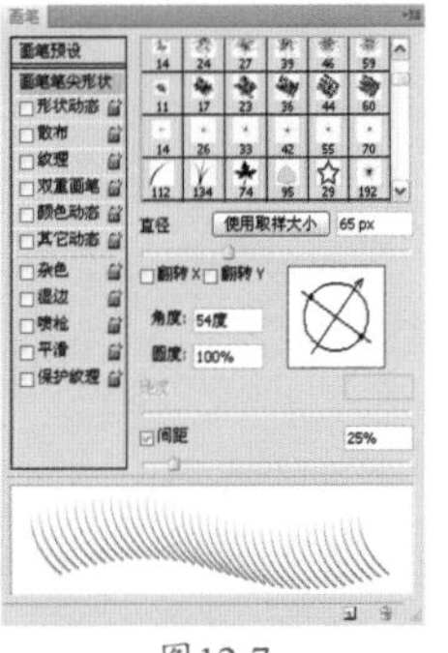

图12-7

图12-8

06 在“画笔”面板中设置合适的笔刷大小与角度，设置参数如图 12-9 所示，在图像中绘制眼睛后部的眼睫毛，得到的图像效果如图 12-10 所示。

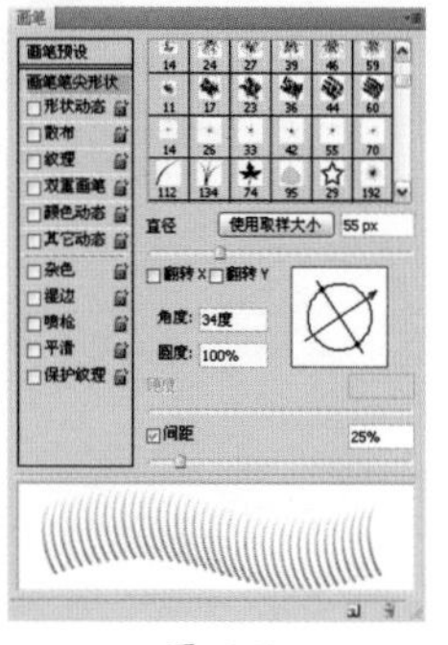

图12-9

图12-10

07 在“画笔”面板中勾选翻转 X 复选框，设置合适的笔刷大小与角度，设置参数如图 12-11 所示，在图像中绘制眼角部分的眼睫毛，得到的图像效果如图 12-12 所示。

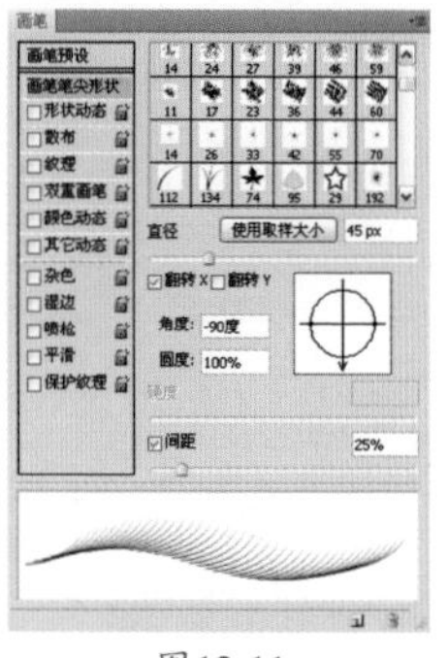

图12-11

图12-12

08 在“画笔”面板中继续勾选翻转 Y 复选框，设置合适的笔刷大小与角度，设置参数如图 12-13 所示，在图像中绘制另外一只眼睛主体部分的眼睫毛，得到的图像效果如图 12-14 所示。

09 在“画笔”面板中设置合适的笔刷大小与角度，设置参数如图 12-15 所示。在图像中继续绘制眼睛前部眼角处的眼睫毛，得到的图像效果如图 12-16 所示。

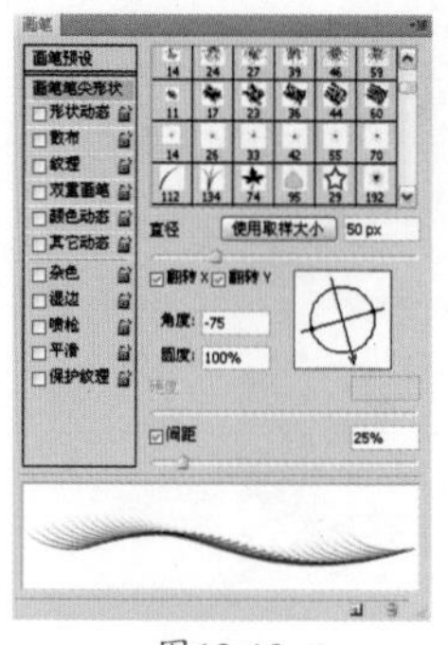

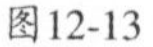

图12-13

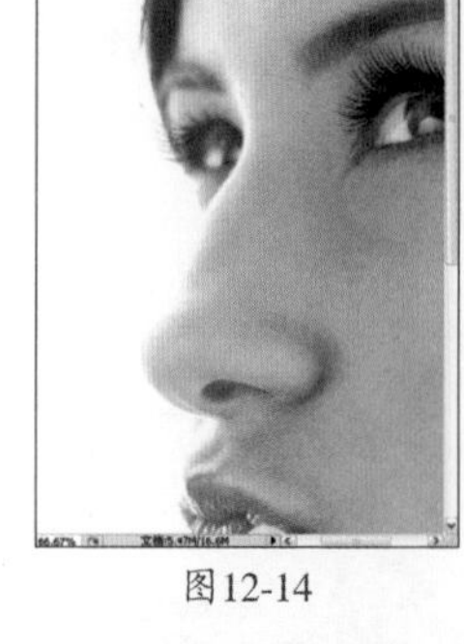

图12-14

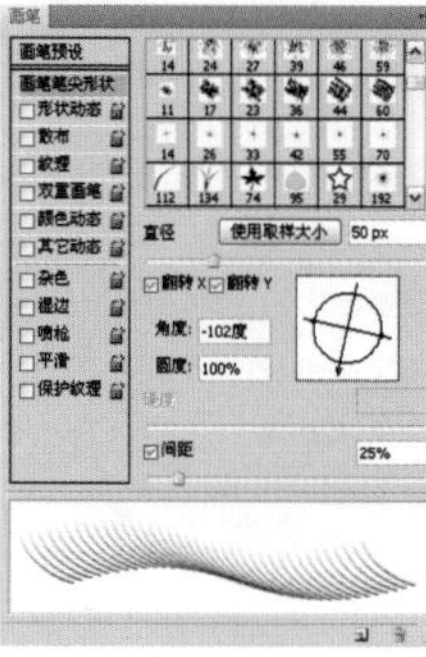

图12-15

图12-16

10 单击添加图层蒙版按钮，为“图层 1”添加图层蒙版，将前景色设置为黑色，选择工具箱中的画笔工具，在其工具选项栏中设置合适的柔角笔刷，沿着睫毛生长的方向涂抹，恢复视图大小，得到的图像效果如图 12-17 所示。

图12-17

操作提示

使用图层蒙版时，用画笔工具涂抹，主要是要将不小心绘制在眼睛中的睫毛去掉，同时可以让绘制的睫毛看起来更加真实、贴切。

Effect 13 瘦脸

难度系数：★★☆☆☆

视频教学 / CH 05 / 13瘦脸

01 执行【文件】/【打开】命令（Ctrl+O），弹出“打开”对话框，选择需要的素材，单击“打开”按钮打开图像，如图 13-1 所示。

图13-1

02 将“背景”图层拖曳至“图层”面板中的创建新图层按钮上，得到“背景副本”图层。执行【滤镜】/【液化】命令，弹出“液化”对话框，在对话框中选择缩放工具，将视图放大至人物面部，图像效果如图 13-2 所示。

图13-2

03 在工具选项中设置参数，具体参数设置如图 13-3 所示，在对话框中选择向前变形工具，在图像中沿着人物的脸部轮廓向里推，如图 13-4 所示。

图13-3

图13-4

04 继续使用向前变形工具，在图像中沿着另外一侧的脸部轮廓向里推，图像效果如图 13-5 所示。继续沿着人物下巴的轮廓向外推，图像效果如图 13-6 所示。

图13-5

图13-6

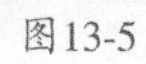

05 调整完毕后单击“确定”按钮，得到的图像效果如图 13-7 所示。

图13-7

视频 / 扩展视频 / 视频33　打造时尚美下巴

课后复习
——视频 33 打造时尚美下巴

Effect 14　变双眼皮

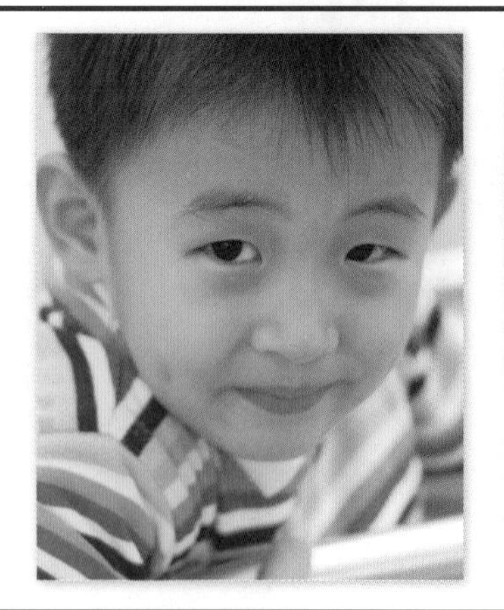

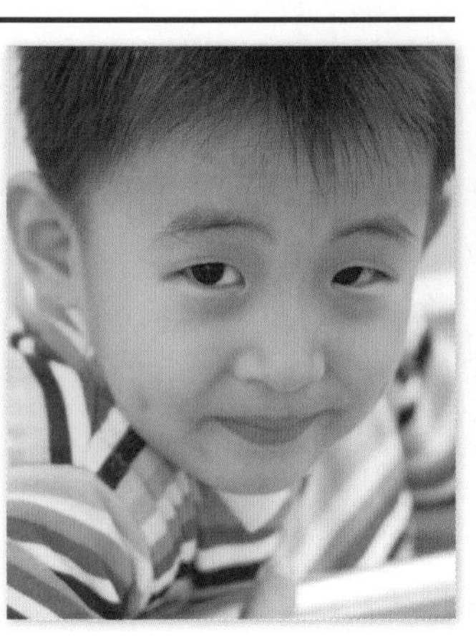

难度系数：★★☆☆☆

视频教学 / CH 05 / 14变双眼皮

01 执行【文件】/【打开】命令（Ctrl+O），弹出“打开”对话框，选择需要的素材，单击“打开”按钮打开图像，如图14-1所示。

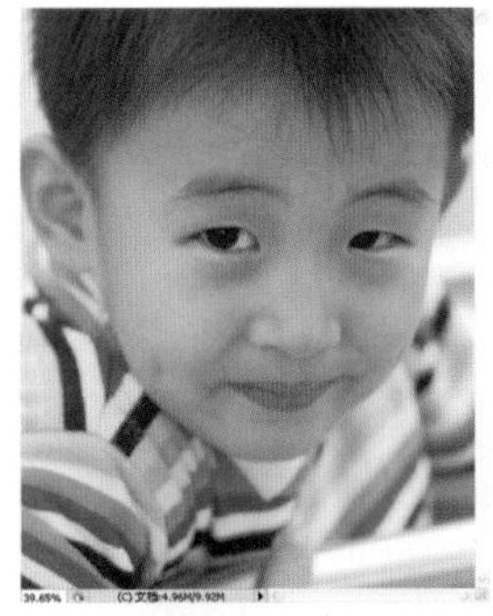
图14-1

02 将“背景”图层拖曳至“图层”面板中的创建新图层按钮上，得到“背景副本”图层。选择工具箱中的缩放工具，将视图放大至人物眼睛，图像效果如图14-2所示。

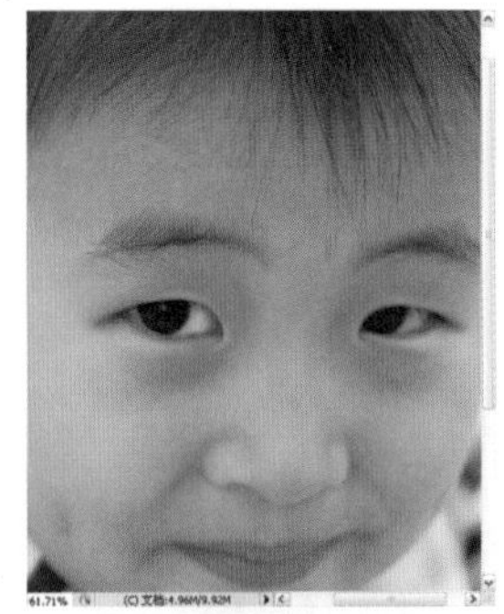
图14-2

03 选择工具箱中的钢笔工具，在其工具选项栏中单击路径按钮，在图像中人物眼睛周围绘制闭合路径，如图14-3所示。按快捷键Ctrl+Enter将路径转换为选区，得到的图像效果如图14-4所示。

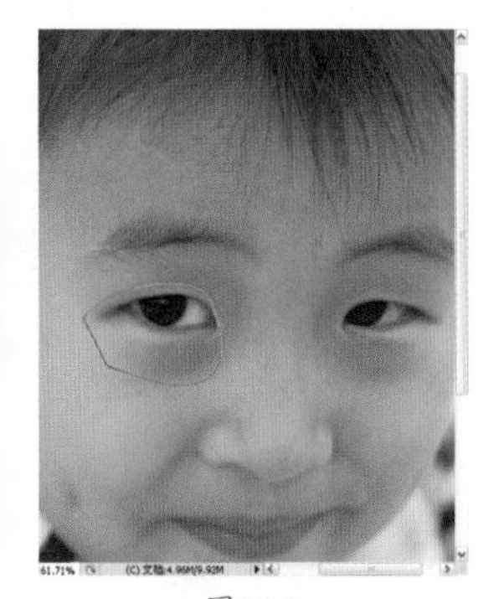
图14-3

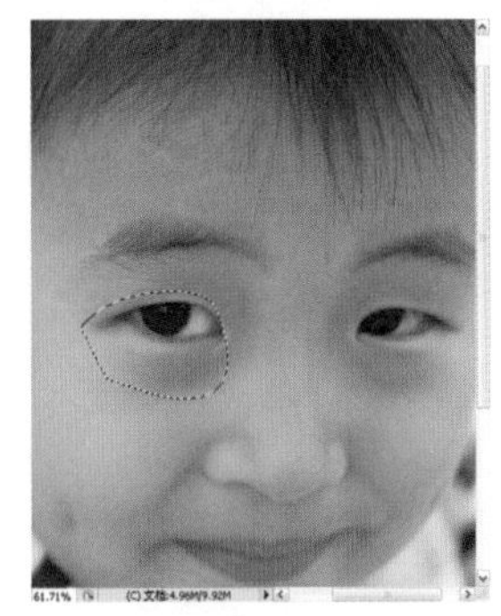
图14-4

04 选择工具箱中的加深工具，在其工具选项栏中设置合适的柔角笔刷，范围为“中间调”，曝光度为15%，在图像选区中进行涂抹，得到的图像效果如图14-5所示。

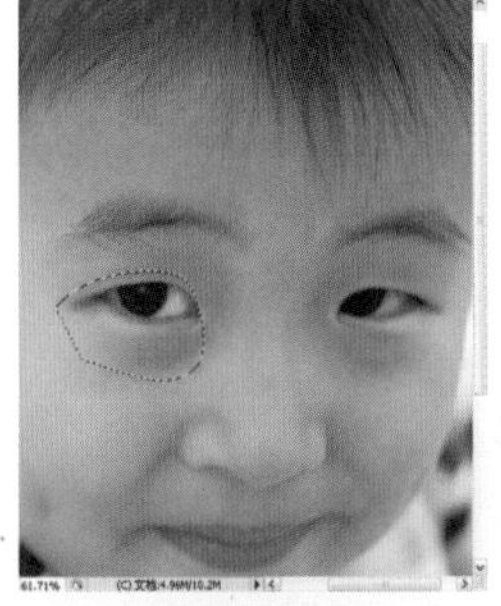
图14-5

05 按快捷键Ctrl+D取消选择。选择工具箱中的钢笔工具，在其工具选项栏中单击路径按钮，在图像中人物另外一只眼睛周围绘制闭合路径，如图14-6所示。

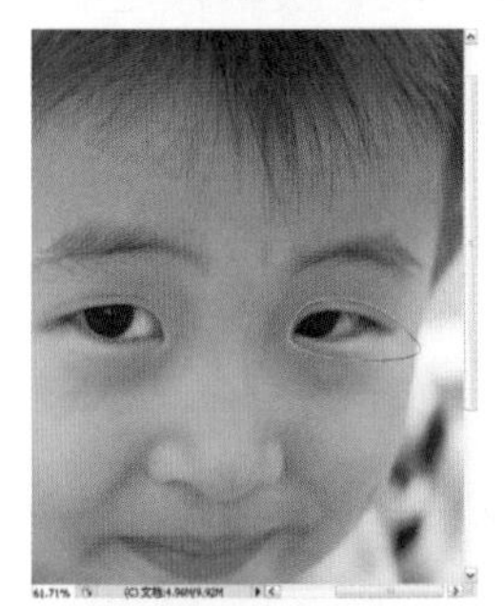
图14-6

06 按快捷键Ctrl+Enter，将路径转换为选区。选择工具箱中的加深工具，在其工具选项栏中设置合适的柔角笔刷，范围为“中间调”，曝光度为15%，在图像选区中进行涂抹，得到的图像效果如图14-7所示。

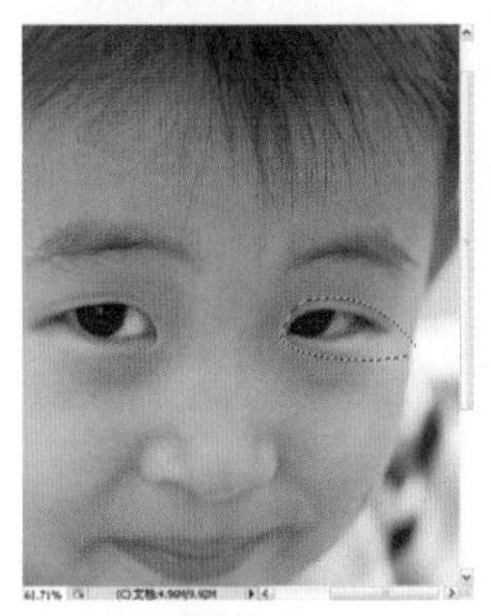
图14-7

07 按快捷键Ctrl+D取消选择。选择工具箱中的减淡工具，在其工具选项栏中设置合适的柔角笔刷，范围为“中间调”，曝光度为15%，在图像中绘制好的双眼皮底部进行涂抹，得到的图像效果如图14-8所示。

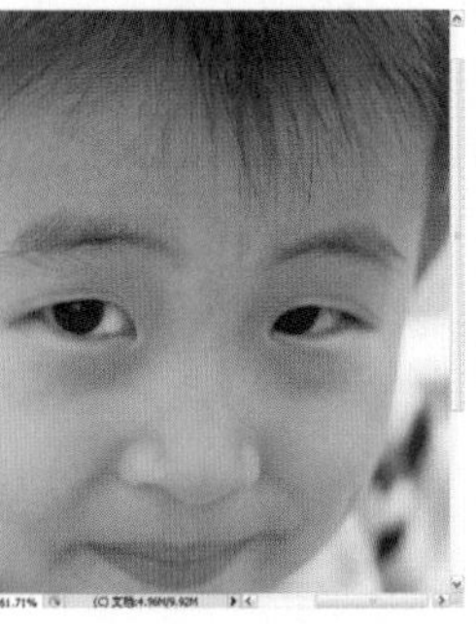
图14-8

操作提示

使用减淡工具对眼皮高光处进行涂抹，使绘制的双眼皮更加自然。

08 按快捷键 Ctrl+0 恢复视图大小。在“图层”面板中，选择“背景副本”图层，将其图层不透明度设置为90%，得到的图效果如图14-9所示。

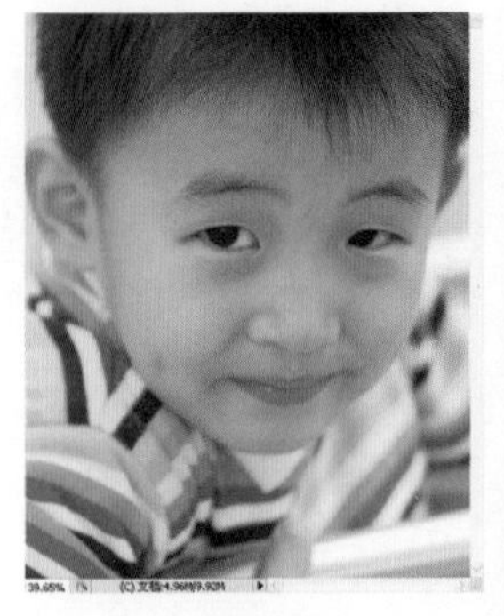

图14-9

 Effect 15 增大眼睛

难度系数：★★☆☆☆

 视频教学 / CH 05 / 15增大眼睛

01 执行【文件】/【打开】命令（Ctrl+O），弹出“打开”对话框，选择需要的素材，单击“打开”按钮打开图像，如图15-1所示。

图15-1

02 将“背景”图层拖曳至“图层”面板中的创建新图层按钮上，得到“背景副本”图层。执行【滤镜】/【液化】命令，弹出“液化”对话框，在对话框中选择缩放工具，将视图放大至眼睛，图像效果如图15-2所示。

图15-2

03 在对话框中选择膨胀工具，在“工具选项”中设置参数，如图 15-3 所示，在图像中人物瞳孔周围单击鼠标左键，调整完毕后可以看到两只眼睛的对比效果，如图 15-4 所示，继续调整另外一只眼睛，得到的图像效果如图 15-5 所示。

图15-3

图15-4

图15-5

04 调整完毕后，单击“确定”按钮，得到的图像效果如图 15-6 所示。

图15-6

Effect 16　去除面部油光

难度系数：★☆☆☆☆

视频教学 / CH 05 / 16去除面部油光

01 执行【文件】/【打开】命令（Ctrl+O），弹出“打开”对话框，选择需要的素材，单击“打开”按钮打开图像，如图 16-1 所示。

图16-1

02 将“背景”图层拖曳至“图层”面板中的创建新图层按钮上，得到“背景副本”图层。选择工具箱中的缩放工具，放大视图至人物面部。选择工具箱中的修补工具在脸部油光处绘制选区，如图16-2所示。

图16-2

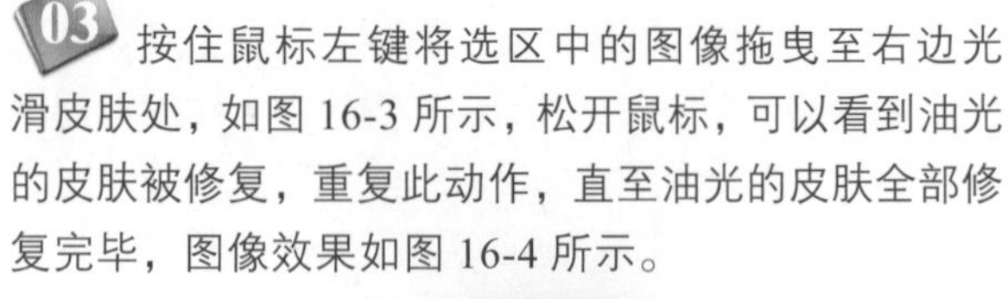

03 按住鼠标左键将选区中的图像拖曳至右边光滑皮肤处，如图16-3所示，松开鼠标，可以看到油光的皮肤被修复，重复此动作，直至油光的皮肤全部修复完毕，图像效果如图16-4所示。

图16-3

图16-4

视频 / 扩展视频 / 视频34　去除脸上的痦子

课后复习——视频 34 去除脸上的痦子

Effect 17 去除红眼

难度系数：★★☆☆☆

视频教学 / CH 05 / 17去除红眼

01 执行【文件】/【打开】命令（Ctrl+O），弹出"打开"对话框，选择需要的素材，单击"打开"按钮打开图像，如图 17-1 所示。

图17-1

02 将"背景"图层拖曳至"图层"面板中的创建新图层按钮上，得到"背景副本"图层。选择工具箱中缩放工具，将视图放大至人物眼部，图像效果如图 17-2 所示。

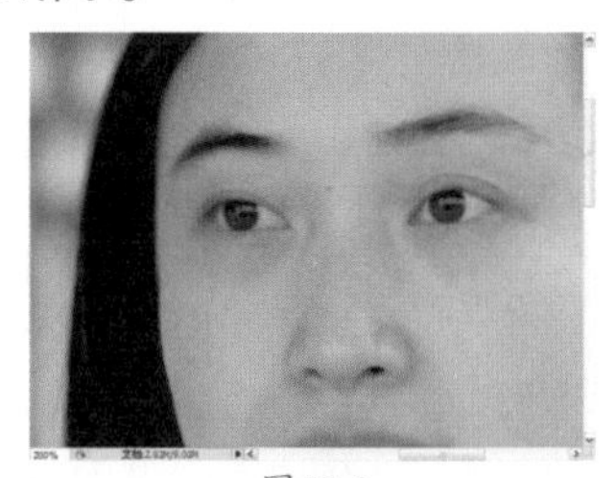

图17-2

03 选择工具箱中的红眼工具，在其工具选项栏中设置瞳孔大小为 50%，变暗量为 50%，在眼睛瞳孔周围单击并拖曳，如图 17-3 所示。释放鼠标左键，得到的图像效果如图 17-4 所示。

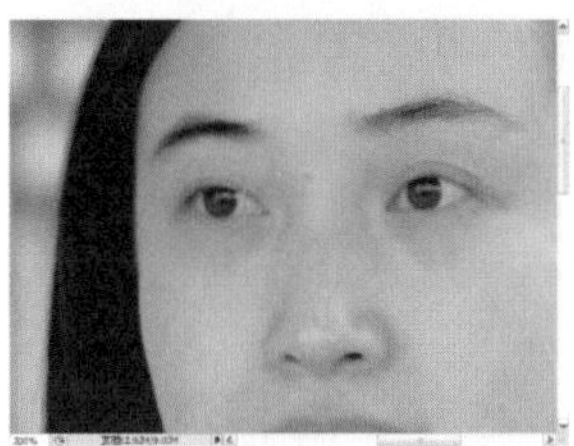

图17-3

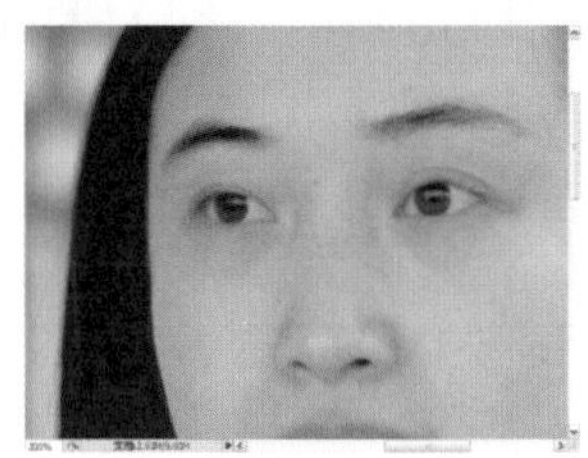

图17-4

04 继续使用红眼工具在眼睛瞳孔周围单击并拖曳，消除右眼的红眼状态，得到的图像效果如图 17-5 所示。

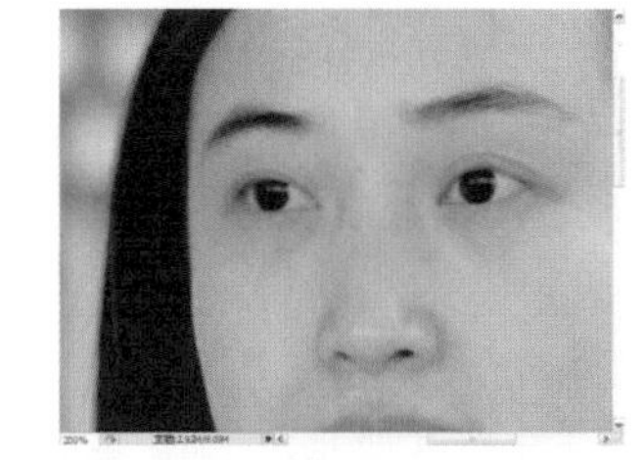

图17-5

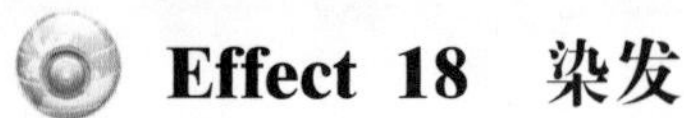

难度系数：★★☆☆☆

 视频教学 / CH 05 / 18染发

01 执行【文件】/【打开】命令（Ctrl+O），弹出“打开”对话框，选择需要的素材，单击“打开”按钮打开图像，如图 18-1 所示。

图18-1

图18-2

02 将“背景”图层拖曳至“图层”面板中的创建新图层按钮上，得到“背景副本”图层。执行【滤镜】/【抽出】命令，弹出“抽出”对话框，选择边缘高光器工具，在工具选项中设置参数，如图 18-2 所示，在图像中人物头发边缘进行绘制，图像效果如图 18-3 所示，选择填充工具，填充绘制好的轮廓，得到的图像效果如图 18-4 所示，单击“确定”按钮。

图18-3

图18-4

03 在“图层”面板中，单击“背景”图层缩览图前的指示图层可见性按钮，将其隐藏，图像效果如图 18-5 所示。按住 Ctrl 键，单击“背景副本”缩览

图，调出其选区，单击“背景”图层缩览图前的指示图层可见性按钮，显示“背景”图层，图像效果如图 18-6 所示。

图18-5

图18-6

技术看板：常用抠图法

使用Photoshop CS4抠图的常用方法有两种，一种方法是使用通道，另一种方法就是使用滤镜。使用通道进行抠图有很多的局限性，并且还是需要花费很多时间进行修饰，而使用【抽出】命令进行抠图简单快速，抠出的图像效果比较好。Photoshop CS4自带的抽出滤镜就是专门为抠图准备的，在抠取毛发或背景复杂的图片使用这个滤镜最合适。

04 选择“背景副本”图层，如图 18-7 所示设置前景色色值，设置完毕后单击“确定”按钮，按快捷键 Alt+Delete，填充前景色，得到的图像效果如图 18-8 所示。

图18-7

图18-8

05 按快捷键 Ctrl+D 取消选择，在“图层”面板中，将“背景副本”图层的图层混合模式设置为“柔光”，得到的图像效果如图 18-9 所示。

图18-9

06 单击“图层”面板上的添加图层蒙版按钮，为“背景副本”图层添加图层蒙版，将其前景色设置为黑色，选择工具箱中的画笔工具，在其工具选项栏中设置合适大小的柔角笔刷，在图像中人物头发边缘有多余图像处进行涂抹，“图层”面板如图 18-10 所示，得到的图像效果如图 18-11 所示。

图18-10

图18-11

07 将“背景副本”图层的的图层混合模式设置为“饱和度”，不透明度设置为 50%，得到的图像效果如图 18-12 所示。

图18-12

Effect 19 让五官更加立体

难度系数：★★★☆☆

视频教学 / CH 05 / 19让五官更加立体

01 执行【文件】/【打开】命令（Ctrl+O），弹出"打开"对话框，选择需要的素材，单击"打开"按钮打开图像，如图 19-1 所示。

图19-1

02 将"背景"图层拖曳至"图层"面板中的创建新图层按钮上，得到"背景副本"图层。选择工具箱中的套索工具，在图像中人物五官处绘制选区，如图 19-2 所示。按快捷键 Shift+F6，弹出"羽化选区"对话框，在对话框中设置羽化半径为 40 像素，设置完毕后单击"确定"按钮，得到的图像效果如图 19-3 所示。

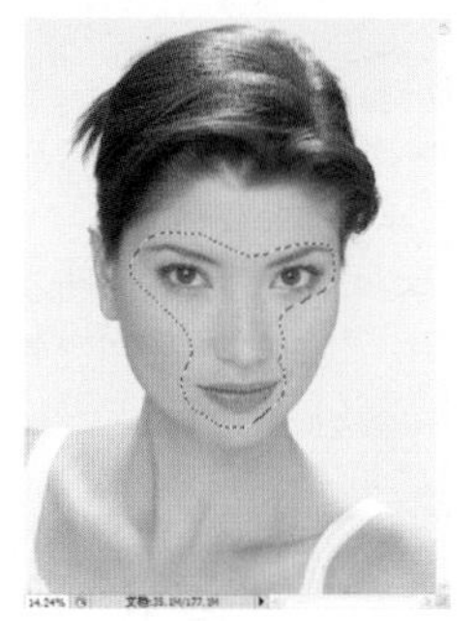

图19-2

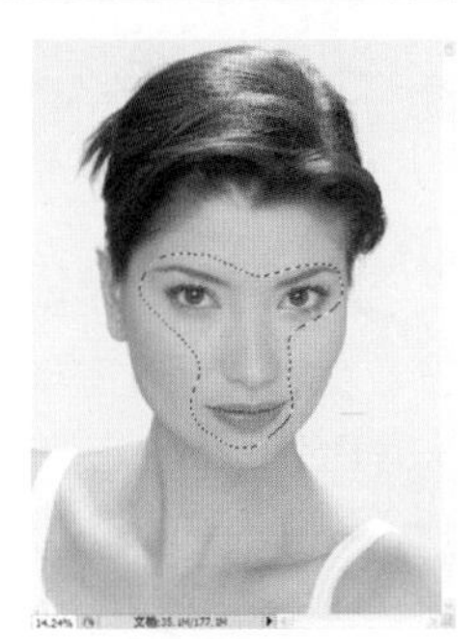

图19-3

03 执行【滤镜】/【锐化】/【USM锐化】命令，弹出"USM锐化"对话框，在对话框中设置数量为70%，半径为50像素，阈值为20色阶，设置完毕后单击"确定"按钮，按快捷键Ctrl+D取消选择，得到的图像效果如图19-4所示。

图19-4

04 将“背景副本”图层拖曳至“图层”面板中的创建新图层按钮上，得到“背景副本 2”图层。选择工具箱中的套索工具，在其工具选项栏中单击添加到选区按钮，在图像中人物眼部绘制选区，得到的图像效果如图 19-5 所示。

图19-5

05 按快捷键 Shift+F6，弹出“羽化选区”对话框，在对话框中设置羽化半径为 30 像素，得到的图像效果如图 19-6 所示。

图19-6

06 执行【滤镜】/【锐化】/【USM 锐化】命令，弹出“USM 锐化”对话框，在对话框中设置数量为 50%，半径为 40 像素，阈值为 30 色阶，设置完毕后单击“确定”按钮，按快捷键 Ctrl+D 取消选择，得到的图像效果如图 19-7 所示。

图19-7

技术看板：USM锐化命令

在“USM锐化”对话框中有3个滑块，分别是数量、半径和阈值。

数量：其单位是百分比，即锐化量，锐化是通过提高边缘像素的反差实现的，这个参数设置越大，边缘明暗像素间的反差也越大，增量是倍数关系，增加100%就是反差色阶数值增加1倍。

半径：其单位是像素，它决定从边缘开始向外影响多少像素，半径参数设置越大，影响到的边缘越宽。

阈值：其单位是色阶，决定一个像素与在被当成一个边界像素并被滤镜锐化之前其周围区域必须具有的差别。这个值越大，被认作是边缘像素的越少，也就是只对主要边缘进行锐化。当这个值为0时，所有色阶不同的相邻像素都要被提高反差。

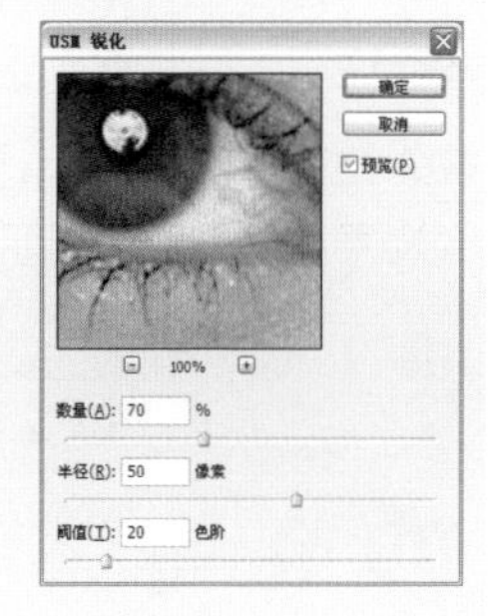

07 选择工具箱中的套索工具，在其工具选项栏中设置羽化为 30 像素，在图像中人物鼻子处绘制选区，得到的图像效果如图 19-8 所示。

图19-8

08 选择“背景副本 2”图层，单击“图层”面板上的创建新的填充或调整图层按钮，在弹出的下拉菜单中选择“亮度 / 对比度”选项，在“调整”面板中设置参数，如图 19-9 所示，得到的图像效果如图 19-10 所示。

图19-9

图19-10

09 选择工具箱中的钢笔工具，在其工具选项栏中单击路径按钮，在图像中人物嘴唇处绘制闭合路径，得到的图像效果如图 19-11 所示。

图19-11

10 按快捷键 Ctrl+Enter 将路径转换为选区，如图 19-12 所示。按快捷键 Shift+F6，弹出“羽化选区”对话框，设置羽化半径为 5 像素，设置完毕后单击“确定”按钮，得到的图像效果如图 19-13 所示。

图19-12

图19-13

11 选择“背景副本 2”图层，单击“图层”面板上的创建新的填充或调整图层按钮，在弹出的下拉菜单中选择“色阶”选项，在“调整”面板中设置参数，如图 19-14 所示，得到的图像效果如图 19-15 所示。

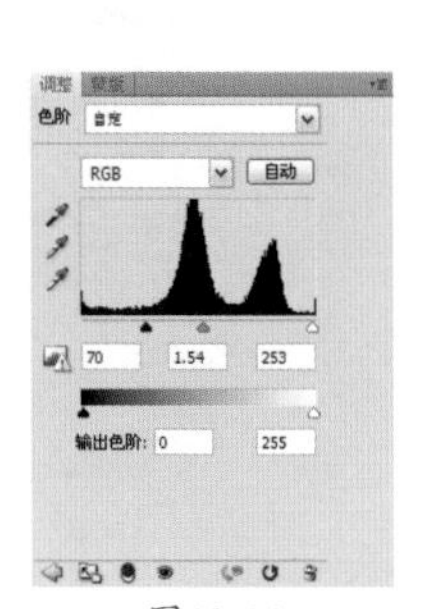

图19-14

图19-15

12 将“背景副本 2”图层拖曳至“图层”面板中的创建新图层按钮上，得到“背景副本 3”图层。选择工具箱中的减淡工具，在其工具选项栏中选择范围为“中间调”，曝光度为 20%，在图像中沿着人物的鼻梁高光进行涂抹，得到的图像效果如图 19-16 所示。

图19-16

13 选择工具箱中的加深工具，在其工具选项栏中选择范围为“中间调”，曝光度为 10%，在图像中沿着人物的鼻梁两侧进行涂抹，得到的图像效果如图 19-17 所示。

图19-17

操作提示

使用加深工具和减淡工具，对人物的鼻梁分别进行涂抹，增强鼻子的立体感。

Effect 20 戴上彩瞳镜片

难度系数：★★☆☆☆

视频教学 / CH 05 / 20戴上彩瞳镜片

01 执行【文件】/【打开】命令（Ctrl+O），弹出“打开”对话框，选择需要的素材，单击“打开”按钮打开图像，如图 20-1 所示。

图20-1

02 将“背景”图层拖曳至“图层”面板中的创建新图层按钮上，得到“背景副本”图层。选择工具箱中的缩放工具，将视图放大至眼睛，图像效果如图 20-2 所示。

03 单击“图层”面板上的创建新图层按钮，新建“图层 1”，选择工具箱中的椭圆选框工具，在其工具选项栏中单击添加到选区按钮，设置羽化为 5 像素，在图像中人物眼睛处绘制选区，得到的图像效果如图 20-3 所示。

操作提示

在绘制眼睛选区时，如果没有单击添加到选区按钮，可以按住Shift键的同时，绘制另外一只眼睛的选区。

图20-2

图20-3

04 将前景色色值设置为 R0、G244、B236，按快捷键 Alt+Delete 填充，得到的图像效果如图 20-4 所示。

05 按快捷键 Ctrl+D 取消选择。在“图层”面板中，将“图层 1”的图层混合模式设置为“柔光”，得到的图像效果如图 20-5 所示。

图20-4

图20-5

Effect 21 美女数码纹身

难度系数：★★★☆☆

视频教学 / CH 05 / 21美女数码纹身

01 执行【文件】/【打开】命令（Ctrl+O），弹出“打开”对话框，选择需要的素材，单击“打开”按钮打开图像，如图 21-1 所示。

图21-1

02 选择工具箱中的移动工具，将素材图像拖曳至主文档中，生成“图层 1”，“图层”面板如图 21-2 所示，得到的图效果如图 21-3 所示。

图21-2

图21-3

03 执行【编辑】/【自由变换】命令（Ctrl+T），调出自由变换框，调整图像的大小与位置，得到的图像效果如图 21-4 所示。在图像中单击鼠标右键，在弹出的下拉菜单中选择“水平翻转”选项，按 Enter 键确认变换，得到的图像效果如图 21-5 所示。

图21-4

图21-5

04 在“图层”面板中，将“图层 1”的图层混合模式设置为“正片叠底”,“图层”面板如图 21-6 所示，得到的图效果如图 21-7 所示。

图21-6

图21-7

技术看板：正片叠底混合模式

正片叠底是Photoshop CS4中图层混合模式的一种。

即查看每个通道中的颜色信息，并将基色与混合色复合。结果色总是较暗的颜色。任何颜色与黑色复合产生黑色。任何颜色与白色复合保持不变。当用黑色或白色以外的颜色绘画时，绘画工具绘制的连续描边产生逐渐变暗的颜色，如下图所示。

简单的解释：类似于在一个投影仪的光源前叠放两个或者以上的幻灯片形成的效果。根据这个解释，可以想象像出，这种叠加模式是忽略白色的。因为幻灯片的透明胶片被默认为白色，可以完全通过光线。所以，胶片上有非白色的图案才会被投影到幕布上。

05 按快捷键 Ctrl+T，调出自由变换框，在图像中单击鼠标右键，在弹出的下拉菜单中选择“变形”选项，根据人物的肩膀轮廓调整自由变换框，如图 21-8 所示，按 Enter 键确认变换，得到的图像效果如图 21-9 所示。

图21-8

图21-9

06 选择工具箱中的套索工具，在其工具选项栏中设置羽化为 20 像素，在图像中绘制选区，如图 21-10 所示。

图21-10

操作提示

对选区羽化后，在运用“曲线”调整时图像过渡比较自然；在实际操作时羽化值应根据图像需要设置。

07 单击“图层”面板上的创建新的填充或调整图层按钮 ，在弹出的下拉菜单中选择“曲线”选项，在“调整”面板中设置参数，如图21-11所示，得到的图像效果如图21-12所示。

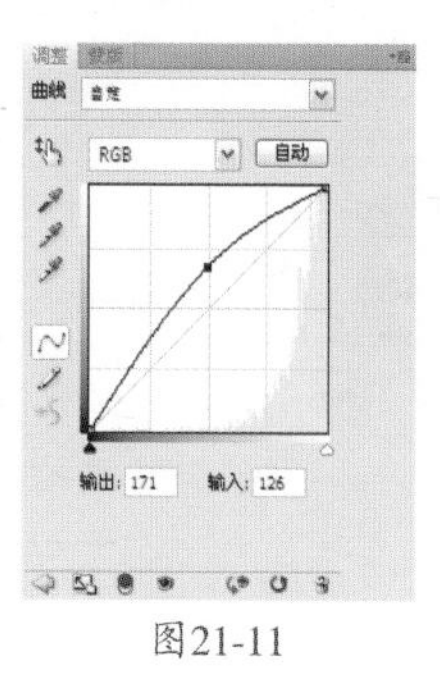

图21-11

图21-12

08 选择“图层1”，将其图层不透明度设置为80%，得到的图像效果如图21-13所示。

图21-13

视频 / 扩展视频 / 视频35 去除猫咪的红眼

课后复习——视频35 去除猫咪的红眼

Chapter 06
传统摄影的模拟技术

本章共11个案例，主要讲解没有特殊镜头等摄影器材的情况下，在后期处理中如何模拟传统摄影技术，如制作景深效果、模拟镜头爆炸效果、制作反转负冲效果等。

Effect 01 制作景深效果

难度系数：★★☆☆☆

视频教学 / CH 06 / 01制作景深效果

01 执行【文件】/【打开】命令（Ctrl+O），弹出“打开”对话框，选择需要的素材，单击“打开”按钮打开图像，如图 1-1 所示。

图1-1

02 将“背景”图层拖曳至“图层”面板中的创建新图层按钮上，得到“背景副本”图层，并将其图层混合模式设置为“叠加”，得到的图像效果如图 1-2 所示。

图1-2

03 单击“图层”面板上的创建新的填充或调整图层按钮，在弹出的下拉菜单中选择“色阶”选项，在“调整”面板中设置参数，如图 1-3 所示，得到的图像效果如图 1-4 所示。

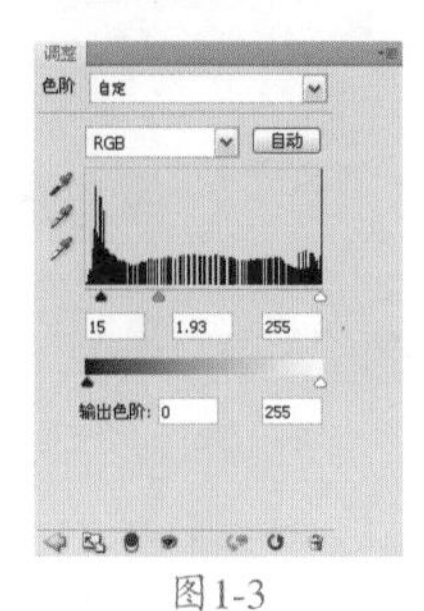

图1-3

图1-4

04 单击“色阶 1”调整图层蒙版缩览图，按 D 键将前景色和背景色恢复为默认颜色，按快捷键 Alt+Delete 填充前景色。将前景色设置为白色，选择工具箱中的画笔工具，在图像中人物处进行涂抹，“图层”面板如图 1-5 所示，得到的图像效果如图 1-6 所示。

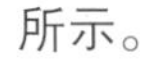

图1-5　　图1-6

05 按快捷键 Ctrl+Shift+Alt+E 盖印所有可见图层，生成“图层 1”。将“图层 1”拖曳至“图层”面板中的创建新图层按钮上，得到“图层 1 副本”图层，并将其隐藏。选择“图层 1”，执行【滤镜】/【模糊】/【高斯模糊】命令，弹出“高斯模糊”对话框，具体参数设置如图 1-7 所示；设置完毕后单击“确定”按钮，得到图像效果如图 1-8 所示。

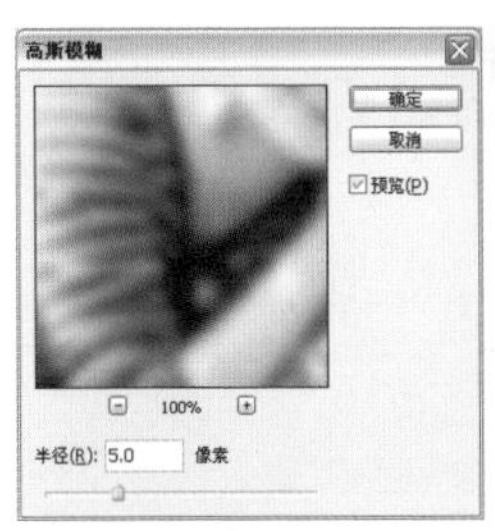

图1-7　　图1-8

06 显示并选择“图层 1 副本”图层，按住 Alt 键单击“图层”面板上的添加图层蒙版按钮，为“图层 1 副本”图层添加蒙版。将前景色设置为白色，选择工具箱中的画笔工具，在其工具选项栏中设置合适的笔刷及不透明度，在图像中人物区域进行涂抹，“图层”面板如图 1-9 所示，得到的图像效果如图 1-10 所示。

图1-9

图1-10

07 选择“图层 1”，单击“图层”面板上的创建新的填充或调整图层按钮，在弹出的下拉菜单中选择“色阶”选项，在“调整”面板中设置参数，如图 1-11 所示，得到的图像效果如图 1-12 所示。

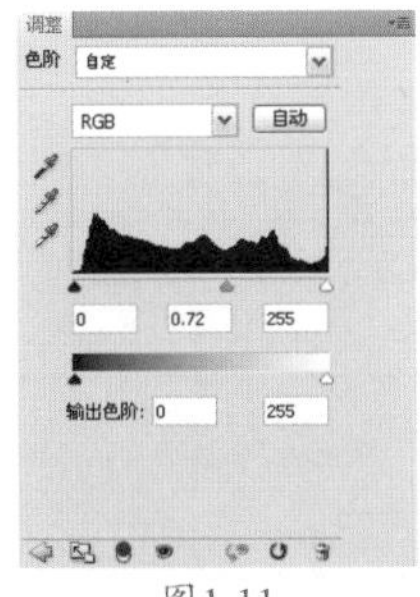

图1-11

图1-12

操作提示

“色阶”调整命令主要用于调整图像的阴影、中间调和高光之间的强度关系，在调整图像的中间调时，不会对图像的阴影和高光产生太大的影响。

08 选择工具箱中的画笔工具和横排文字工具，为图像添加点缀元素，得到的图像效果如图 1-13 所示。

图1-13

Effect 02 模拟镜头爆炸效果

难度系数：★☆☆☆☆

视频教学 / CH 01 / 02模拟镜头爆炸效果

01 执行【文件】/【打开】命令（Ctrl+O），弹出的“打开”对话框，选择需要的素材，单击“打开”按钮打开图像，如图 2-1 所示。

图2-1

02 单击“图层”面板上的创建新的填充或调整图层按钮 ，在弹出的下拉菜单中选择“可选颜色”选项，在“调整”面板中设置参数，如图 2-2 和图 2-3 所示，得到的图像效果如图 2-4 所示。

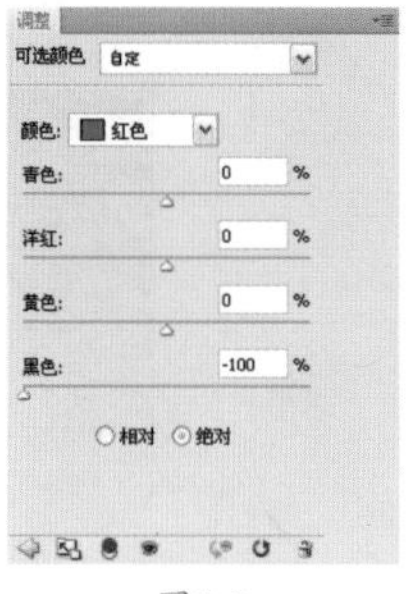

图2-2

图2-3

图2-4

技术看板：可选颜色命令调整指定颜色

“可选颜色”调整图层可通过选择指定的颜色对其进行调整，并不影响其他颜色色值。案例中，通过使用“可选颜色”调整图层，对人物脸部皮肤颜色进行调整，方便、快捷。

下图将举例说明，通过简单的数值调整，即可改变图像中需要改变的颜色。

03 按快捷键Ctrl+Shift+Alt+E盖印所有可见图层，生成“图层1”，将“图层1”拖曳至“图层”面板中的创建新图层按钮上，得到“图层1副本”图层，并将其隐藏。选择“图层1”，执行【滤镜】/【模糊】/【径向模糊】命令，弹出“径向模糊”对话框，具体参数设置如图2-5所示，设置完毕后单击“确定”按钮，得到的图像效果如图2-6所示。

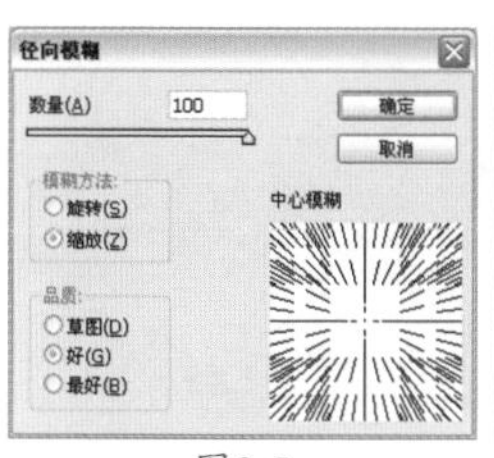

图2-5

图2-6

04 显示并选择“图层1副本”图层，选择工具箱中的套索工具，在图像中如图2-7所示进行绘制选区。

图2-7

05 执行【选择】/【修改】/【羽化】命令，弹出“羽化选区”对话框，羽化半径设置为20，设置完毕后单击“确定”按钮。单击“图层”面板上的添加图层蒙版按钮，为“图层1副本”图层添加蒙版，得到的图像效果如图2-8所示。

图2-8

视频 / 扩展视频 / 视频36 制作炫美逆光效果

课后复习——视频36 制作炫美逆光效果

Effect 03 模拟动感镜头

难度系数：★☆☆☆☆

视频教学 / CH 06 / 03模糊动感镜头

01 执行【文件】/【打开】命令（Ctrl+O），弹出“打开”对话框，选择需要的素材，单击“打开”按钮打开图像，如图 3-1 所示。

图3-1

02 单击“图层”面板中的创建新的填充或调整图层按钮，在弹出的下拉菜单中选择“色阶”选项，在“调整”面板中设置参数，如图 3-2 所示，得到的图像效果如图 3-3 所示。

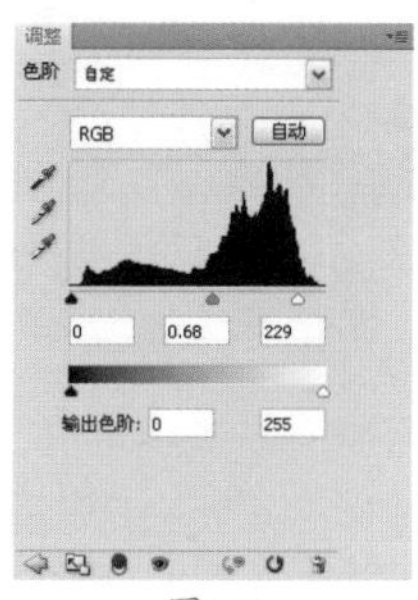

图3-2

图3-3

03 按快捷键Ctrl+Shift+Alt+E盖印所有可见图层，生成“图层 1”。将“图层 1”拖曳至“图层”面板中的创建新图层按钮上，得到“图层 1 副本”图层，并将其隐藏。选择“图层 1”，执行【滤镜】/【模糊】/【径向模糊】命令，弹出“径向模糊”对话框，具体参数设置如图 3-4 所示，设置完毕后单击“确定”按钮，得到的图像效果如图 3-5 所示。

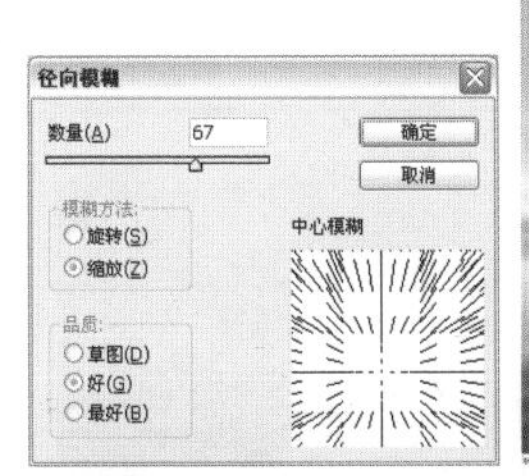

图3-4

图3-5

04 显示并选择“图层 1 副本”图层，并将其图层混合模式设置为“强光”，得到的图像效果如图 3-6 所示。

图3-6

操作提示

“强光”模式将产生一种强光照射的效果，根据当前层颜色的明暗程度来决定最终的效果变亮还是变暗。

05 单击“图层”面板上的添加图层蒙版按钮，为“图层 1 副本”图层添加蒙版。将前景色设置为黑色，选择工具箱中的画笔工具，在其工具选项栏中设置合适的笔刷及不透明度，在图像中模糊过度处进行涂抹，“图层”面板如图 3-7 所示，得到的图像效果如图 3-8 所示。

图3-7

图3-8

视频 / 扩展视频 / 视频37　制作绚烂的艺术春天

课后复习——视频 37 制作绚烂的艺术春天

Effect 04　仿制老照片效果

难度系数：★☆☆☆☆

视频教学 / CH 06 / 04仿制老照片效果

执行【文件】/【打开】命令（Ctrl+O），弹出“打开”对话框，选择需要的素材，单击“打开”按钮打开图像，如图 4-1 所示。

图4-1

02 将“背景”拖曳至“图层”面板中的创建新图层按钮 上,得到“背景副本”图层。执行【滤镜】/【纹理】/【颗粒】命令，弹出“颗粒”对话框，具体参数设置如图 4-2 所示，设置完毕后单击“确定”按钮，得到的图像效果如图 4-3 所示。

图4-2

图4-3

技术看板：颗粒命令下的多种颗粒效果

【颗粒】滤镜中包含常规、软化、喷洒、结块、强反差、扩大、点刻、水平、垂直和斑点多种颗粒效果。下面将通过图片效果将不同的颗粒效果呈现出来。

喷洒:

03 单击“图层”面板上的创建新的填充或调整图层按钮，在弹出的下拉菜单中选择“纯色”选项，弹出“拾取实色”对话框，具体参数设置如图4-4所示，设置完毕后单击“确定”按钮，并将其图层混合模式设置为“颜色”，得到的图像效果如图4-5所示。

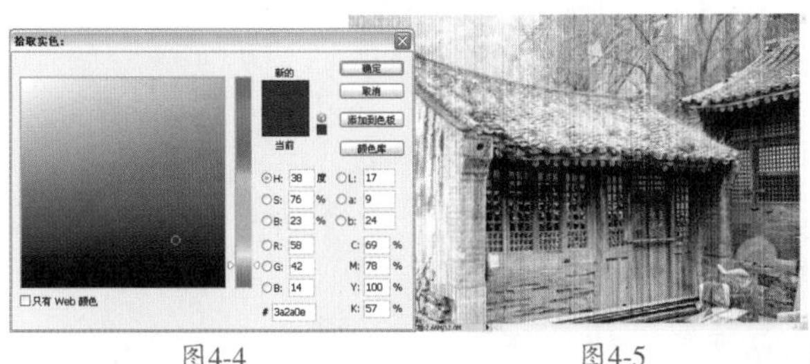

图4-4 图4-5

04 单击“图层”面板上的创建新的填充或调整图层按钮，在弹出的下拉菜单中选择“亮度/对比度”选项，在“调整”面板中设置参数，如图4-6所示，得到的图像效果如图4-7所示。

图4-6 图4-7

05 按快捷键Ctrl+Shift+Alt+E盖印所有可见图层，生成“图层1”。按快捷键Ctrl+T调出自由变换框，调整图像大小，如图4-8所示设置前景色色值，设置完毕后单击“确定”按钮。

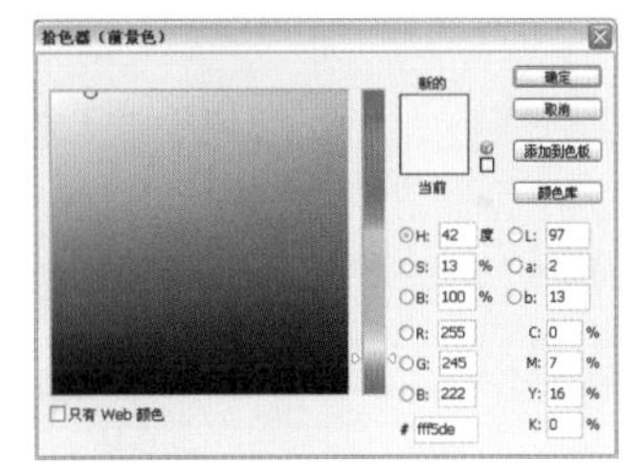

图4-8

06 单击“图层”面板上的创建新图层按钮，新建“图层2”并将其移至“图层1”下方。按快捷键Alt+Delete填充前景色，得到的图像效果如图4-9所示。

图4-9

07 按住 Ctrl 键分别单击“图层 1”和“图层 2”，按快捷键 Ctrl+Alt+E 合并图层，得到“图层 1（合并）”图层，并按快捷键 Ctrl+T 调出自由变换框，调整图像大小。单击“图层”面板上的添加图层样式按钮 fx.，在弹出的下拉菜单中选择“投影”选项，弹出“图层样式”对话框，具体参数设置如图 4-10 所示，设置完毕后单击“确定”按钮，得到的图像效果如图 4-11 所示。

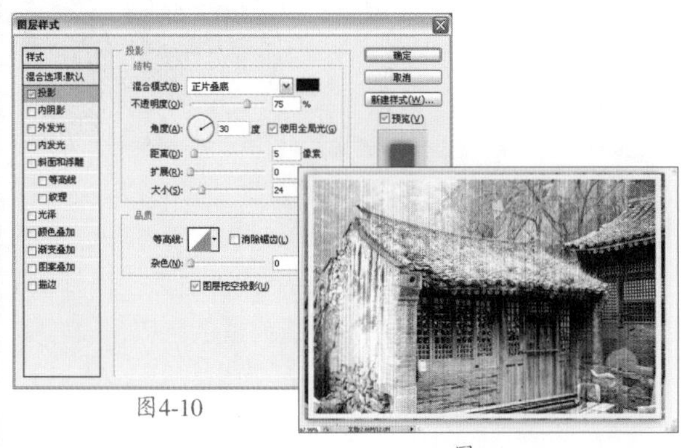

图4-10

图4-11

操作提示

按快捷键Ctrl+Alt+E合并图层，将生成新的图层并保留原有图层，方便下一步的操作。

08 单击“图层”面板上的创建新图层按钮，新建“图层 3”，并将其移至“图层 1（合并）”图层下方。将前景色设置为白色，按快捷键 Alt+Delete 填充前景色，得到的图像效果如图 4-12 所示。

图4-12

视频 / 扩展视频 / 视频38 调出照片饱满的色彩

课后复习——视频 38 调出照片饱满的色彩

Effect 05 制作照片底片效果

难度系数：★★★☆☆

视频教学 / CH 06 / 05制作照片底片效果

01 执行【文件】/【新建】命令（Ctrl+N），弹出“新建”对话框，具体参数设置如图 5-1 所示，设置完毕后单击“确定”按钮，新建文档。

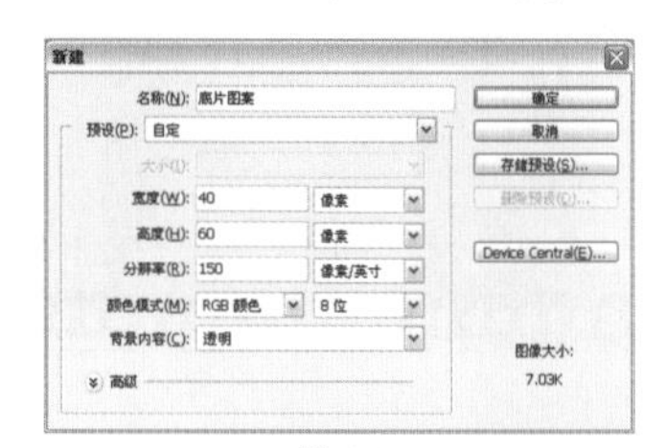

图5-1

02 将前景色设置为黑色，按快捷键 ALt+Delete 填充前景色。选择工具箱中的圆角矩形工具，在其工具选项栏中设置半径为 10，在图像中绘制，并按快捷键 Ctrl+Enter 将路径转化为选区，按 Delete 删除选区内的图像，如图 5-2 所示。

图5-2

03 按快捷键 Ctrl+D 取消选择。执行【编辑】/【定义图案】命令，弹出“图案名称”对话框，单击“确定”按钮。执行【文件】/【打开】命令（Ctrl+O），弹出“打开”对话框，选择需要的素材，单击“打开”按钮打开图像，如图 5-3 所示。

图5-3

04 将“背景”图层拖曳至“图层”面板中的创建新图层按钮上，得到“背景副本”图层，按快捷键 Ctrl+T 调出自由变换框，调整图像大小。选择“背景”图层，并填充白色，得到的图像效果如图 5-4 所示。

图5-4

05 选择“背景副本”图层，单击“图层”面板上的创建新图层按钮，新建“图层 1”。按 Ctrl 键单击“背景副本”图层，调出其选区，并填充白色，图像效果如图 5-5 所示。

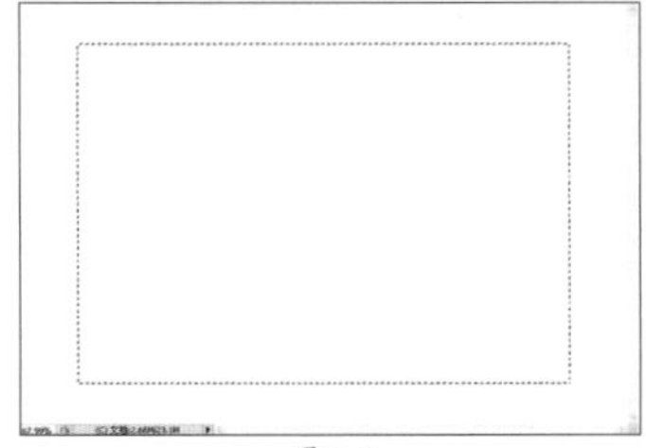

图5-5

06 按快捷键 Ctrl+D 取消选择。在“图层”面板上将“图层 1”的图层混合模式设置为“差值”，得到的图像效果如图 5-6 所示。

图5-6

07 选择工具箱中的矩形选框工具，在图像中如图 5-7 所示绘制矩形选区。

08 单击“图层”面板上创建新的填充或调整图层按钮，在弹出的下拉菜单中选择“图案”选项，弹出“图案填充”对话框，具体参数设置如图 5-8 所示，设置完毕后单击“确定”按钮，得到的图像效果如图 5-9 所示。

图5-7

图5-8　　图5-9

09 将“图案填充 1”调整图层拖曳至“图层”面板中的创建新图层按钮上，得到“图案填充 1 副本”调整图层，并对其进行调整，得到的图像效果如图 5-10 所示。

图5-10

10 单击“图层”面板上的创建新图层按钮，新建“图层 2”，移至“图层 1”上方。选择工具箱中的矩形选框工具，在图像中绘制矩形选区，并填充黑色，按快捷键 Ctrl+D 取消选择，得到的图像效果如图 5-11 所示。

图5-11

11 将“图层 2”拖曳至“图层”面板中的创建新图层按钮 上，得到“图层 2 副本”图层。选择工具箱中的移动工具，调整图像位置，得到的图像效果如图 5-12 所示。

图5-12

12 按住 Ctrl 键分别单击“图层 1”和“背景副本”图层，并按快捷键 Ctrl+Alt+E 合并图层，得到“图层 1(合并)”图层，调整图像位置。并将其拖曳至“图层”面板中的创建新图层按钮 上，得到“图层 1(合并) 副本”图层，调整图像，得到的图像效果如图 5-13 所示。

图5-13

13 选择“图案填充 1 副本”调整图层，隐藏“背景”图层，按快捷键 Ctrl+Shift+Alt+E 盖印所有可见图层，生成“图层 3”。隐藏除“背景”图层和“图层 3”以外的所有图层。选择“图层 3”，按快捷键 Ctrl+T 调出自由变换框，调整图像大小及角度，得到的图像效果如图 5-14 所示。

图5-14

操作提示

单击图层缩览图前的指示图层可见性按钮，可隐藏或显示图层。

14 单击“图层”面板上的添加图层样式按钮 fx.，在弹出的下拉菜单中选择“投影”选项，弹出“图层样式”对话框，具体参数设置如图 5-15 所示。设置完毕后单击“确定”按钮，得到的图像效果如图 5-16 所示。

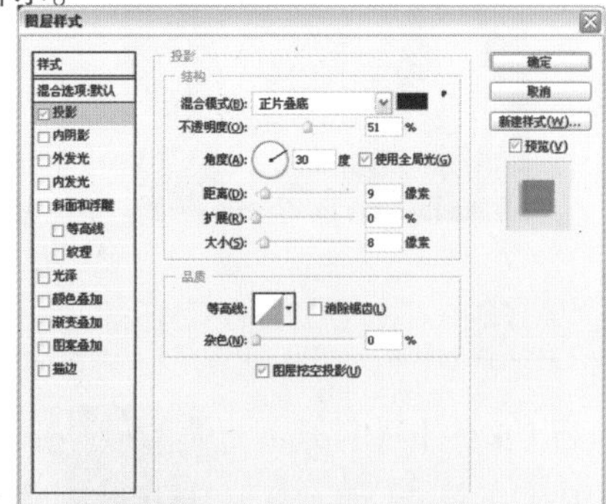

图5-15

图5-16

15 为图像添加背景效果，得到的图像效果如图 5-17 所示。

图5-17

Effect 06 制作整版2寸照

难度系数：★★★☆☆

视频教学 / CH 06 / 06制作整版2寸照

01 执行【文件】/【打开】命令（Ctrl+O），弹出"打开"对话框，选择需要的素材图像，单击"打开"按钮，如图6-1所示。

图6-1

02 选择工具箱中的裁剪工具，在主文档中拖曳出如图6-2所示的裁剪框，按Enter键确定裁剪，裁剪后的图像效果如图6-3所示。

图6-2

图6-3

操作提示

这里裁剪的是标准证件照片，其比例是11:16，在裁切过程中可以参考"信息"面板。

03 单击"图层"面板上的创建新的填充或调整图层按钮，在弹出的下拉菜单中选择"色彩平衡"选项，弹出"色彩平衡"对话框，如图6-4、图6-5和图6-6所示进行设置，设置完毕后单击"确定"按钮生成"色彩平衡1"调整图层。按快捷键Ctrl+Alt+G为图层创建剪贴蒙版，如图6-7所示。

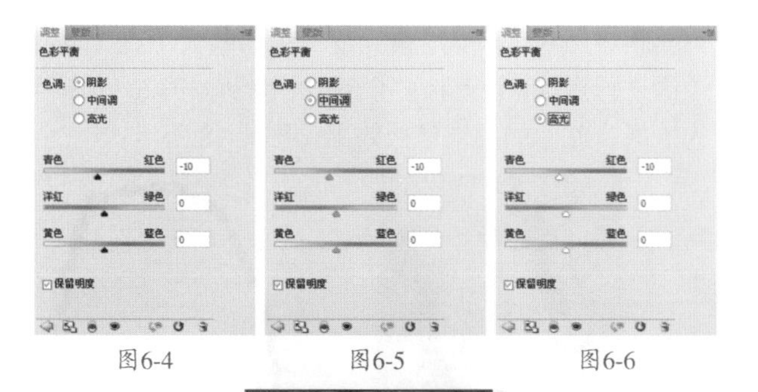

图6-4 图6-5 图6-6

图6-7

04 单击“图层”面板上的创建新的填充或调整图层按钮，在弹出的下拉菜单中选择“色阶”选项，弹出“色阶”对话框，如图 6-8 进行设置。设置完毕后单击“确定”按钮，生成“色阶 1”调整图层。按快捷键 Ctrl+Alt+G 为图层创建剪贴蒙版，如图 6-9 所示。

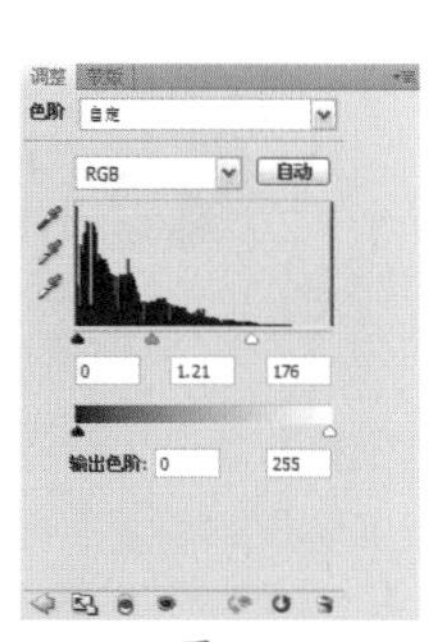

图6-8

图6-9

05 单击“图层”面板上的创建新的填充或调整图层按钮，在弹出的下拉菜单中选择“曲线”选项，弹出“曲线”对话框，如图 6-10 进行设置，设置完毕后单击“确定”按钮，生成“曲线 1”调整图层。按快捷键 Ctrl+Alt+G 为图层创建剪贴蒙版，如图 6-11 所示。

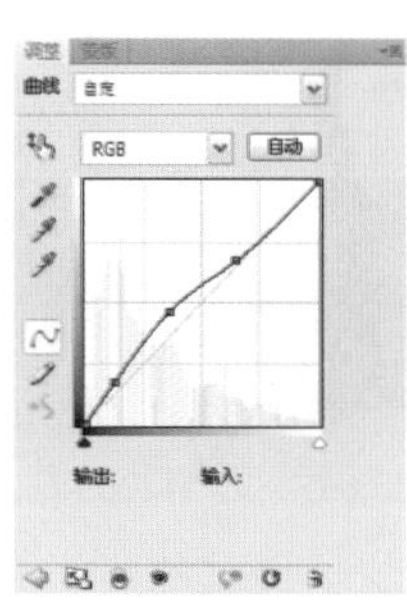

图6-10

图6-11

06 选择最上方的“曲线 1”调整图层，按快捷键 Ctrl+Alt+Shift+E 盖印，生成“图层 1”，选择工具箱中的修补工具，在人物面部有黑斑的地方画出一个选区，然后拖动到面部较光滑的部位，以修补掉黑斑，图像效果如图 6-12 所示。

图6-12

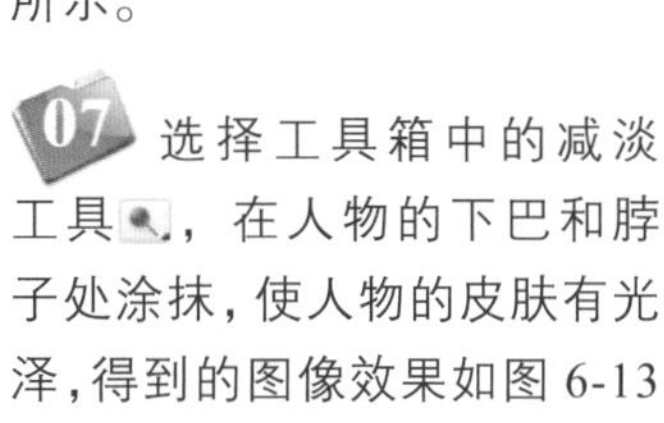

07 选择工具箱中的减淡工具，在人物的下巴和脖子处涂抹，使人物的皮肤有光泽，得到的图像效果如图 6-13 所示。

图6-13

08 执行【滤镜】/【抽出】命令，弹出“抽出”对话框，具体参数设置如图 6-14 所示，设置完毕后单击“确定”按钮，得到的图像效果如图 6-15 所示。

图6-14

图6-15

操作提示

这时抽出的人物图像边缘非常不光滑，不要紧，后面我们将用蒙版来做最后修饰。

09 单击“图层”面板上的创建新图层按钮，新建“图层 2”，将前景色的色值设置为 R230、G0、B18，按快捷键 Alt+Delete 填充前景色。将“图层 2”拖曳至“图层 1”的下方，得到的图像效果如图 6-16 所示。

图6-16

10 单击“图层”面板上的添加图层蒙版按钮，为“图层 2”添加蒙版，将前景色设置为黑色，选择工具箱中画笔工具，设置适当的画笔大小在头发的边缘进行涂抹，以遮挡多余部分，得到如图 6-17 所示的效果，此时的图层蒙版效果如图 6-18 所示。

图6-17

图6-18

11 单击“背景”图层缩览图前的指示图层可见性按钮，将其隐藏，选择“图层 1”，按快捷键 Ctrl+Alt+Shift+E 盖印所有可见图层，生成“图层 3”。执行【图像】/【画布大小】命令，弹出“画布大小”对话框，具体设置如图 6-19 所示，设置完毕后单击“确定”按钮，得到的图像效果如图 6-20 所示。

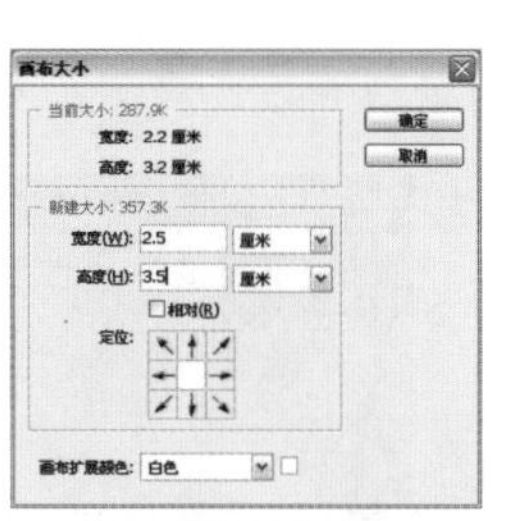

图6-19

图6-20

12 执行【编辑】/【定义图案】命令，弹出“定义图案”对话框，弹出“图案名称”对话框，不做设置，单击“确定”按钮。执行【文件】/【新建】命令（Ctrl+N），弹出“新建”对话框，具体参数设置如图 6-21 所示，设置完毕后单击“确定”按钮新建文档。

图6-21

13 选择上一步定义的图案，在工具箱中选择油漆桶工具，在图像中单击得到如图 6-22 所示的图像效果。

图6-22

14 执行【文件】/【新建】命令（Ctrl+N），弹出“新建”对话框，具体参数设置如图 6-23 所示，设置完毕后单击“确定”按钮新建文档。

图6-23

15 选择工具箱中的移动工具将其拖曳至新建文档中，生成“图层 1”，单击“图层”面板上的创建新图层按钮，生成“图层 2”，选择工具箱中的椭圆选框工具，羽化值设置为 30px，在文档中绘制如图 6-24 所示的选区，将前景色设置为黑色，按快捷键 Alt+Delete 填充前景色，将“图层 2”拖曳至“图层 1”的下方，按快捷键 Ctrl+D 取消选择，得到的图像效果如图 6-25 所示。

图6-24

图6-25

16 选择“图层 2”，将其拖曳至“图层”面板中的创建新图层按钮上，得到“图层 2 副本”图层，将其拖曳至“图层 1”的下方，并移动至如图 6-26 所示的位置。

图6-26

17 选择工具箱中的椭圆选框工具，在其工具选项栏中将羽化值设置为 30px，在文档中绘制如图 6-27 所示的选区，将前景色设置为黑色，按快捷键 Alt+Delete 填充前景色，按快捷键 Ctrl+D 取消选择，得到的图像效果如图 6-28 所示。

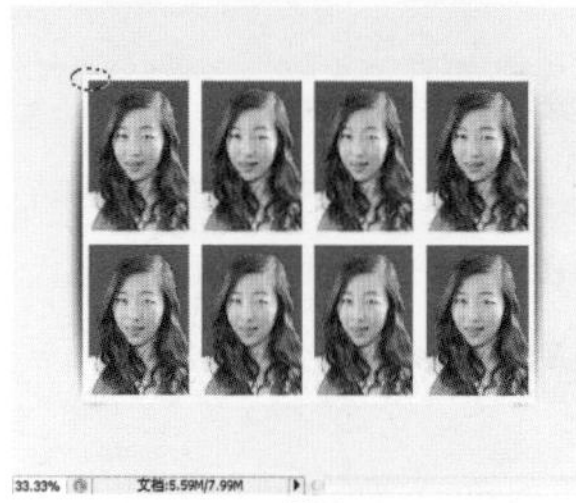

图6-27

图6-28

18 将前景色设置为白色，选择工具箱中的钢笔工具，在其选项栏中单击形状图层按钮，绘制如图6-29 所示的闭合路径。

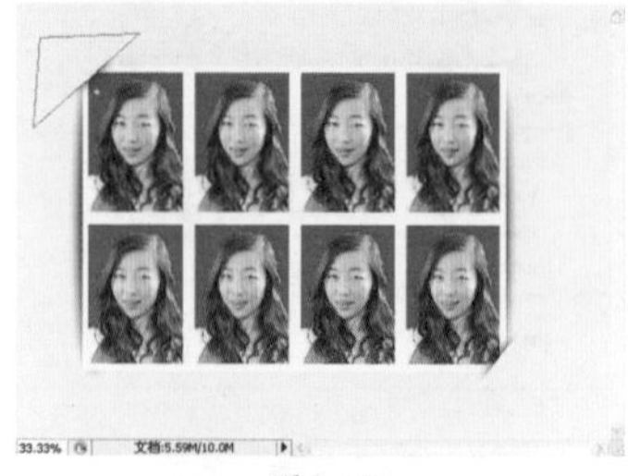

图6-29

19 用同样的方法绘制右下角的形状图像，最终效果如图 6-30 所示。

图6-30

视频 / 扩展视频 / 视频39　制作贴纸照片

课后复习——视频 39 制作贴纸照片

Effect 07 模拟传统底片的颗粒感

难度系数：★★☆☆☆

视频教学 / CH 06 / 07模拟传统底片的颗粒感

01 执行【文件】/【打开】命令（Ctrl+O），弹出的“打开”对话框，选择需要的素材，单击“打开”按钮打开图像，如图 7-1 所示。

图7-1

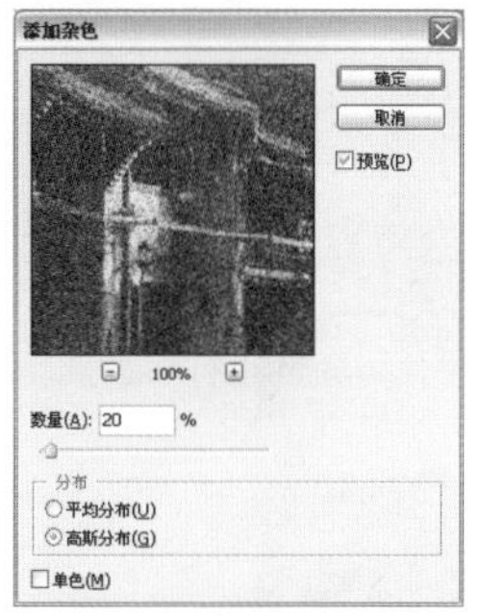

图7-2

图7-3

02 将“背景”图层拖曳至“图层”面板中的创建新图层按钮上，得到“背景副本”图层。执行【滤镜】/【杂色】/【添加杂色】命令，弹出“添加杂色”对话框，具体参数设置如图 7-2 所示，设置完毕后单击“确定”按钮，得到的图像效果如图 7-3 所示。

03 在“图层”面板上将其图层混合模式设置为“变暗”，得到的图像效果如图 7-4 所示。

图7-4

Effect 08 制作反转负冲片

难度系数：★★☆☆☆

 视频教学 / CH 06 / 08制作反转负冲片

01 执行【文件】/【打开】命令（Ctrl+O），弹出“打开”对话框，选择需要的素材，单击“打开”按钮打开图像，如图 8-1 所示。

图8-1

02 将“背景”图层拖曳至“图层”面板中的创建新图层按钮上，得到“背景副本”图层。切换至“通道”面板，选择“蓝”通道，执行【图像】/【调整】/【应用图像】命令，弹出“应用图像”对话框，具体参数设置如图 8-2 所示，设置完毕后单击“确定”按钮。

图8-2

03 选择“绿”通道，执行【图像】/【调整】/【应用图像】命令，弹出“应用图像”对话框，具体参数设置如图 8-3 所示，设置完毕后单击“确定”按钮。

图8-3

04 选择“红”通道，执行【图像】/【调整】/【应用图像】命令，弹出“应用图像”对话框，具体参数设置如图 8-4 所示，设置完毕后单击“确定”按钮。

图8-4

技术看板：应用图像命令概述

“应用图像”命令可以将图像的图层和通道（源）与当前所用图像（目标）的图层和通道混合，从而得到单个调整命令无法得到的特殊效果。

目标：显示当前图像的名称、所在图层及颜色模式。

混合：在其下拉列表框中选择图层和通道的混合模式，达到不同的效果。

注意需要根据素材的不同进行调整，从而也会得到意想不到的特殊效果。

05 选择“RGB”通道，返回“图层”面板，得到的图像效果如图 8-5 所示。

图8-5

06 单击“图层”面板上的创建新的填充或调整图层按钮，在弹出的下拉菜单中选择“亮度 / 对比度”选项，在“调整”面板中设置参数，如图 8-6 所示，得到的图像效果如图 8-7 所示。

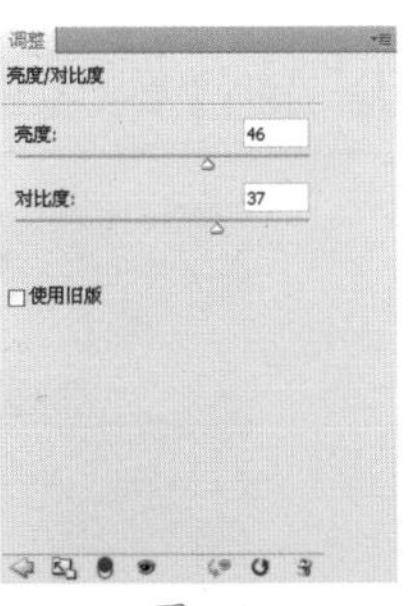

图8-6

图8-7

07 单击“图层”面板上的创建新的填充或调整图层按钮，在弹出的下拉菜单中选择“色相 / 饱和度”选项，在“调整”面板中设置参数，如图 8-8 所示，得到的图像效果如图 8-9 所示。

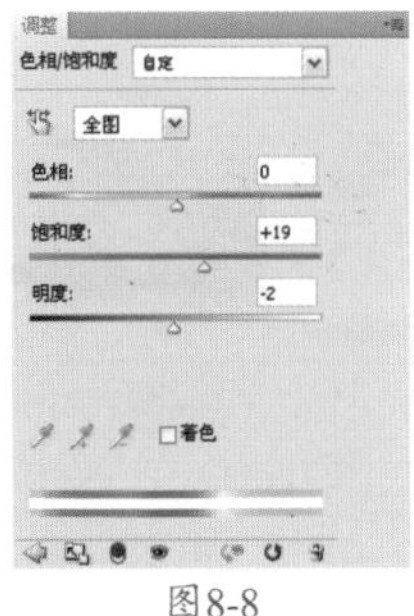

图8-8

图8-9

08 选择工具箱中的矩形选框工具、自定形状工具和横排文字工具，为图像添加点缀图，得到的图像效果如图 8-10 所示。

图8-10

Effect 09 利用图层混合模式制作柔光效果

难度系数：★☆☆☆☆

视频教学 / CH 06 / 09利用图层混合模式制作柔光效果

01 执行【文件】/【打开】命令（Ctrl+O），弹出“打开”对话框，选择需要的素材，单击“打开”按钮打开图像，如图 9-1 所示。

图9-1

02 将“背景”图层拖曳至“图层”面板中的创建新图层按钮上，得到“背景副本”图层，并将其图层混合模式设置为“叠加”，得到的图像效果如图 9-2 所示。

图9-2

03 按快捷键 Ctrl+Alt+Shift+E 盖印所有可见图层，生成“图层 1”。执行【滤镜】/【模糊】/【高斯模糊】命令，弹出“高斯模糊”对话框，具体参数设置如图 9-3 所示，设置完毕后单击“确定”按钮，得到的图像效果如图 9-4 所示。

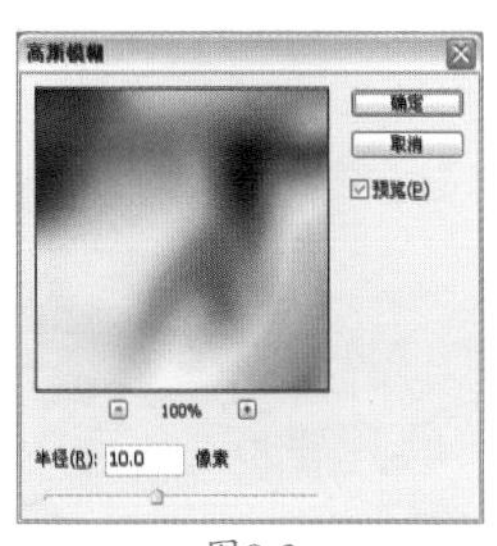

图9-3

图9-4

04 在“图层”面板上将其图层混合模式设置为“变亮”。单击“图层”面板上的添加图层蒙版按钮，将前景色设置为黑色，选择工具箱中的画笔工具，在其工具选项栏中设置合适的笔刷及不透明度，在图像中人物区域进行涂抹，“图层”面板如图 9-5 所示，得到的图像效果如图 9-6 所示。

05 按快捷键 Ctrl+Alt+Shift+E 盖印所有可见图层，生成“图层 2”。在“图层”面板上将其图层混合模式设置为“滤色”，不透明度设置为 60%。单击“图层”面板上的添加图层蒙版按钮，将前景色设置为黑色，选择工具箱中的画笔工具，在其工具选项栏中设置合适的笔刷及不透明度，在图像太亮处进行涂抹，“图层”面板如图 9-7 所示，得到的图像效果如图 9-8 所示。

图9-5

图9-6

图9-7

图9-8

视频 / 扩展视频 / 视频40 制作聚焦光效果

课后复习——视频 40 制作聚焦光效果

Effect 10 水波倒影

难度系数：★★☆☆☆

视频教学 / CH 06 / 10水波倒影

01 执行【文件】/【打开】命令（Ctrl+O），弹出“打开”对话框，选择需要的素材，单击“打开”按钮打开图像，如图 10-1 所示。

图10-1

02 单击“图层”面板上的创建新的填充或调整图层按钮，在弹出的下拉菜单中选择“色阶”选项，在“调整”面板中设置参数，如图 10-2 所示，得到的图像效果如图 10-3 所示。

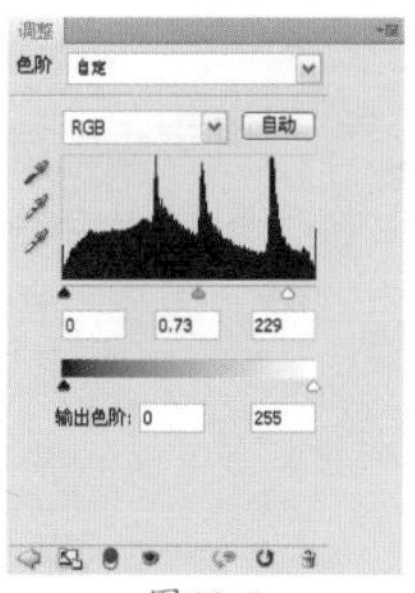

图10-2

图10-3

03 按快捷键 Ctrl+Shift+Alt+E 盖印所有可见图层，生成“图层 1”。执行【编辑】/【变换】/【垂直翻转】命令，并对其进行调整，得到的图像效果如图 10-4 所示。

图10-4

04 执行【滤镜】/【模糊】/【动感模糊】命令，弹出“动感模糊”对话框，具体参数设置如图 10-5 所示，设置完毕后单击“确定”按钮，得到的图像效果如图 10-6 所示。

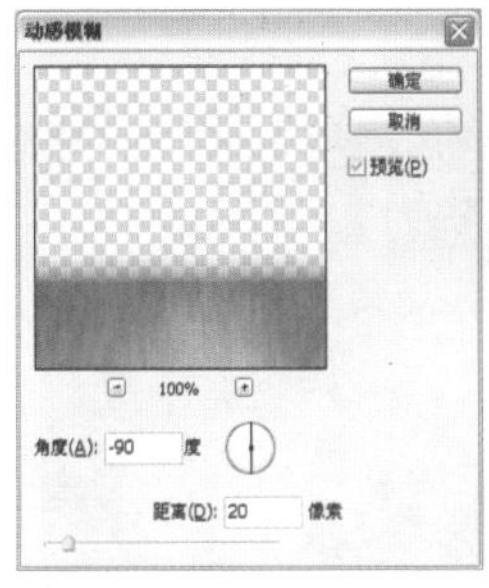

图10-5

图10-6

05 在“图层”面板上将其图层不透明度设置为 80%。单击“图层”面板上的添加图层蒙版按钮，为“图层 1”添加蒙版。将前景色设置为黑色，选择工具箱中的画笔工具，在其工具选项栏中设置合适的笔刷及不透明度，在图像中进行涂抹，“图层”面板如图 10-7 所示，得到的图像效果如图 10-8 所示。

图10-7

图10-8

操作提示

添加图层蒙版的目的是使倒影和原图像的边缘更加柔和、逼真。

06 单击“图层”面板上的创建新的填充或调整图层按钮，在弹出的下拉菜单中选择“亮度 / 对比度”选项，在“调整”面板中设置参数，如图 10-9 所示，设置完毕后按快捷键 Ctrl+Alt+G 创建剪切蒙版，得到的图像效果如图 10-10 所示。

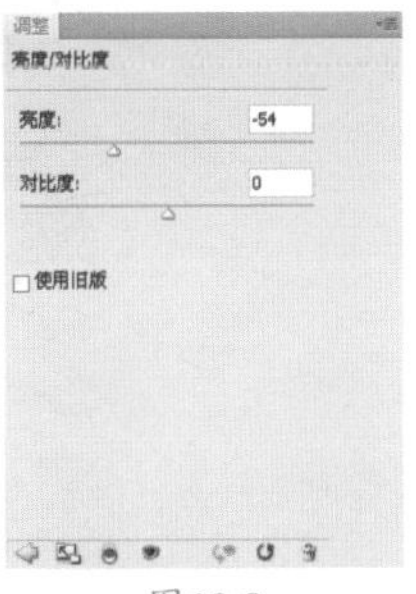

图10-9

图10-10

07 按 Ctrl 键分别单击“图层 1”和“亮度 / 对比度 1”调整图层，按快捷键 Ctrl+E 合并图层，得到“亮度 / 对比度 1（合并）”图层，并将“图层 1”和“亮度 / 对比度 1”调整图层隐藏。选择“亮度 / 对比度 1（合并）”图层，执行【滤镜】/【扭曲】/【海洋波纹】命令，弹出“海洋波纹”对话框，具体参数设置如图 10-11 所示，设置完毕后单击“确定”按钮，得到的图像效果如图 10-12 所示。

图10-11

图10-12

Effect 11 多源的光照效果

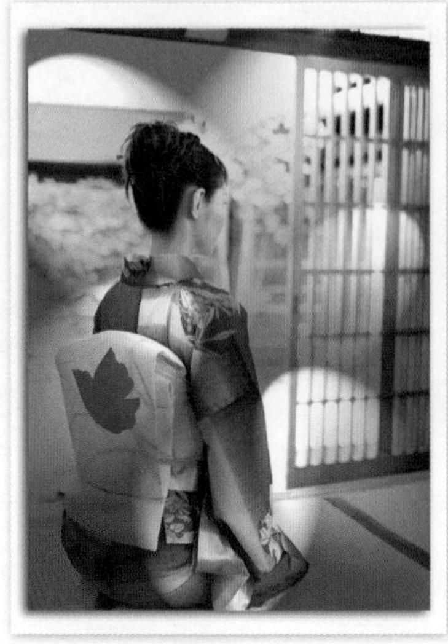

难度系数：★★☆☆☆

视频教学 / CH 06 / 11多源的光照效果

01 执行【文件】/【打开】命令（Ctrl+O），弹出“打开”对话框，选择需要的素材，单击“打开”按钮打开图像，如图 11-1 所示。

图11-1

02 将“背景”图层拖曳至“图层”面板中的创建新图层按钮上，得到“背景副本”图层，并将其图层混合模式设置为“叠加”，得到的图像效果如图 11-2 所示。

图11-2

03 单击“图层”面板上的创建新的填充或调整图层按钮，在弹出的下拉菜单中选择“可选颜色”选项，在“调整”面板中设置参数，如图 11-3 和图 11-4 所示，得到的图像效果如图 11-5 所示。

图11-3

图11-4

图11-5

04 按快捷键 Ctrl+Shift+Alt+E 盖印所有可见图层，生成“图层 1”，执行【滤镜】/【渲染】/【光照效果】命令，弹出“光照效果”对话框，具体参数设置如图 11-6 所示，设置完毕后单击“确定”按钮，得到的图像效果如图 11-7 所示。

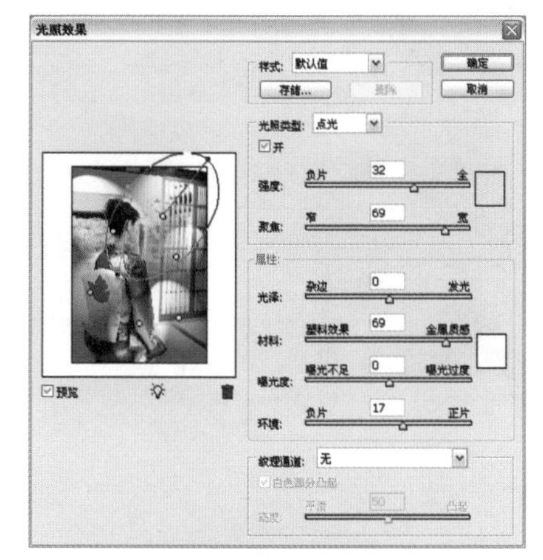

图11-6

图11-7

操作提示

添加光照效果时，按住Alt键拖动光源即可复制光源，得到多光源效果，并分别对其进行调整。

05 单击“图层”面板上的创建新的填充或调整图层按钮，在弹出的下拉菜单中选择“渐变”选项，弹出“渐变填充”对话框，具体参数设置如图 11-8 所示，设置完毕后单击“确定”按钮，并将其图层混合模式设置为“柔光”，不透明度设置为 30%，“图层”面板如图 11-9 所示，得到的图像效果如图 11-10 所示。

图11-8

图11-9

图11-10

06 按快捷键 Ctrl+Shift+Alt+E 盖印所有可见图层，生成“图层 2”，按快捷键 Ctrl+T 调出自由变换框，拖动变换框，调整图像，按 Enter 键确认变换。单击“图层”面板上的添加图层样式按钮，在弹出的下拉菜单中选择“投影”选项，弹出“图层样式”对话框，具体参数设置如图 11-11 所示，设置完毕后单击“确定”按钮。

07 单击“图层”面板上的创建新图层按钮，新建“图层 3”，并将其移至“图层 2”下方，填充白色，得到的图像效果如图 11-12 所示。

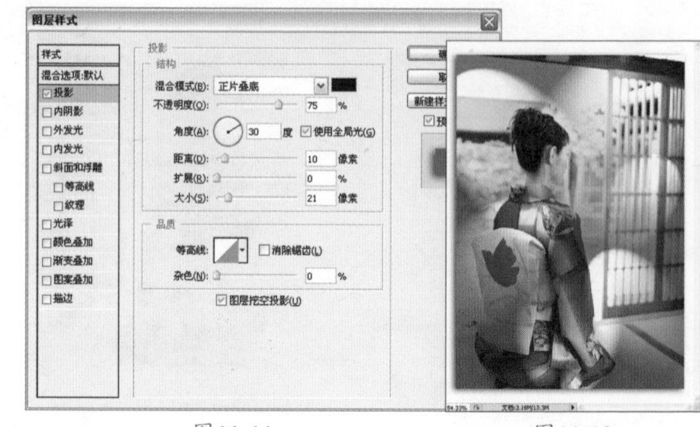

图11-11　图11-12

视频 / 扩展视频 / 视频41　制作朦胧玻璃特效

课后复习——视频 41 制作朦胧玻璃特效

视频 / 扩展视频 / 视频42　制作布面写意画

课后复习——视频 42 制作布面写意画

Chapter 07
数码照片的特效制作

本章共16个案例，主要讲解如何在后期处理中给数码照片加入特效，使其成为设计感十足的作品，如添加艺术边框、添加光影特效、制作水彩画效果等。

Effect 01　添加艺术边框

难度系数：★★☆☆☆

视频教学 / CH 07 / 01添加艺术边框

01 执行【文件】/【新建】命令（Ctrl+N），弹出“新建”对话框，具体参数设置如图 1-1 所示，设置完毕后单击“确定”按钮，得到的图像效果如图 1-2 所示。

图1-1

图1-2

02 执行【文件】/【打开】命令（Ctrl+O），弹出“打开”对话框，选择需要的素材图像，单击“打开”按钮，如图 1-3 所示。

图1-3

03 选择工具箱中的移动工具，将图像拖曳至主文档中，得到“图层 1”，按快捷键 Ctrl+T 调出自由变换框，拖动控制点调整其大小，如图 1-4 所示。

图1-4

04 选择工具箱中的矩形选框工具，在图像中如图 1-5 所示进行绘制。单击“图层”面板上的创建新图层按钮，新建“图层 2”，将前景色设置为 R26、G182、B148；背景色设置为 R31、G168、B193，执行【滤镜】/【渲染】/【云彩】命令，得到的图像效果如图 1-6 所示。

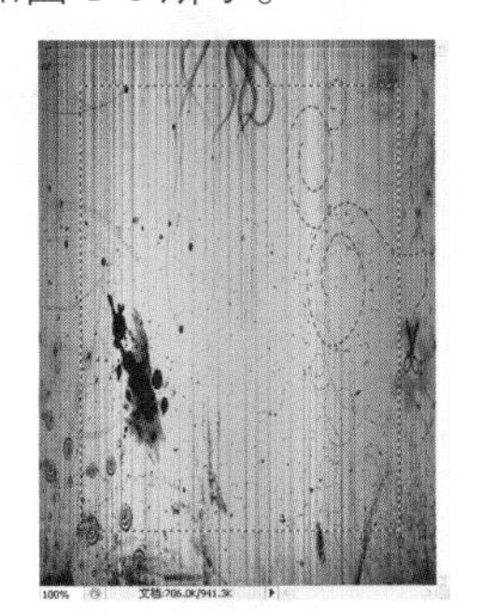

图1-5

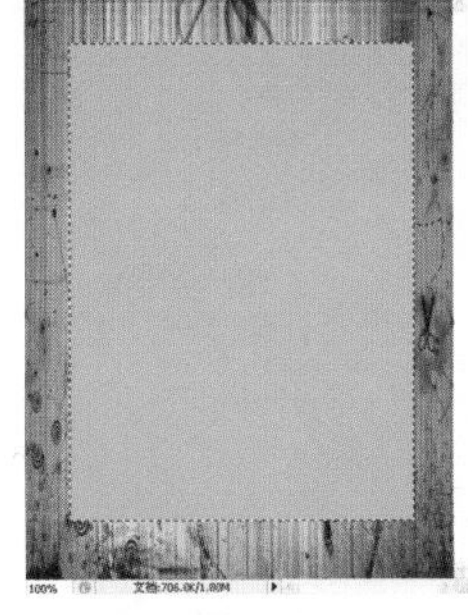

图1-6

05 选择工具箱中的以快速蒙版模式编辑按钮，进入快速蒙版编辑状态。执行【滤镜】/【画笔描边】/【喷溅】命令，弹出“喷溅”对话框，具体参数设置如图 1-7 所示，设置完毕后单击“确定”按钮，得到的图像效果如图 1-8 所示。

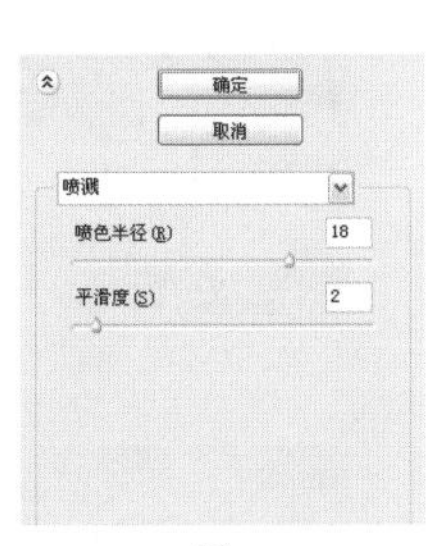

图1-7

图1-8

06 退出快速蒙版模式，按快捷键 Ctrl+Shift+I 反向，按 Delete 键删除选区内的图像，按快捷键 Ctrl+D 取消选择，得到的图像效果如图 1-9 所示。

图1-9

07 选择工具箱中的矩形选框工具，在图像中如图 1-10 所示进行绘制，执行【选择】/【修改】/【边界】命令，弹出“边界”对话框，具体参数设置如图 1-11 所示，得到的图像效果如图 1-12 所示。

图1-10

图1-11

图1-12

08 单击“图层”面板上的创建新图层按钮，新建“图层 3”，将前景色设置为 R65、G16、B169；背景色设置为 R23、G187、B174。执行【滤镜】/【渲染】/【云彩】命令，按快捷键 Ctrl+D 取消选择，得到的图像效果如图 1-13 所示。

图1-13

09 单击“图层”面板上的添加图层样式按钮，在弹出的下拉菜单中选择“内阴影”选项，弹出“图层样式”对话框，具体参数设置如图 1-14 所示。设置完毕后不关闭对话框，继续勾选“外发光”复选框，具体参数设置如图 1-15 所示，设置完毕后单击“确定”按钮，得到的图像效果如图 1-16 所示。

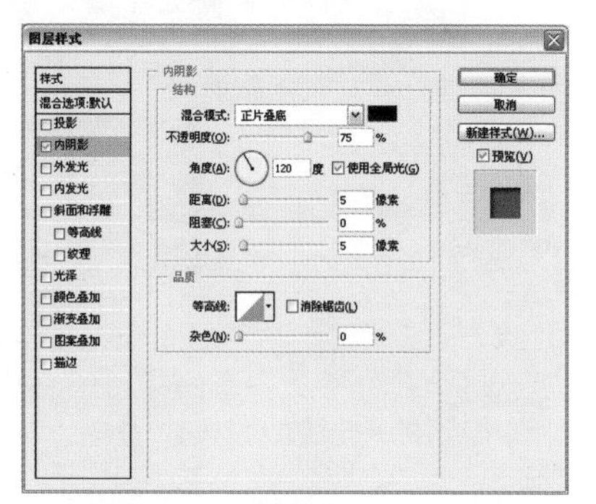

图1-14

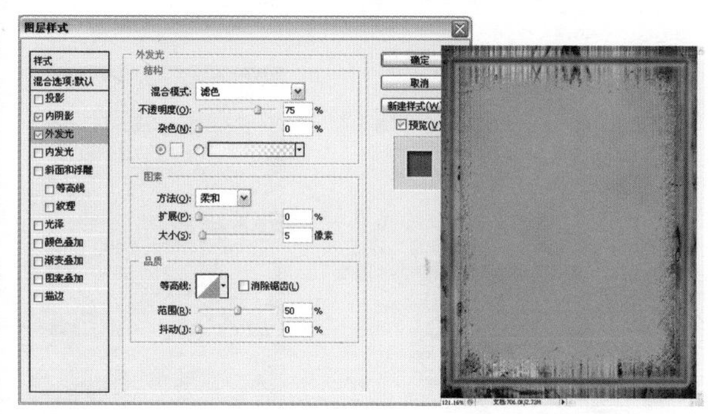

图1-15　　图1-16

10 单击“图层”面板上的创建新图层按钮，新建“图层 4”。选择工具箱中的矩形选框工具，在图像中如图 1-17 所示进行绘制。

图1-17

11 选择工具箱中的以快速蒙版模式编辑按钮，执行【滤镜】/【画笔描边】/【喷色描边】命令，弹出“喷色描边”对话框，具体参数设置如图 1-18 所示，设置完毕后单击“确定”按钮，得到的图像效果如图 1-19 所示。

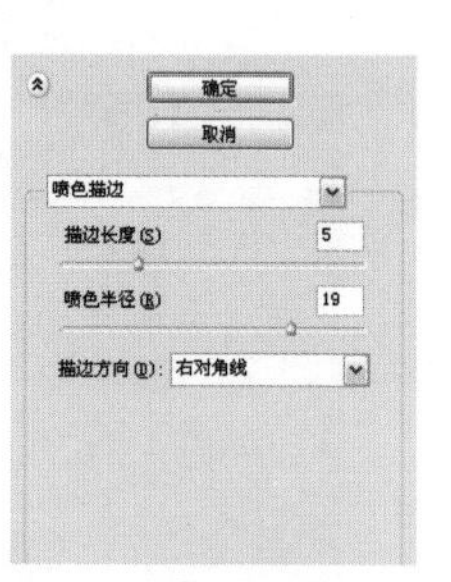

图1-18

图1-19

12 执行【滤镜】/【扭曲】/【旋转扭曲】命令，弹出“旋转扭曲”对话框，具体参数设置如图 1-20 所示，设置完毕后单击“确定”按钮，退出快速蒙版，得到的图像效果如图 1-21 所示。

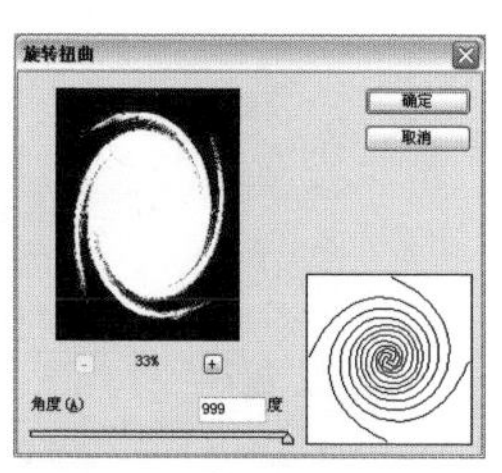

图1-20

图1-21

13 将前景色设置为 R238、G244、B149；背景色设置为 R191、G246、B241，执行【滤镜】/【渲染】/【云彩】命令，得到的图像效果如图 1-22 所示。

图1-22

14 在“图层”面板中将“图层 4”的混合模式设置为“溶解”，如图 1-23 所示，得到的图像效果如图 1-24 所示。

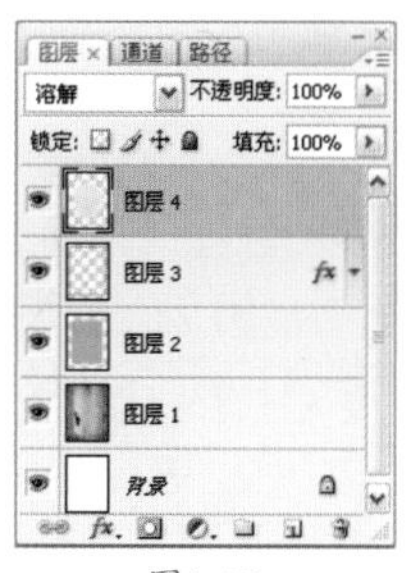

图1-23

图1-24

15 选择工具箱中的椭圆选框工具，在图像中如图 1-25 所示进行绘制，执行【选择】/【修改】/【羽化】命令，弹出“羽化”对话框，将羽化半径设置为 10，设置完毕后单击“确定”按钮。

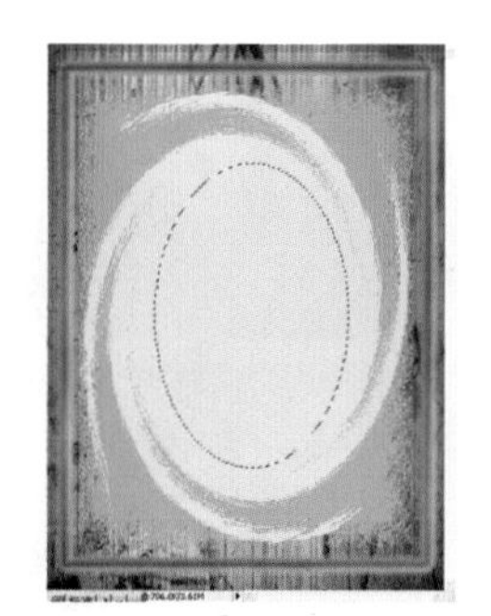
图1-25

16 执行【文件】/【打开】命令（Ctrl+O），弹出“打开”对话框，选择需要的素材图像，单击“打开”按钮，如图 1-26 所示。

图1-26

17 按快捷键 Ctrl+A 将全部图像载入选区，快捷键 Ctrl+C 复制。返回主文档中，执行【编辑】/【贴入】命令（Ctrl+Shift+V），得到“图层 5”。按快捷键 Ctrl+T 调出自由变换框，按住 Alt+Shift 键拖动控制点对图像进行等比例缩小调整，调整完毕后按 Enter 键结束操作，得到的图像效果如图 1-27 所示。

图1-27

操作提示

Ctrl+V将图像粘贴在表面；Ctrl+Shift+V将图像粘贴到选区内部。

18 单击“图层”面板上的创建新图层按钮，新建“图层 6”。选择工具箱中的画笔工具，打开画笔调板，具体参数设置如图 1-28、图 1-29、图 1-30 和图 1-31 所示。将前景色设置为 R49、G113、B18；背景色设置为 R90、G165、B29，在图像中如图 1-32 所示进行绘制。

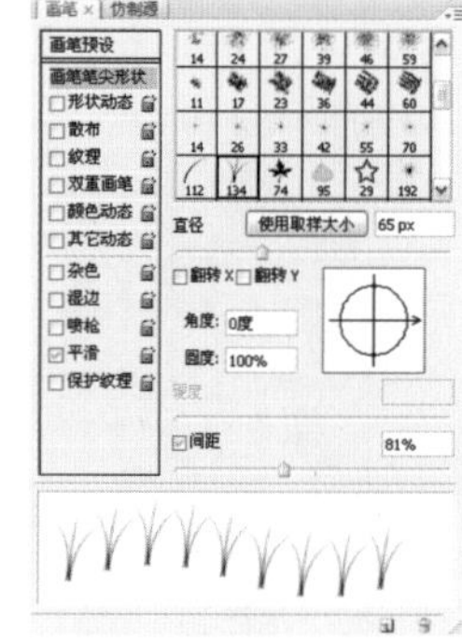

图1-28

图1-29

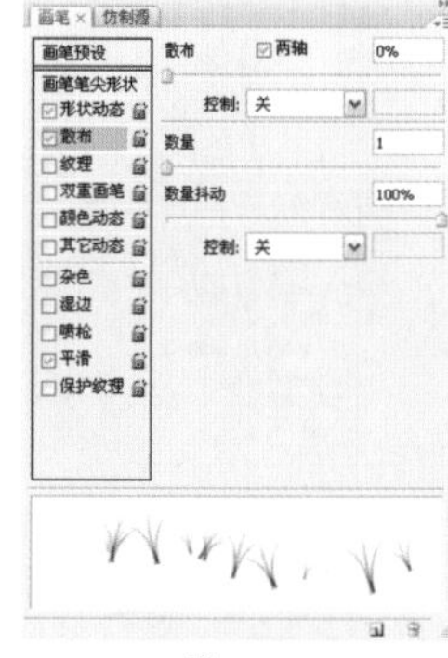

图1-30

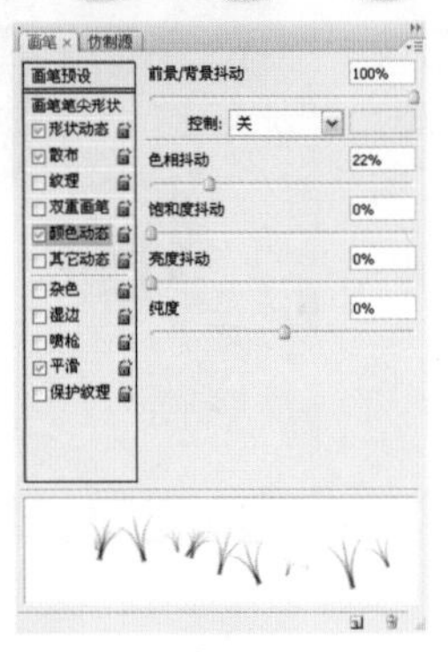

图1-31

图1-32

19 单击“图层”面板上的创建新图层按钮，新建“图层 7”。选择工具箱中的画笔工具，打开画笔调板，具体参数设置如图 1-33、图 1-34、图 1-35 和图 1-36 所示。将前景色设置为白色，在图像中如图 1-37 所示进行绘制。

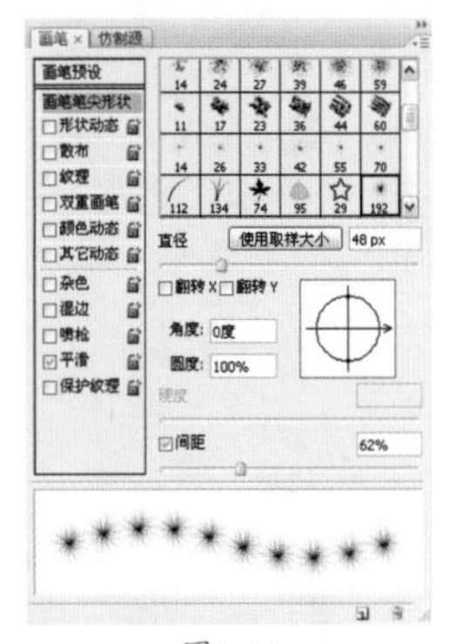

图1-33

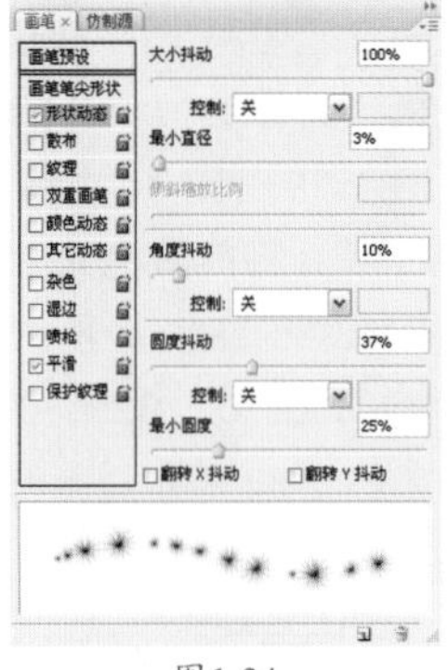

图1-34

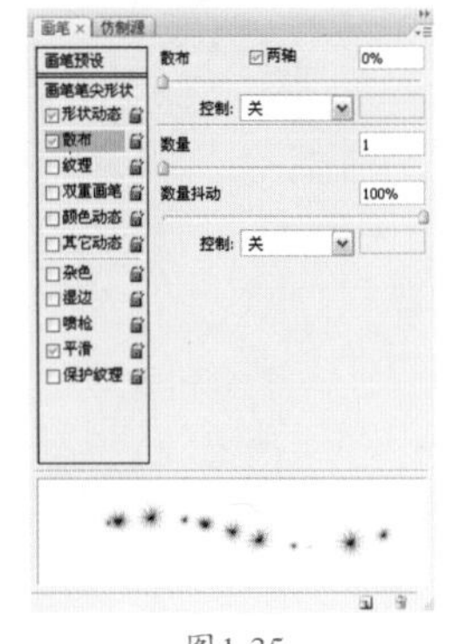

图1-35

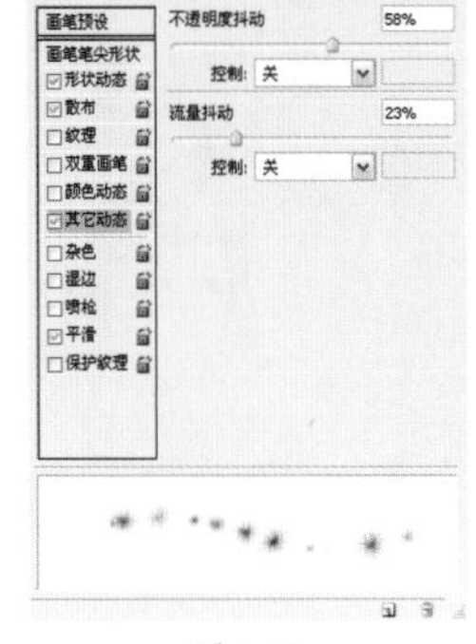

图1-36

图1-37

20 按快捷键 Ctrl+Shift+Alt+E 盖印所有可见图层，得到“图层 8”，按快捷键 Ctrl+T 调出自由变换框，按住 Alt+Shift 键拖动控制点等比例调整图像大小、角度，调整完毕后按 Enter 键结束操作，得到的图像效果如图 1-38 所示。

图1-38

21 单击“图层”面板上的创建新图层按钮，新建“图层 9”，按 Ctrl 键单击“图层 8”缩览图，调出其选区，执行【选择】/【变换选区】命令，按住 Alt+Shift 键拖动控制点等比例放大选区，调整完毕后按 Enter 键结束操作。选择工具箱中的以快速蒙版模式编辑按钮，得到的图像效果如图 1-39 所示。

图1-39

22 执行【滤镜】/【像素化】/【彩色半调】命令，弹出“彩色半调”对话框，具体参数设置如图 1-40 所示，设置完毕后单击“确定”按钮。退出快速蒙版，将前景色设置为 R220、G181、B62，按快捷键 Alt+Delete 填充前景色。按快捷键 Ctrl+D 取消选区，将“图层 9”移至“图层 8”下方，得到的图像效果如图 1-41 所示。

图1-40

图1-41

操作提示

在对选区进行填充时，Alt+Delete填充前景色；Ctrl+Delete填充背景色。

23 按 Shift 键选择“图层 8”,单击“图层”面板上的链接图层按钮，链接“图层 8”、“图层 9”。按快捷键 Ctrl+T 调出自由变换框，按住 Alt+Shift 键拖动控制点等比例调整图像大小、位置和角度，调整完毕后按 Enter 键结束操作，得到的图像效果如图 1-42 所示。

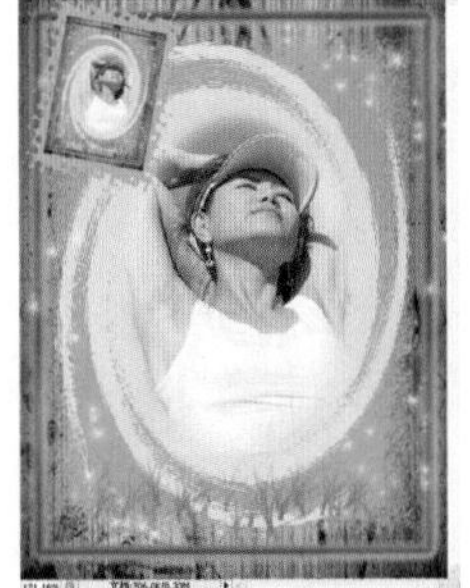

图1-42

24 选择“图层 9”，单击“图层”面板上的添加图层样式按钮 fx，在弹出的下拉菜单中选择“投影”选项，弹出“图层样式”对话框，具体参数设置如图 1-43 所示，设置完毕后单击“确定”按钮，得到的图像效果如图 1-44 所示。

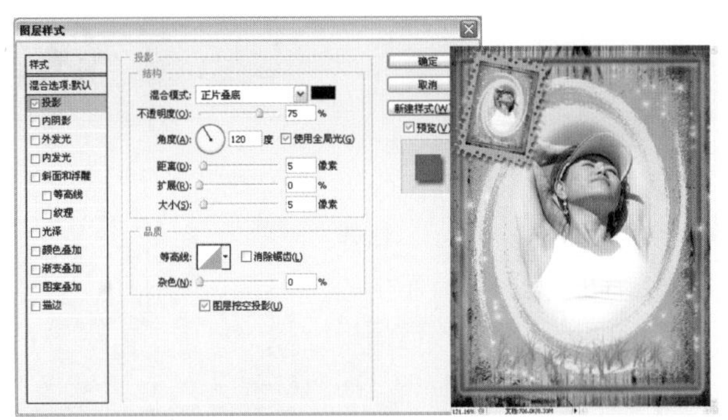

图1-43　　图1-44

25 按 Ctrl 键单击“图层 8”缩览图，调出其选区。单击“图层”面板上的创建新图层按钮，新建“图层 10”，将前景色设置为 R74、G5、B125，按 Alt+Delete 填充前景色。在“图层”面板上将其混合模式设置为“柔光”，如图 1-45 所示，得到的图像效果如图 1-46 所示。

图1-45 　　图1-46

26 单击“图层”面板上的添加图层蒙版按钮，为“图层 10”添加图层蒙版。选择工具箱中的画笔工具，在其工具栏中选择柔角笔刷，将前景色设置为黑色，在图像中如图 1-47 所示进行绘制，得到的图像效果如图 1-48 所示。

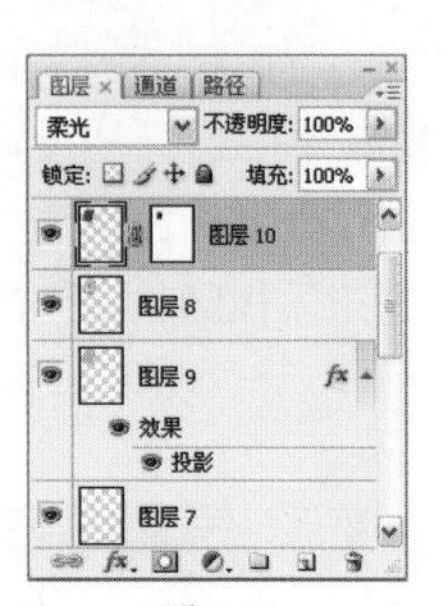

图1-47

图1-48

单击“图层”面板上的创建新图层按钮，新建“图层 11”。选择工具箱中的画笔工具，打开画笔调板，具体参数设置如图 1-49、图 1-50、图 1-51 和图 1-52 所示，在图像中如图 1-53 所示进行绘制。

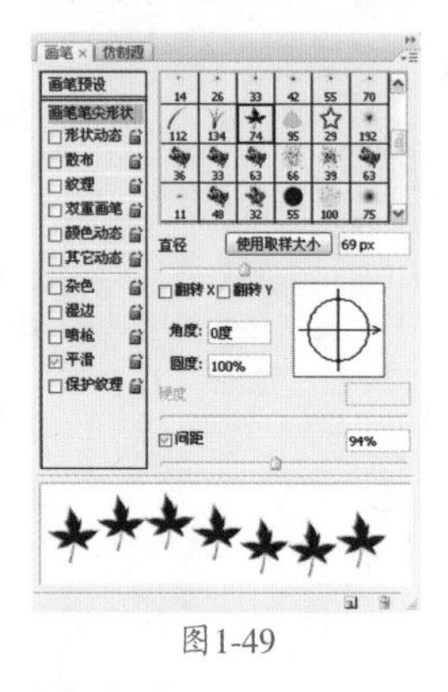
图1-49

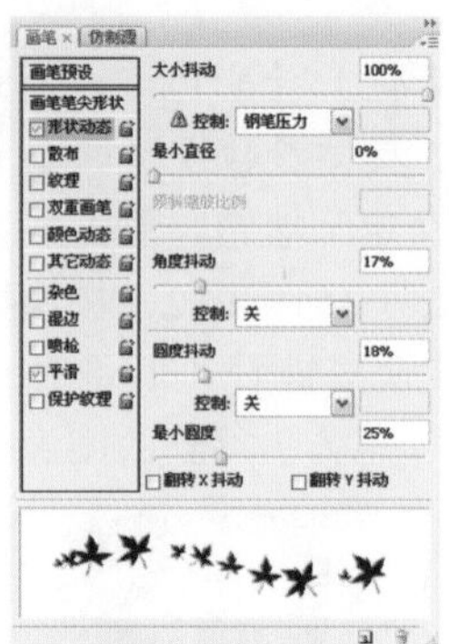
图1-50

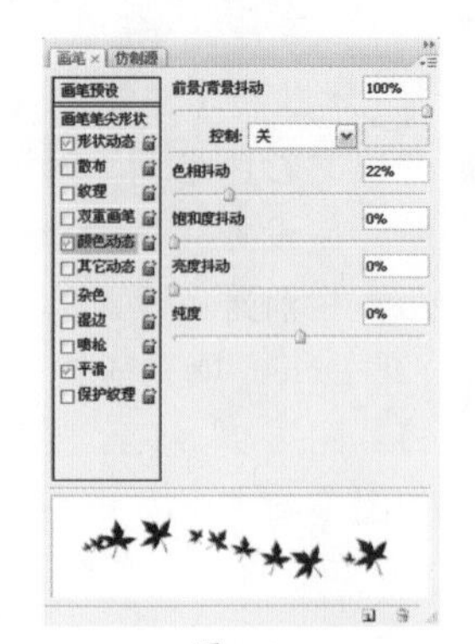
图1-51

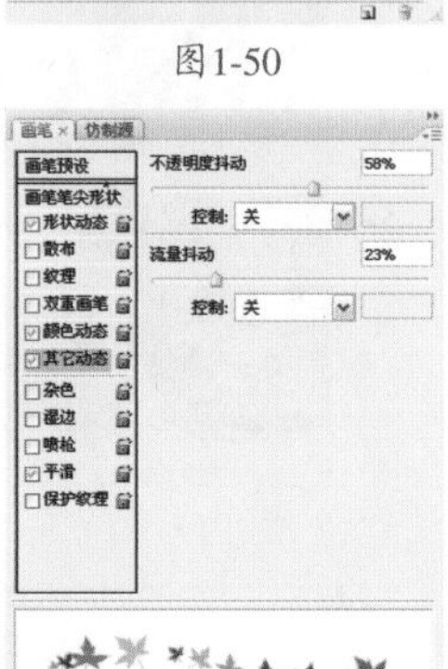
图1-52

图1-53

视频 / 扩展视频 / 视频43　制作拼图照片效果

课后复习——视频 43 制作拼图照片效果

Effect 02 为照片添加水印

难度系数：★★☆☆☆

 视频教学 / CH 07 / 02为照片添加水印

01 执行【文件】/【打开】命令（Ctrl+O），弹出“打开”对话框，选择需要的素材，单击“打开”按钮打开图像，如图 2-1 所示。

图2-1

02 执行【文件】/【打开】命令（Ctrl+O），弹出“打开”对话框，选择需要的素材，单击“打开”按钮打开图像。选择工具箱中的移动工具，将其拖曳至主文档中，生成“图层 1”，并调整图像，得到的图像效果如图 2-2 所示。

图2-2

03 选择工具箱中的椭圆选框工具，在图像中按住 Alt+Shift 键拖动鼠标左键，绘制圆形选区，得到的选区效果如图 2-3 所示。

图2-3

04 切换至“路径”面板,单击“路径”面板上的将选区转化为工作路径按钮,得到工作路径。返回“图层”面板，选择工具箱中的横排文字工具T，在其工具选项栏中设置合适的字体及大小，颜色设置为黑色,将鼠标移至路径边鼠标变成如图2-4所示的形状，在图像中输入文字，得到的图像效果如图2-5所示。

图2-4

图2-5

05 按快捷键Ctrl+Enter将路径转化为选区，执行【选择】/【变换选区】命令，调出自由变换框，按住Alt+Shift键拖动控制点,调整选区大小。单击“图层”面板上的创建新图层按钮，新建“图层2”。执行【编辑】/【描边】命令，弹出“描边”对话框，具体参数设置如图2-6所示,应用后按快捷键Ctrl+D取消选择，得到的图像效果如图2-7所示。

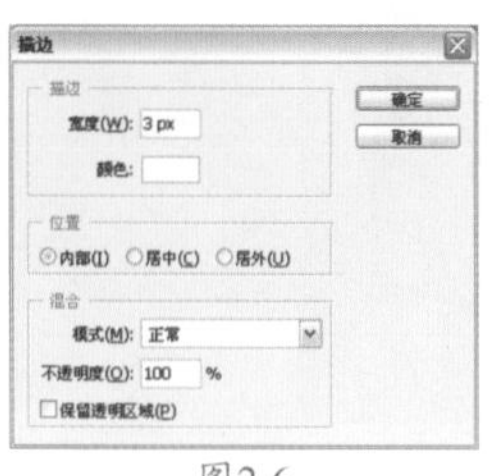

图2-6

图2-7

06 将“图层2”拖曳至“图层”面板中的创建新图层按钮上，得到“图层2副本”图层。按快捷键Ctrl+T调出自由变换框，调整图像大小，按快捷键Ctrl+E向下合并图层，得到“图层2”，得到的图像效果如图2-8所示。

图2-8

07 选择工具箱中的横排文字工具T，在其工具选项栏中设置合适的字体及大小，在图像中输入文字。按住Ctrl键单击除“背景”图层以外的所有图层，将其全部选中，按快捷键Ctrl+Alt+E合并图层，得到“ps(合并)”图层。隐藏除“背景”图层和“ps(合并)”图层以外的所有图层。选择“ps(合并)”图层，将其图层混合模式设置为“叠加”，得到的图像效果如图2-9所示。

图2-9

08 单击“图层”面板上的添加图层样式按钮fx,在弹出的下拉菜单中选择“斜面和浮雕”选项，弹出“图层样式”对话框，具体参数设置如图2-10所示，设置完毕后单击“确定”按钮，得到的图像效果如图2-11所示。

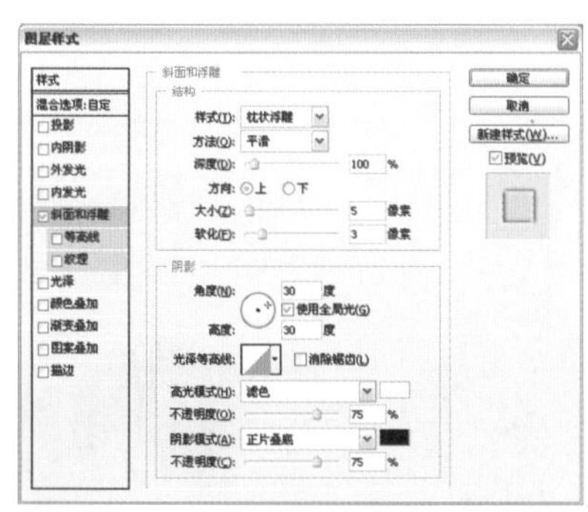

图2-10

图2-11

视频 / 扩展视频 / 视频44　模拟被损坏的照片

课后复习——视频 44 模拟被损坏的照片

视频 / 扩展视频 / 视频45　打造水晶亮甲

课后复习——视频 45 打造水晶亮甲

Effect 03 添加光影特效

难度系数：★★☆☆☆

视频教学 / CH 07 / 03添加光影特效

01 执行【文件】/【打开】命令（Ctrl+O），弹出"打开"对话框，选择需要的素材图像，单击"打开"按钮，如图 3-1 所示。将"背景"图层拖曳至"图层"面板中的创建新图层按钮上，得到"背景副本"图层，如图 3-2 所示。

图3-1

图3-2

02 在"图层"面板中，按住 Alt 键的同时单击"图层"面板上的创建新图层按钮，弹出"新建图层"对话框，具体设置如图 3-3 所示。设置完毕后单击"确定"按钮，"图层"面板效果如图 3-4 所示。

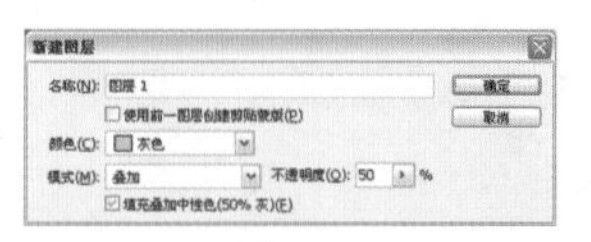

图3-3

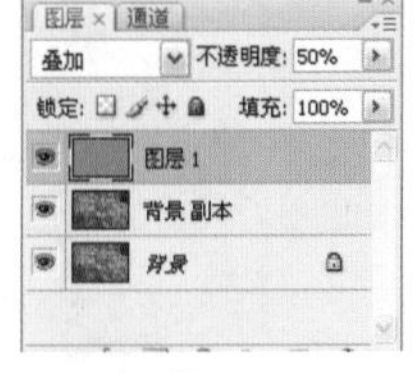

图3-4

03 选择工具箱中的画笔工具，设置合适大小的笔刷，将前景色设置为黑色，在图像中进行绘制，"图层"面板效果如图 3-5 所示，得到的图像效果如图 3-6 所示。

图3-5

图3-6

04 将前景色设置为白色，在图像中进行绘制，"图层"面板效果如图 3-7 所示，得到的图像效果如图 3-8 所示。

图3-7

图3-8

操作提示

本例制作光影特效中，首先为图像添加灰色图层，然后使用画笔工具，为图像添加高光及暗部，制作出所需的特殊效果。

05 选择工具箱中的横排文字工具T，在图像中输入文字，如图3-9所示，得到的图像效果如图3-10所示。

图3-9

图3-10

视频 / 扩展视频 / 视频46　调出普通照片的沉寂色调

课后复习——视频46 调出普通照片的沉寂色调

Effect 04 制作水彩画效果

难度系数：★★☆☆☆

视频教学 / CH 07 / 04制作水彩画效果

01 执行【文件】/【打开】命令（Ctrl+O），弹出“打开”对话框，选择需要的素材图像，选择完毕后单击“打开”按钮，得到的图像效果如图 4-1 所示。

图4-1

02 将“背景”图层拖曳至“图层”面板上的创建新图层按钮上，得到“背景副本”图层。执行【滤镜】/【模糊】/【高斯模糊】命令，弹出“高斯模糊”对话框，将“模糊半径”设置为 3 像素，设置完毕后单击“确定”按钮，得到的图像效果如图 4-2 所示。

图4-2

03 将“背景”图层拖曳至“图层”面板上的创建新图层按钮上，得到“背景副本 2”图层，将“背景副本 2”图层置于“图层”面板的顶端。执行【滤镜】/【模糊】/【特殊模糊】命令，弹出“特殊模糊”对话框，具体参数设置如图 4-3 所示，设置完毕后单击“确定”按钮，得到的图像效果如图 4-4 所示。

图4-3

图4-4

技术看板：特殊模糊命令

【特殊模糊】滤镜可以产生一种清晰边界的模糊效果，该滤镜只对由微弱变化的区域进行模糊，不对边缘进行模糊。【特殊模糊】滤镜可以使图像中原来较清晰的部分不变，原来模糊的部分更加模糊。

04 执行【滤镜】/【艺术效果】/【干画笔】命令，弹出“干画笔”对话框，具体参数设置如图 4-5 所示；设置完毕后单击“确定”按钮，得到的图像效果如图 4-6 所示。

图4-5

图4-6

技术看板：干画笔命令

【干画笔】滤镜模拟使用干画笔技术（介于油画和水彩之间）绘制图像的边缘，使画面产生一种不饱和、不湿润、干枯的油画效果。

05 将“背景”图层拖曳至“图层”面板上的创建新图层按钮 上，得到“背景副本 3”图层，将“背景副本 3”图层置于“图层”面板的顶端。执行【滤镜】/【艺术效果】/【水彩】命令，弹出“水彩”对话框，具体参数设置如图 4-7 所示；设置完毕后单击“确定”按钮，得到的图像效果如图 4-8 所示。

图4-7

图4-8

06 单击“背景副本 3”图层前的指示图层可见性按钮，将其隐藏。选择“背景副本 2”图层，将前景色设置为黑色，单击“图层”面板上的添加图层蒙版按钮，为“背景副本 2”图层添加图层蒙版。选择工具箱中的画笔工具，在其工具选项栏中设置柔角笔刷，将笔刷硬度设置为 0%，在图像中远处景物的地面部分涂抹，得到的图像效果如图 4-9 所示，图层蒙版状态如图 4-10 所示。

图4-9

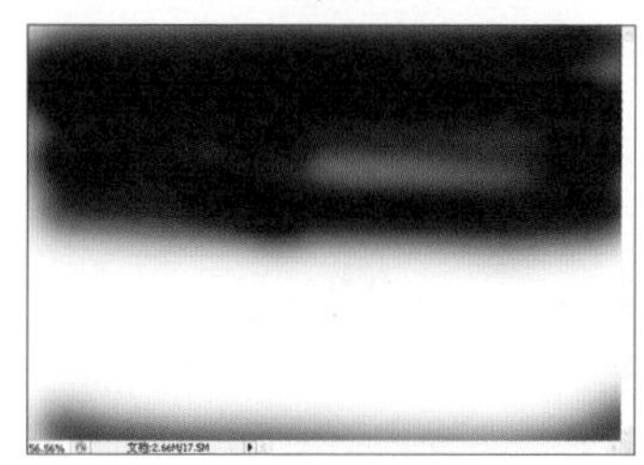

图4-10

07 显示并选择“背景副本 3”图层，将“背景副本 3”图层的图层混合模式设置为“柔光”，得到的图像效果如图 4-11 所示。

图4-11

08 单击“图层”面板上的添加图层蒙版按钮，为“背景副本 3”图层添加图层蒙版；选择工具箱中的画笔工具，在其工具选项栏中设置柔角笔刷，将笔刷硬度设置为 0%；在图像中房屋颜色较深的部分涂抹，得到的图像效果如图 4-12 所示。图层蒙版状态如图 4-13 所示。

图4-12

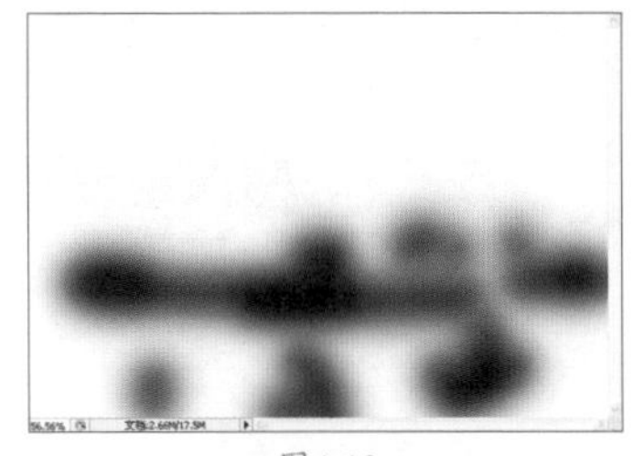
图4-13

09 单击“图层”面板上的创建新图层按钮，新建“图层 1”，将前景色色值设置为 R128、G128、B128，按快捷键 Alt+Delete 填充前景色。执行【滤镜】/【纹理】/【纹理化】命令，弹出“纹理化”对话框，具体参数设置如图 4-14 所示；设置完毕后单击“确定”按钮，将“图层 1”的图层混合模式设置为“叠加”，得到的图像效果如图 4-15 所示。

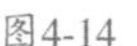
图4-14

图4-15

10 选择“图层 1”，执行【滤镜】/【模糊】/【高斯模糊】命令，弹出“高斯模糊”对话框，将“模糊半径”设置为 0.5 像素；设置完毕后单击“确定”按钮，得到的图像效果如图 4-16 所示。

图4-16

11 单击“图层”面板上的创建新的填充或调整图层按钮，在弹出的下拉菜单中选择“色相 / 饱和度”选项，弹出“色相 / 饱和度”对话框，具体参数设置如图 4-17 所示，设置完毕后单击“确定”按钮，得到的图像效果如图 4-18 所示。

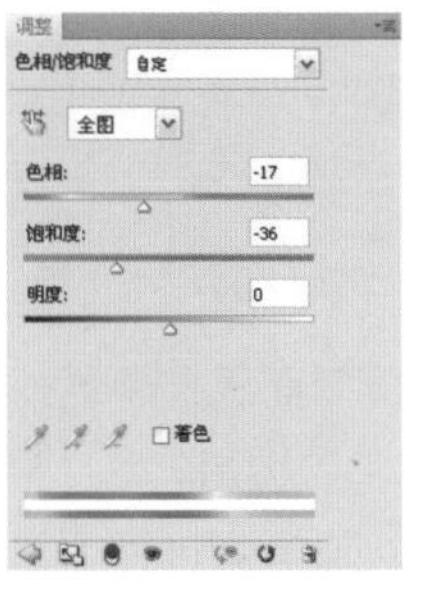

图4-17

图4-18

12 单击“图层”面板上的创建新的填充或调整图层按钮，在弹出的下拉菜单中选择“色阶”选项，弹出“色阶”对话框，具体参数设置如图 4-19 所示，设置完毕后单击“确定”按钮，得到的图像效果如图 4-20 所示。

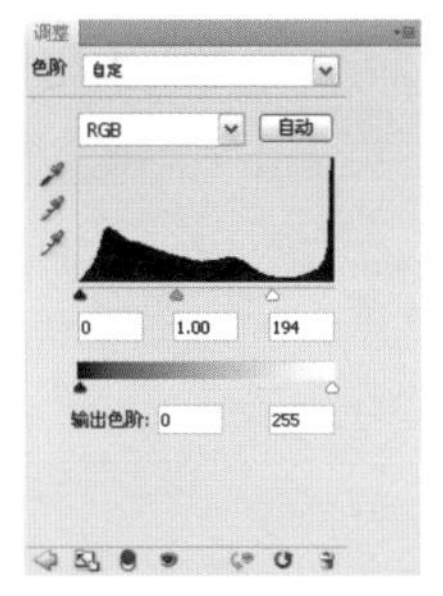

图4-19

图4-20

13 将前景色设置为黑色，选择工具箱中的直排文字工具，在图像中输入文字，调整文字的大小和位置，得到的图像效果如图 4-21 所示。

图4-21

14 将文字图层拖曳至“图层”面板上的创建新图层按钮上，得到文字图层的副本图层。单击文字图层前的指示图层可见性按钮，将其隐藏。选择文字副本图层，执行【图层】/【栅格化】/【文字】命令，将文字图层栅格化。执行【滤镜】/【模糊】/【高斯模糊】命令，弹出“高斯模糊”对话框，将“模糊半径”设置为 1 像素，设置完毕后单击“确定”按钮，得到的图像效果如图 4-22 所示。

图4-22

15 执行【文件】/【打开】命令（Ctrl+O），弹出“打开”对话框，选择需要的素材图像，选择完毕后单击“打开”按钮，得到的图像效果如图 4-23 所示。

图4-23

16 选择工具箱中的魔棒工具，在图像中红色区域单击建立选区，得到的图像效果如图 4-24 所示。选择工具箱中的移动工具，将选区内的图像拖曳至主文档中，生成“图层 2”。将“图层 2”置于“图层”面板的顶端。执行【编辑】/【自由变换】命令（Ctrl+T），调出自由变换框，调整图像的大小和位置，调整完毕后按 Enter 键确认变换，得到的图像效果如图 4-25 所示。

图4-24

图4-25

17 执行【滤镜】/【模糊】/【高斯模糊】命令，弹出“高斯模糊”对话框，将“模糊半径”设置为 1 像素，设置完毕后单击“确定”按钮，得到的图像效果如图 4-26 所示。

图4-26

 单击“图层”面板上的创建新的填充或调整图层按钮，在弹出的下拉菜单中选择“色阶”选项，弹出“色阶”对话框，具体参数设置如图 4-27 所示，设置完毕后单击“确定”按钮，得到的图像效果如图 4-28 所示。

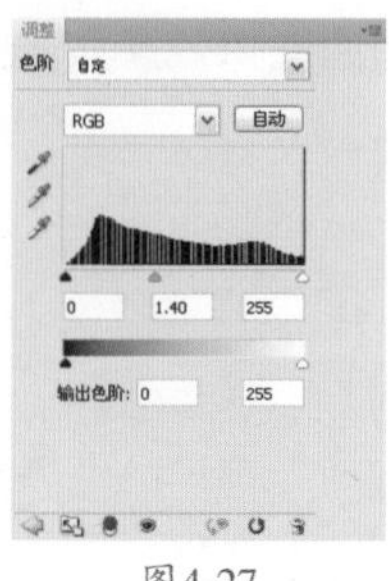

图4-27

图4-28

视频 / 扩展视频 / 视频47　制作仿真工笔画效果

课后复习——视频 47 制作仿真工笔画效果

Effect 05 制作晕彩海报效果

难度系数：★★☆☆☆

视频教学 / CH 07 / 05制作晕彩海报效果

01 执行【文件】/【打开】命令（Ctrl+O），弹出“打开”对话框，选择需要的素材图片，单击“打开”按钮，如图 5-1 所示。选择工具箱中的套索工具，在图像中绘制选区，如图 5-2 所示。

图5-1

图5-2

操作提示

在使用套索工具绘制选区时，若需要取消未闭合的选区，可按Esc键进行取消操作。

02 单击“图层”面板上的创建新的填充或调整图层按钮，在弹出的下拉菜单中选择“色相 / 饱和度”选项，弹出“色相 / 饱和度”对话框，具体参数设置如图 5-3 所示，设置完毕后单击“确定”按钮，得到的图像效果如图 5-4 所示。

图5-3

图5-4

操作提示

当图像中存在选区时，对其添加调整图层，则调整图层的调整效果将只作用于选区范围内。

03 按快捷键 Ctrl+Shift+Alt+E 盖印可见图层，得到“图层 1”。将“图层 1”的混合模式设置为“滤色”，不透明度设置为 75%，得到的图像效果如图 5-5 所示。

图5-5

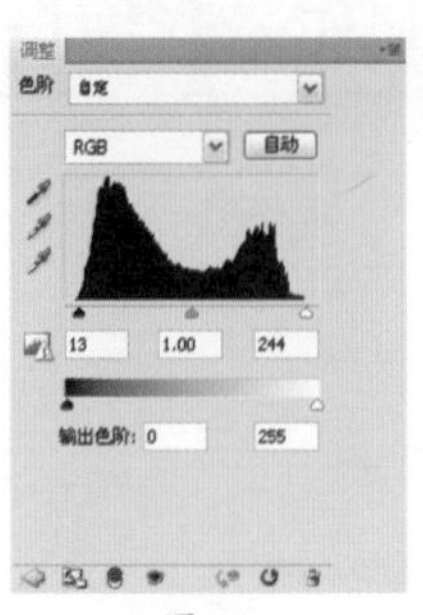

图5-8

图5-9

04 按快捷键 Ctrl+Shift+Alt+E 盖印可见图层，得到“图层 2”。选择“图层 2”,执行【滤镜】/【模糊】/【特殊模糊】命令，弹出“特殊模糊”对话框，具体参数设置如图 5-6 所示,设置完毕后单击“确定”按钮,得到的图像效果如图 5-7 所示。

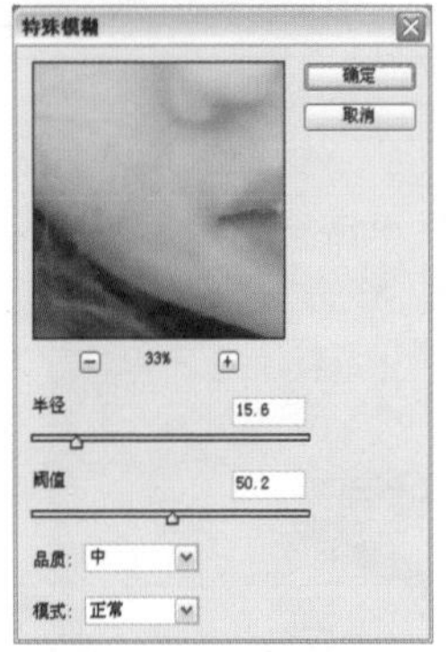

图5-6

图5-7

05 单击“图层”面板上的创建新的填充或调整图层按钮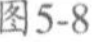，在弹出的下拉菜单中选择“色阶”选项，弹出“调整”面板，具体参数设置如图 5-8 所示，得到的图像效果如图 5-9 所示。

06 按快捷键 Ctrl+Shift+Alt+E 盖印可见图层，得到“图层 3”，执行【滤镜】/【艺术效果】/【干笔画】命令，弹出“干画笔”对话框，具体参数设置如图 5-10 所示，图像效果如图 5-11 所示。

图5-10

图5-11

07 设置完毕后不关闭对话框，单击“干画笔”对话框中的新建效果图层按钮，创建新的效果图层，并选择“水彩”滤镜，具体参数设置如图 5-12 所示，设置完毕后单击“确定”按钮，得到的图像效果如图 5-13 所示。

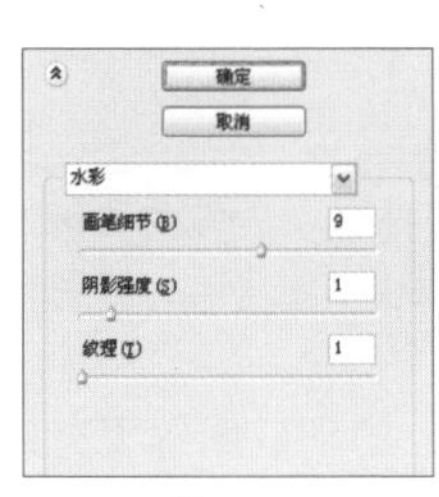

图5-12

图5-13

技术看板：滤镜面板的叠加特性

滤镜面板上的效果是按照其选择顺序应用的。在应用滤镜之后，可以通过在已应用的滤镜列表中将滤镜名称拖动到另一个位置来重新排列它们。重新排列滤镜效果可显著改变图像的外观。滤镜面板与“图层”面板较为相似，单击滤镜旁的显示滤镜可见性按钮，可在预览图像中隐藏或显示当前所选滤镜的效果；单击删除按钮可将当前所选滤镜删除。

08 单击“图层”面板上的创建新的填充或调整图层按钮，在弹出的下拉菜单中选择“曝光度”选项，弹出“调整”面板，具体参数设置如图 5-14 所示，得到的图像效果如图 5-15 所示。

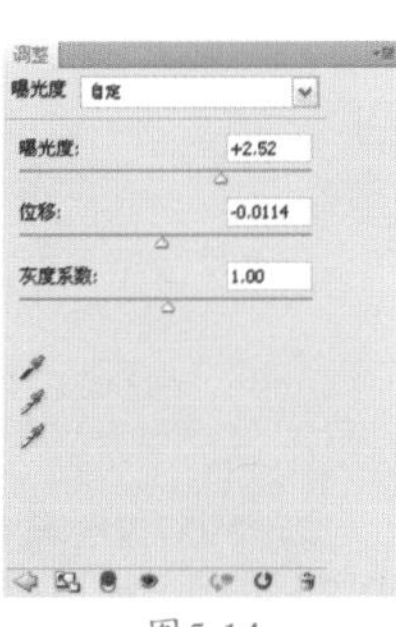

图5-14

图5-15

09 选择工具箱中的套索工具，在图像中绘制选区，如图 5-16 所示。选择“图层 3”，按快捷键 Ctrl+J 复制选区内图像，得到“图层 4”，将“图层 4”调整至最上层，得到的图像效果如图 5-17 所示。

图5-16

图5-17

操作提示

在为图像中的人物创建脸部选区时，可使用多种选择工具，如套索工具、磁性套索工具或钢笔工具等。由于该实例中图像所要求的选区并不需要十分精确，因此可选择最为快捷的选择方法。

10 单击“图层”面板上的创建新的填充或调整图层按钮，在弹出的下拉菜单中选择“色阶”选项，弹出“调整”面板，具体参数设置如图 5-18 所示。选择“色阶”调整图层，按快捷键 Ctrl+Alt+G 创建剪贴蒙版，并将该调整图层的混合模式设置为“浅色”，得到的图像效果如图 5-19 所示。

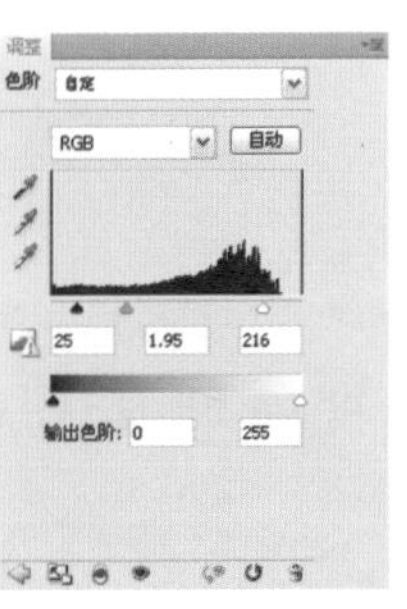

图5-18

图5-19

11 继续单击“图层”面板上的创建新的填充或调整图层按钮，在弹出的下拉菜单中选择“亮度/对比度”选项，弹出“调整”面板，具体参数设置如图 5-20 所示，得到的图像效果如图 5-21 所示。

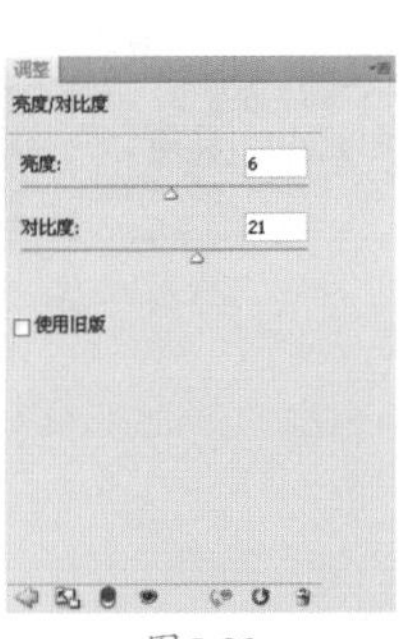

图5-20

图5-21

12 继续单击“图层”面板上的创建新的填充或调整图层按钮，在弹出的下拉菜单中选择“色彩平衡”选项，弹出“色彩平衡”对话框，具体参数设置如图 5-22、图 5-23 和图 5-24 所示，设置完毕后单击“确定”按钮，得到的图像效果如图 5-25 所示。

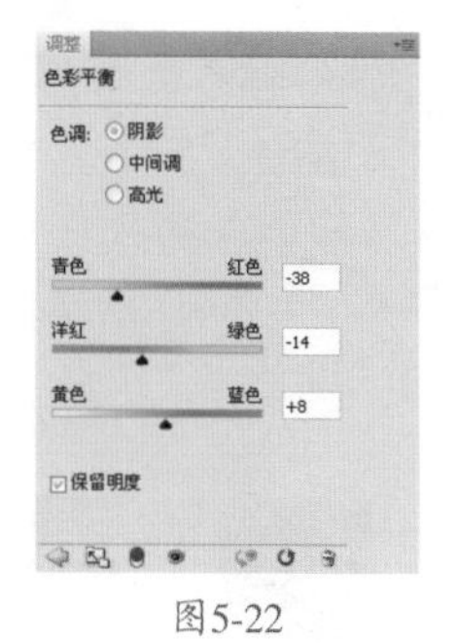

图5-22

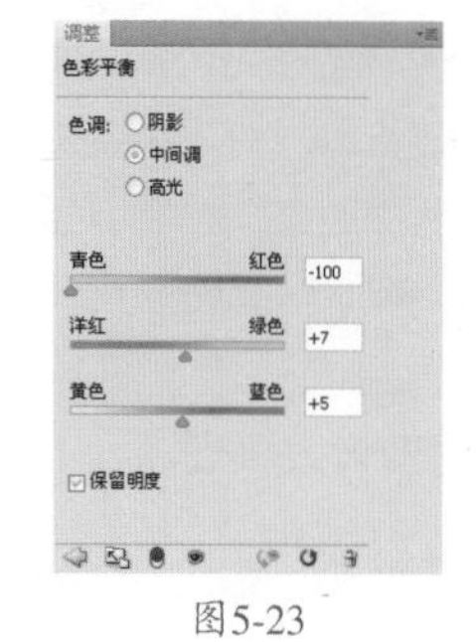

图5-23

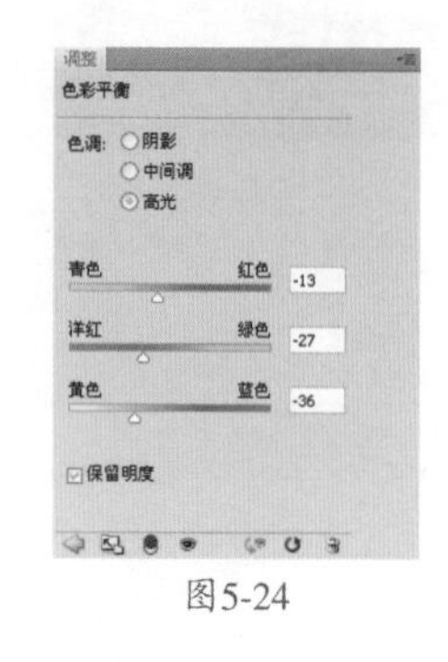

图5-24

图5-25

视频 / 扩展视频 / 视频48　制作奇幻神秘效果

课后复习——视频 48 制作奇幻神秘效果

Effect 06 油画效果

难度系数：★★☆☆☆

视频教学 / CH 07 / 06油画效果

执行【文件】/【打开】命令（Ctrl+O），打开如图 6-1 所示的图像。将“背景”图层拖曳至“图层”面板上的创建新图层按钮 上 3 次，复制得到“背景副本”图层、“背景副本 2”图层和“背景副本 3”图层，如图 6-2 所示。选择“背景副本”图层，将“背景副本 2”图层和“背景副本 3”图层隐藏。

图6-1

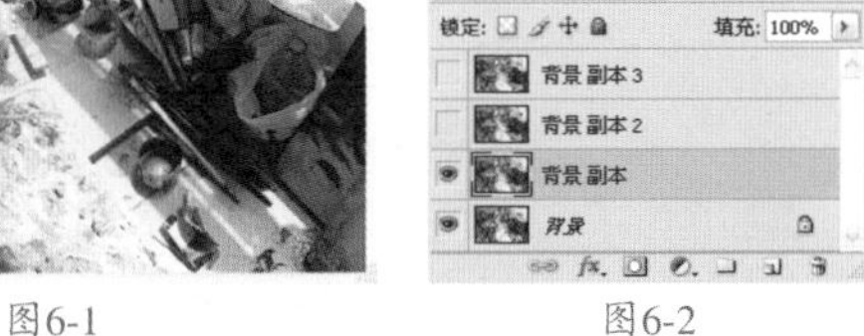

图6-2

操作提示

还可以按快捷键Ctrl+J将“背景”图层复制，不过这样得到的图层名称是“图层1”而不是“背景副本”。

02 选择“背景副本”图层，执行【滤镜】/【模糊】/【方块模糊】命令，弹出“方框模糊”对话框，具体设置如图 6-3 所示，设置完毕后单击“确定”按钮，得到的图像效果如图 6-4 所示。

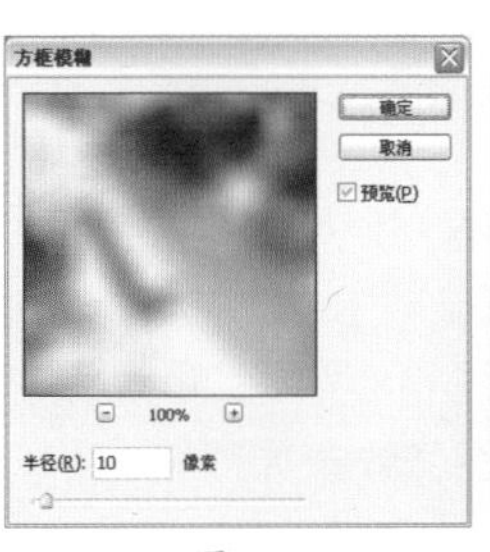

图6-3

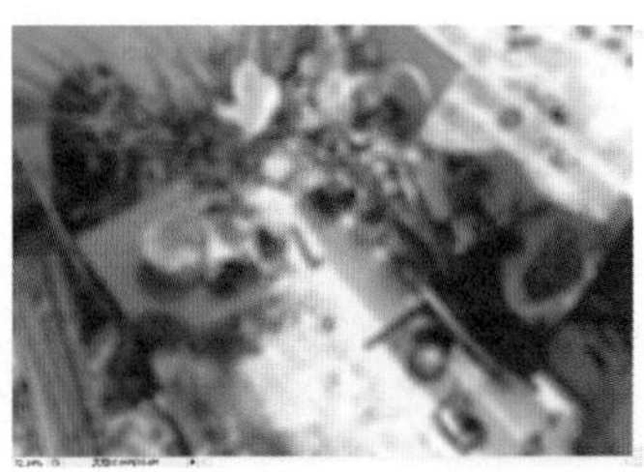

图6-4

03 选择“背景副本 2”图层，并将其显示。执行【滤镜】/【画笔描边】/【喷溅】命令，弹出“喷溅”对话框，具体设置如图 6-5 所示，设置完毕后单击“确定”按钮，得到的图像效果如图 6-6 所示。

图6-5

图6-6

04 将“背景副本 2”图层的图层混合模式设置为“叠加”，“图层”面板和得到的图像效果如图 6-7 所示。

图6-7

技术看板：混合模式设置技巧

为了表现印象派油画的光影效果，将图层混合模式设置为“叠加”或者“柔光”是个非常有效的方法，经过“喷溅”滤镜处理过的图像和经过“方框模糊”滤镜处理的图像能够叠加出非常逼真的油画效果。

05 选择“背景副本 3”图层，并将其显示，执行【滤镜】/【艺术效果】/【粗糙蜡笔】命令，弹出“粗糙蜡笔”对话框，具体设置如图 6-8 所示，设置完毕后单击“确定”按钮，得到的图像效果如图 6-9 所示。

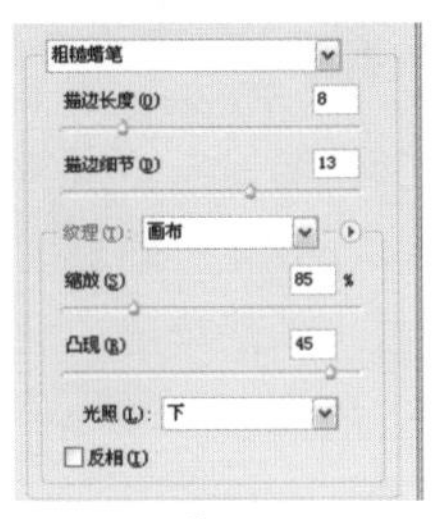

图6-8

图6-9

06 切换至“通道”面板，如图 6-10 所示，按 Ctrl 键单击“红”通道缩览图，调出其选区。切换回“图层”面板，选择“背景副本 3”图层，单击“图层”面板上的添加图层蒙版按钮，为“背景副本 3”图层添加图层蒙版，得到的图像效果如图 6-11 所示。

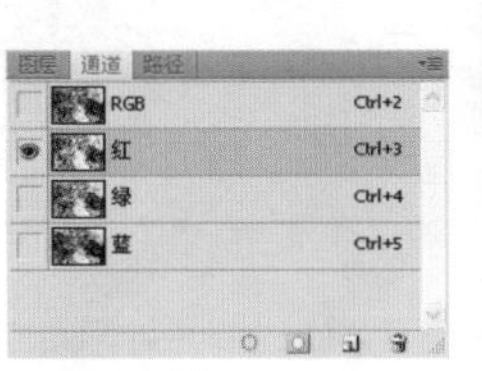

图6-10

图6-11

07 在“图层”面板中将“背景副本 3”图层的不透明度设置为 70%。将前景色设置为黑色，选择工具箱中的画笔工具，在其工具选项栏中设置柔角的笔刷，将不透明度和流量均设置为 50%，在图像中需要减少油画纹理效果的部分涂抹，得到的图像效果如图 6-12 所示。

图6-12

08 选择“背景副本”图层，单击“图层”面板上的添加图层蒙版按钮，为“背景副本”图层添加图层蒙版。将前景色设置为黑色，选择工具箱中的画笔工具，在其工具选项栏中设置柔角的笔刷，将不透明度和流量均设置为 50%，在图像中画面的中心部分涂抹，“图层”面板如图 6-13 所示，最终效果如图 6-14 所示。

图6-13

图6-14

技术看板：有选择的添加图层蒙版

绘画作品中都会有意地将画面的主体部分描绘得细致些。“背景副本”图层由于经过“方框模糊”滤镜处理，所以画面效果是模糊的。通过应用图层蒙版将“背景副本”图层部分隐藏，露出下面“背景”图层中清晰的画面，图像中显示的该部分也会相应地清晰些，同时也就满足了绘画作品中对主体物细致描绘的要求。

视频 / 扩展视频 / 视频49　制作照片的残破边缘效果

课后复习——视频 49 制作照片的残破边缘效果

Effect 07 素描效果

难度系数：★★☆☆☆

视频教学 / CH 07 / 07素描效果

01 执行【文件】/【打开】命令（Ctrl+O），弹出“打开”对话框，选择需要的素材，单击“打开”按钮打开图像，如图 7-1 所示。

图7-1

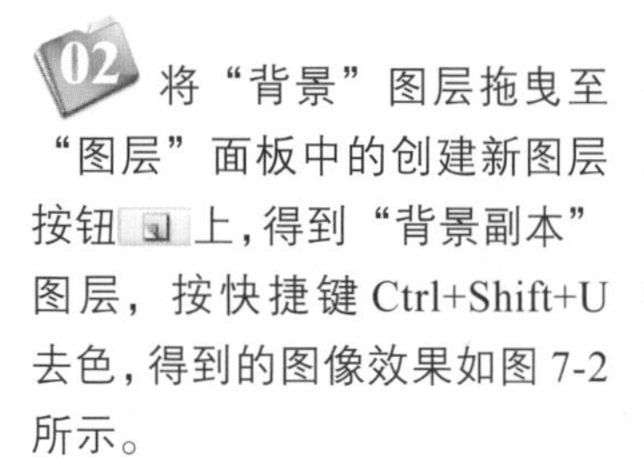

02 将“背景”图层拖曳至“图层”面板中的创建新图层按钮 上，得到“背景副本”图层，按快捷键 Ctrl+Shift+U 去色，得到的图像效果如图 7-2 所示。

图7-2

03 将“背景副本”图层拖曳至“图层”面板中的创建新图层按钮 上，得到“背景副本 2”图层。按快捷键 Ctrl+I 反相，得到的图像效果如图 7-3 所示。在“图层”面板上将其图层混合模式设置为“颜色减淡”，得到的图像效果如图 7-4 所示。

图7-3

图7-4

操作提示

在改变图层混合模式时，根据素材的不同，图像中可能会什么都没有，继续操作即可。

04 执行【滤镜】/【模糊】/【高斯模糊】命令，弹出“高斯模糊”对话框，具体参数设置如图 7-5 所示，设置完毕后单击“确定”按钮，得到的图像效果如图 7-6 所示。

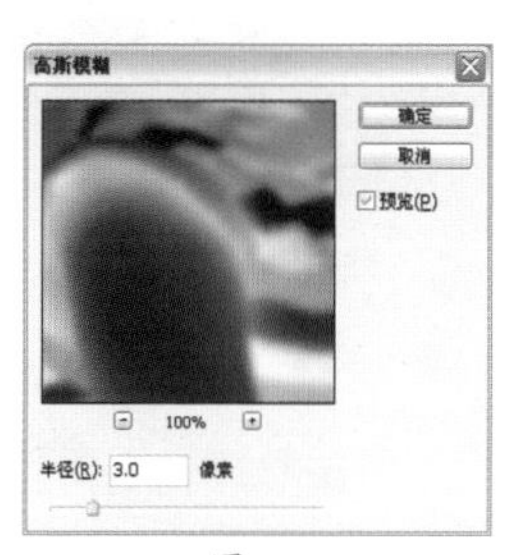

图7-5

图7-6

05 单击“图层”面板上的创建新的填充或调整图层按钮，在弹出的下拉菜单中选择“亮度 / 对比度”选项，在“调整”面板中设置参数，如图 7-7 所示，得到的图像效果如图 7-8 所示。

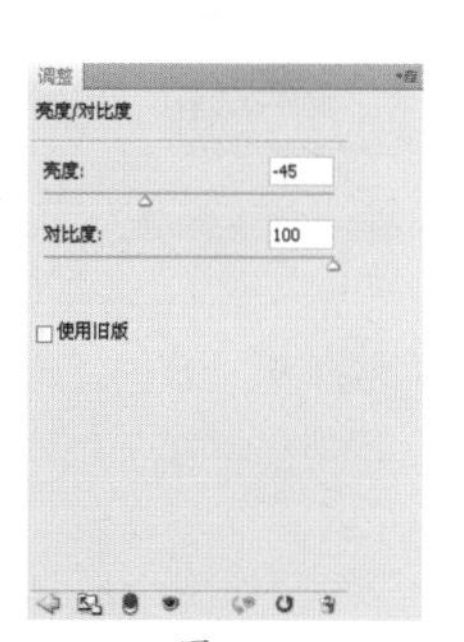

图7-7

图7-8

06 按快捷键 Ctrl+Shift+Alt+E 盖印所有可见图层，生成“图层 1”。执行【滤镜】/【艺术效果】/【粗糙蜡笔】命令，弹出“粗糙蜡笔”对话框，具体参数设置如图 7-9 所示，设置完毕后单击“确定”按钮，得到的图像效果如图 7-10 所示。

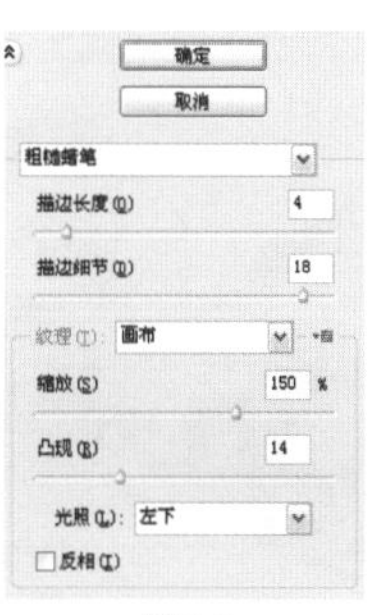

图7-9

图7-10

07 选择工具箱中的横排文字工具，在其工具选项栏中设置合适的笔刷及不透明度，在图像中输入文字，得到的图像效果如图 7-11 所示。

图7-11

Effect 08 怀旧照片效果

难度系数：★★☆☆☆

视频教学 / CH 07 / 08怀旧照片效果

 执行【文件】/【打开】命令（Ctrl+O），弹出“打开”对话框，选择需要的素材图像，单击“打开”按钮，如图 8-1 所示。将“背景”图层拖曳至“图层”面板中的创建新图层按钮 上，得到“背景副本”图层。

图8-1

02 执行【图像】/【调整】/【去色】命令（Shift+Ctrl+U），得到的图像效果如图 8-2 所示。

图8-2

03 选择“背景”图层，将“背景”图层拖曳至“图层”面板中的创建新图层按钮 上，得到“背景副本 2”图层，按快捷键 Ctrl+] 将“背景副本 2”图层上移一层，并将“背景副本 2”图层混合模式设置为“滤色”，不透明度设置为 60%，如图 8-3 所示，得到的图像效果如图 8-4 所示。

图8-3

图8-4

04 单击“图层”面板上的创建新的填充或调整图层按钮，在弹出的下拉菜单中选择“色彩平衡”选项，弹出“调整”面板，具体参数设置如图 8-5 所示，得到的图像效果如图 8-6 所示。

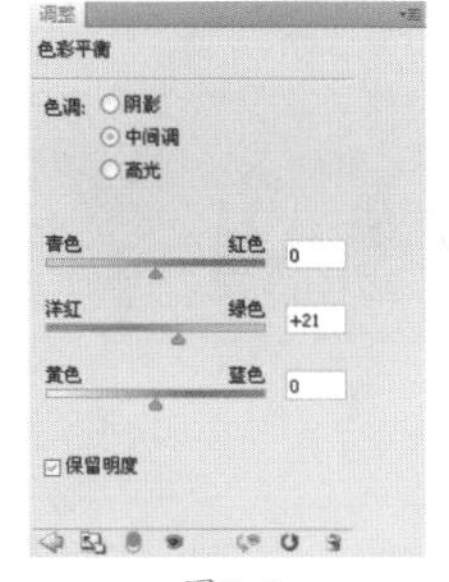

图8-5

图8-6

05 按快捷键 Ctrl+G 将调整图层与“背景副本 2”图层编组，单击“图层”面板上的创建新的填充或调整图层按钮，在弹出的下拉菜单中选择“纯色”选项，弹出“调整”面板，将色值设置为 R67、G44、B0，设置完毕后单击“确定”按钮，在“图层”面板上将“颜色填充 1”图层混合模式设置为“强光”，不透明度设置为 50%，如图 8-7 所示，得到的图像效果如图 8-8 所示。

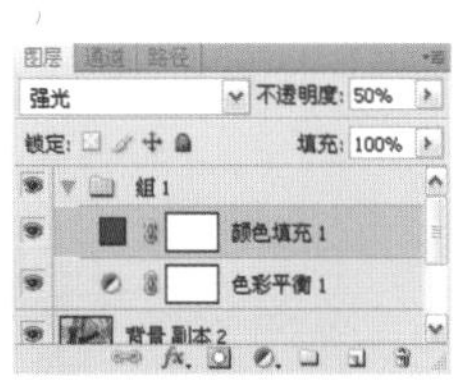

图8-7

图8-8

06 选择“背景副本 2”图层，单击“图层”面板上的创建新的填充或调整图层按钮，在弹出的下拉菜单中选择“色阶”选项，弹出“调整”面板，具体参数设置如图 8-9 所示，得到的图像效果如图 8-10 所示。

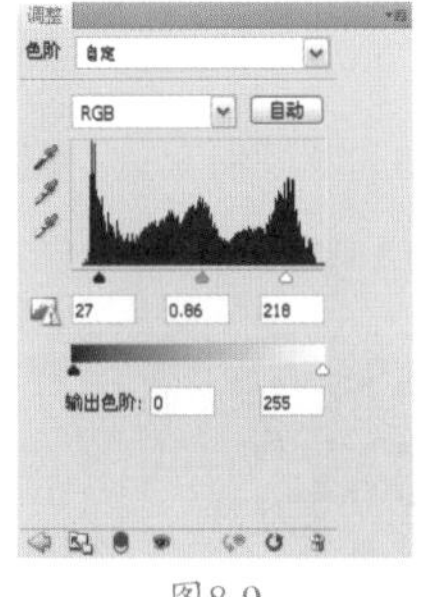

图8-9

图8-10

视频 / 扩展视频 / 视频50 制作水墨江南水乡效果

课后复习——视频 50 制作水墨江南水乡效果

Effect 09 锐利清晰冷色调照片特效

难度系数：★★☆☆☆

视频教学 / CH 07 / 09锐利清晰冷色调照片特效

01 执行【文件】/【打开】命令（Ctrl+O），弹出"打开"对话框，选择需要的素材图片，单击"打开"按钮，如图9-1所示。

图9-1

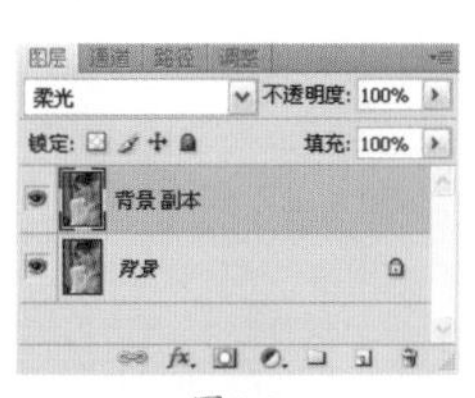

图9-2

图9-3

02 将"背景"图层拖曳至"图层"面板中的创建新图层按钮上，得到"背景副本"图层。将"背景副本"图层的混合模式设置为"柔光"，"图层"面板如图9-2所示，得到的图像效果如图9-3所示。

03 按快捷键Ctrl+Shift+Alt+E盖印可见图层，得到"图层1"。选择"图层1"，执行【滤镜】/【模糊】/【高斯模糊】命令，弹出"高斯模糊"对话框，具体参数设置如图9-4所示，设置完毕后单击"确定"按钮，得到的图像效果如图9-5所示。

图9-4

图9-5

04 切换至“通道”面板，按 Ctrl 键单击“蓝”通道缩览图，调出其选区，图像效果如图 9-6 所示。切换回“图层”面板，选择“图层 1”，按快捷键 Ctrl+J 复制选区内的图像，得到“图层 2”，“图层”面板如图 9-7 所示。

图9-6

图9-7

05 选择“图层 1”，单击“图层”面板上添加图层蒙版按钮，为该图层添加图层蒙版。将前景色设置为黑色，选择工具箱中的画笔工具，设置合适的笔刷大小，在图层蒙版中进行绘制，使人物的五官清晰地显示出来，“图层”面板如图 9-8 所示，得到的图像效果如图 9-9 所示。

图9-8

图9-9

06 选择“图层 2”，单击“图层”面板上添加图层蒙版按钮，为该图层添加图层蒙版。将前景色设置为黑色，继续选择工具箱中的画笔工具，对“图层 2”的蒙版进行编辑，“图层”面板如图 9-10 所示，得到的图像效果如图 9-11 所示。

图9-10

图9-11

技术看板：模糊后的点睛之笔——蒙版

由于在使用了【高斯模糊】滤镜对人物面部皮肤进行美化后，图像整体都得到了模糊的效果，因此需要对应用模糊滤镜的图层进行编辑，使其需要清晰表现的部分显露出来。

07 按快捷键 Ctrl+Alt+~ 调出图像的高光选区，单击“图层”面板上的创建新图层按钮，新建“图层 3”。将前景色设置为白色，按快捷键 Alt+Delete 填充选区，并按快捷键 Ctrl+D 取消选择，“图层”面板如图 9-12 所示，得到的图像效果如图 9-13 所示。

图9-12

图9-13

08 将“图层 3”拖曳至“图层”面板上创建新图层按钮，得到“图层 3 副本”图层，加亮图像的整体效果，“图层”面板如图 9-14 所示，得到的图像效果如图 9-15 所示。

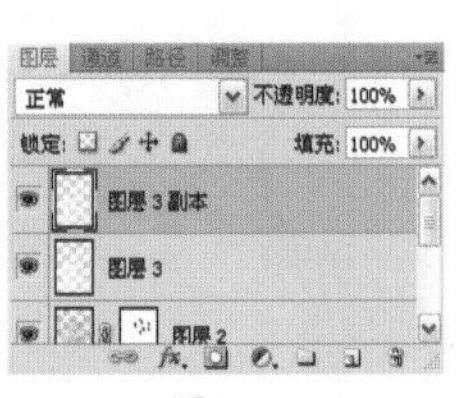

图9-14

图9-15

09 单击“图层”面板上的创建新的填充或调整图层按钮，在弹出的下拉菜单中选择“色相 / 饱和度”选项，弹出“调整”面板，具体设置如图 9-16 所示，得到的图像效果如图 9-17 所示。

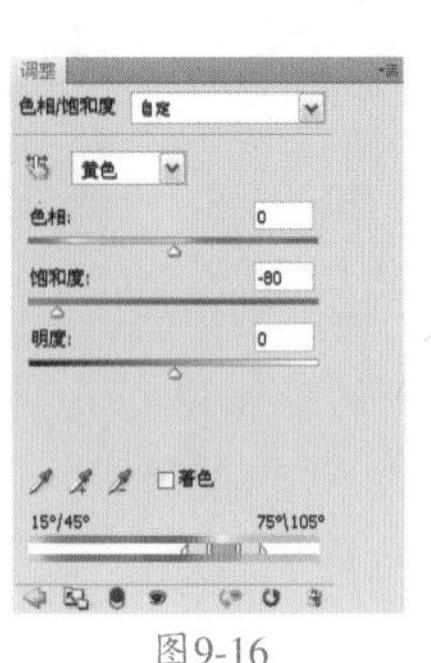

图9-16

图9-17

10 选择工具箱中的矩形选框工具，在其工具选项栏中单击添加到选区按钮，并在图像中创建如图 9-18 所示的选区。

图9-18

11 执行【选择】/【修改】/【羽化】命令(Shift+F6)，弹出“羽化选区”对话框，具体参数设置如图 9-19 所示，设置完毕后单击“确定”按钮。单击“图层”面板上创建新图层按钮，新建“图层 4”。将前景色设置为白色，按快捷键 Alt+Delete 填充选区，并按快捷键 Ctrl+D 取消选择。

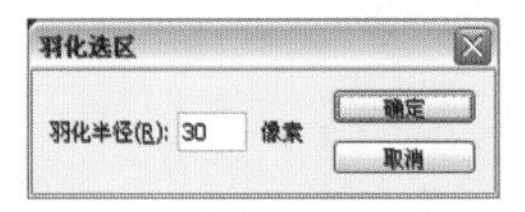

图9-19

12 选择“图层 4”，执行【滤镜】/【模糊】/【动感模糊】命令，弹出“动感模糊”对话框，具体参数设置如图 9-20 所示，设置完毕后单击“确定”按钮，继续执行【滤镜】/【模糊】/【高斯模糊】命令，弹出“高斯模糊”对话框，具体参数设置如图 9-21 所示，设置完毕后单击“确定”按钮，得到的图像效果如图 9-22 所示。

图9-20

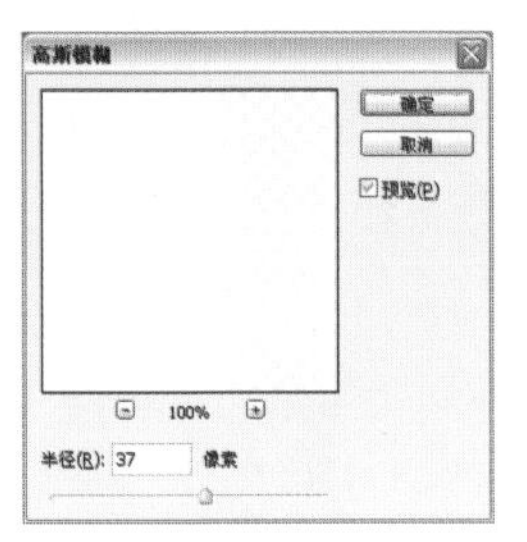

图9-21

图9-22

图9-23

图9-24

13 选择“图层 4”，快捷键 Ctrl+T 对图像进行变换，如图 9-23 所示，调整完毕后按 Enter 键确认变换。将“图层 4”移动至合适位置，得到的图像效果如图 9-24 所示。

14 单击“图层”面板上的创建新图层按钮，新建“图层 5”。将前景色色值设置为 R127、G171、B154，按快捷键 Alt+Delete 填充前景色，并将其图层混合模式设置为“柔光”，得到的图像效果如图 9-25 所示。

图9-25

视频 / 扩展视频 / 视频51　打造冷艳风格特效

课后复习——视频 51 打造冷艳风格特效

Effect 10 雪景效果

难度系数：★★☆☆☆

视频教学 / CH 07 / 10雪景效果

01 执行【文件】/【打开】命令（Ctrl+O），弹出“打开”对话框，选择需要的素材，单击“打开”按钮打开图像，如图 10-1 所示。

图10-1

02 切换至“通道”面板，选择“蓝”通道，将其拖曳至“通道”面板中的创建新通道按钮 上，得到“蓝副本”通道。执行【滤镜】/【艺术效果】/【胶片颗粒】命令，弹出“胶片颗粒”对话框，具体参数设置如图 10-2 所示，设置完毕后单击“确定”按钮，得到的图像效果如图 10-3 所示。

图10-2

图10-3

03 按 Ctrl 键单击“蓝副本”通道缩览图，调出其选区。返回“图层”面板，单击“图层”面板上的创建新图层按钮 ，新建“图层 1”，将前景色设置为白色，按快捷键 Alt+Delete 填充前景色，得到的图像效果如图 10-4 所示。

图10-4

04 按快捷键 Ctrl+D 取消选择。将“图层 1”拖曳至“图层”面板中的创建新图层按钮上，得到“图层 1 副本”图层。单击“图层 1 副本”图层前的指示图层可见性按钮，将其隐藏。选择“图层 1”，单击“图层”面板上的添加图层样式按钮，在弹出的下拉菜单中选择“斜面和浮雕”选项，弹出“图层样式”对话框，具体参数设置如图 10-5 所示，设置完毕后单击“确定”按钮，得到的图像效果如图 10-6 所示。

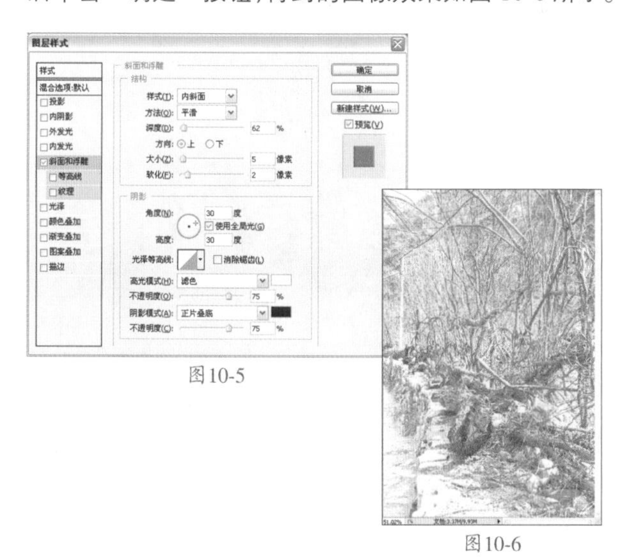

图 10-5

图 10-6

05 显示并选择“图层 1 副本”图层，并将其图层混合模式设置为“柔光”，得到的图像效果如图 10-7 所示。

图 10-7

06 单击“图层”面板上的创建新的填充或调整图层按钮，在弹出的下拉菜单中选择“色阶”选项，在“调整”面板中设置参数，如图 10-8 所示，得到的图像效果如图 10-9 所示。

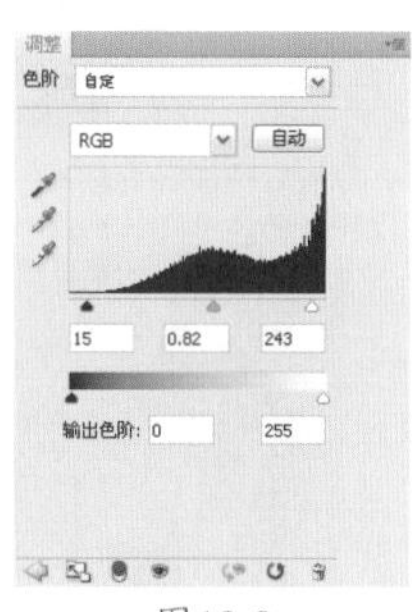

图 10-8

图 10-9

视频 / 扩展视频 / 视频52 为照片添加暴风雪效果

课后复习——视频 52 为照片添加暴风雪效果

Effect 11 调出油光通透的皮肤

难度系数：★★☆☆☆

视频教学 / CH 07 / 11调出油光通透的皮肤

01 执行【文件】/【打开】命令（Ctrl+O），弹出“打开”对话框，选择需要的素材，单击“打开”按钮打开图像，如图 11-1 所示。

图11-1

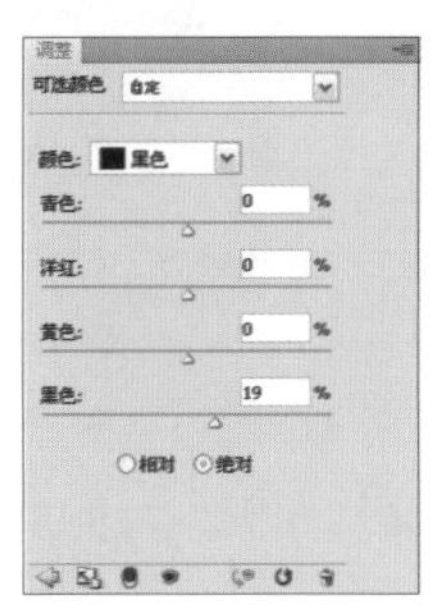

图11-3

图11-4

02 单击“图层”面板中的创建新的填充或调整图层按钮，在弹出的下拉菜单中选择“可选颜色”选项，在“调整”面板中设置参数，如图 11-2 和图 11-3 所示，得到的图像效果如图 11-4 所示。

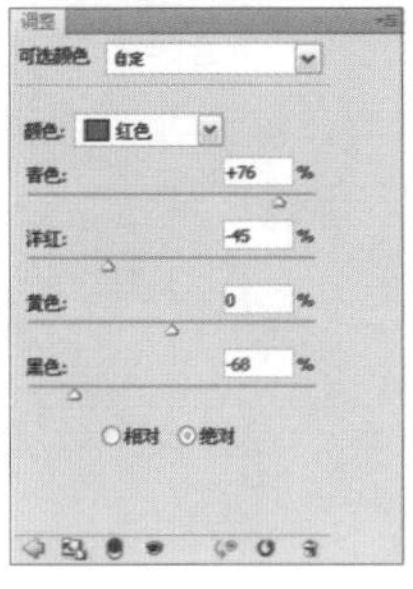

图11-2

03 盖印所有可见图层（Ctrl+Shift+Alt+E），生成“图层 1”。按快捷键 Ctrl+Shift+U 去色，得到的图像效果如图 11-5 所示。

图11-5

04 执行【滤镜】/【艺术效果】/【塑料包装】命令，弹出“塑料包装”对话框，具体参数设置如图 11-6 所示，设置完毕后单击“确定”按钮，得到的图像效果如图 11-7 所示。

图11-6

图11-7

05 单击“图层”面板中的创建新的填充或调整图层按钮，在弹出的下拉菜单中选择“色阶”选项，在“调整”面板中设置参数，如图 11-8 所示，得到的图像效果如图 11-9 所示。

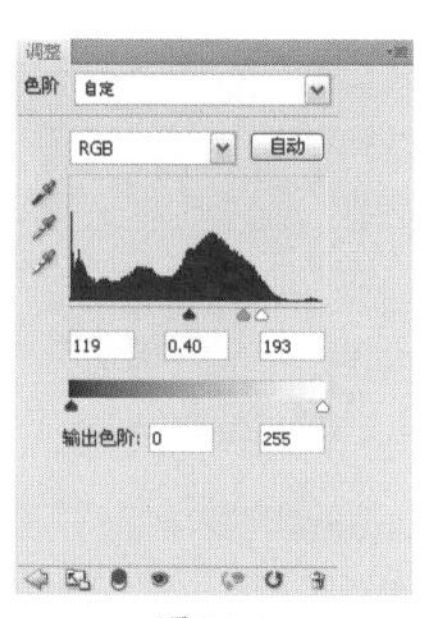

图11-8

图11-9

06 切换至“通道”面板，按 Ctrl 键单击“RGB”通道缩览图，调出其选区。返回“图层”面板，隐藏“图层 1”和“色阶 1”调整图层，得到的图像效果如图 11-10 所示。

图11-10

07 单击“图层”面板中的创建新的填充或调整图层按钮，在弹出的下拉菜单中选择“曲线”选项，在“调整”面板中设置参数，如图 11-11 所示，得到的图像效果如图 11-12 所示。

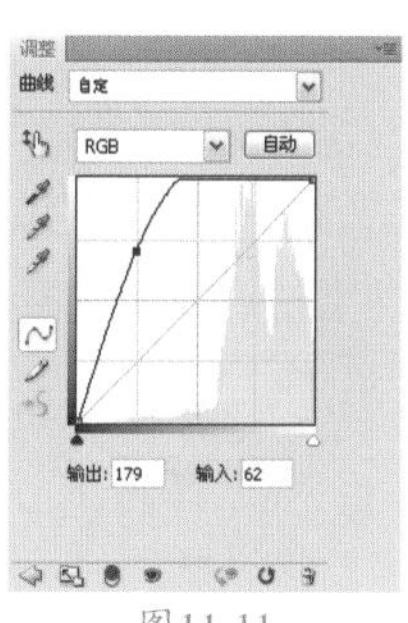

图11-11

图11-12

操作提示

案例中通过使用【塑料包装】滤镜和色阶命令，调出高光区域，再通过曲线进行调整，制作出人物的油光通透皮肤效果。

Effect 12 制作天空体积光

难度系数：★★☆☆☆

视频教学 / CH 07 / 12制作天空体积光

01 执行【文件】/【打开】命令（Ctrl+O），弹出“打开”对话框，选择需要的素材，单击“打开”按钮打开图像，如图 12-1 所示。

图12-1

02 将“背景”图层拖曳至“图层”面板中的创建新图层按钮  上，得到“背景副本”图层，并将其图层混合模式设置为“叠加”，得到的图像效果如图 12-2 所示。

03 单击“图层”面板上的创建新的填充或调整图层按钮，在弹出的下拉菜单中选择“曲线”选项，在“调整”面板中设置参数，如图 12-3 所示，得到的图像效果如图 12-4 所示。

图12-2

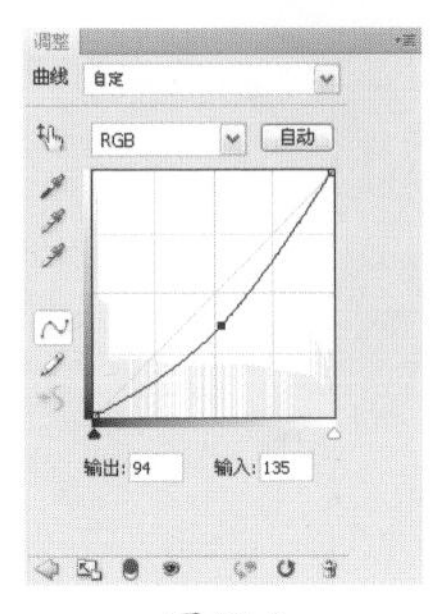

图12-3

图12-4

04 单击“图层”面板上的创建新的填充或调整图层按钮，在弹出的下拉菜单中选择“色彩平衡”选项，在“调整”面板中设置参数，如图 12-5 和图 12-6 所示，得到的图像效果如图 12-7 所示。

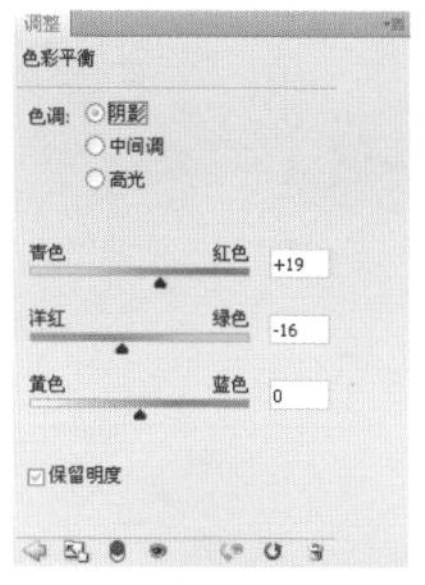

图12-5

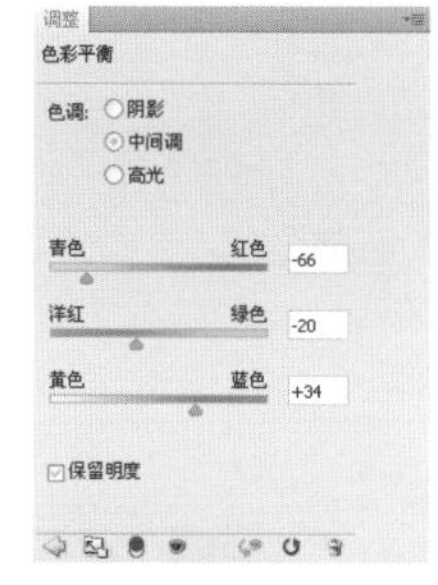

图12-6

图12-7

05 切换至“通道”面板，选择“绿”通道，按 Ctrl 键单击“绿”通道缩览图，调出其选区，选区效果如图 12-8 所示。

图12-8

06 选择“RGB”通道，返回“图层”面板，单击“图层”面板上的创建新图层按钮，新建“图层 1”。将前景色设置为白色，按快捷键 Alt+Delete 填充前景色，按快捷键 Ctrl+D 取消选择，得到的图像效果如图 12-9 所示。

图12-9

07 执行【滤镜】/【模糊】/【径向模糊】命令，弹出“径向模糊”对话框，具体参数设置如图 12-10 所示，设置完毕后单击“确定”按钮，得到的图像效果如图 12-11 所示。

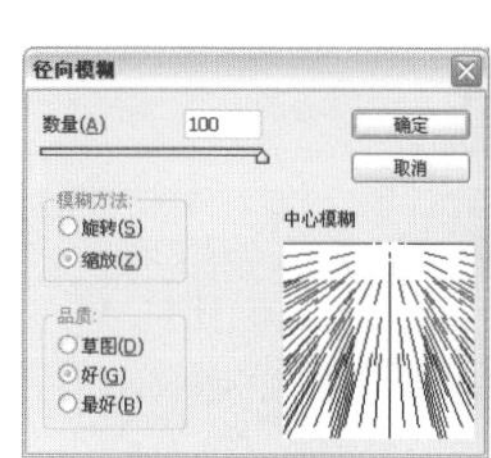

图12-10

图12-11

08 单击“图层”面板上的添加图层蒙版按钮，为“图层 1”添加蒙版。按 D 键将前景色和背景色恢复为默认的黑色和白色。选择工具箱中的画笔工具，在其工具选项栏中设置合适的笔刷及不透明度，在图像中进行涂抹，“图层”面板如图 12-12 所示，得到的图像效果如图 12-13 所示。

图12-12

图12-13

09 执行【滤镜】/【锐化】/【USM锐化】命令，弹出“USM锐化”对话框，具体参数设置如图12-14所示，设置完毕后单击“确定”按钮，得到的图像效果如图12-15所示。

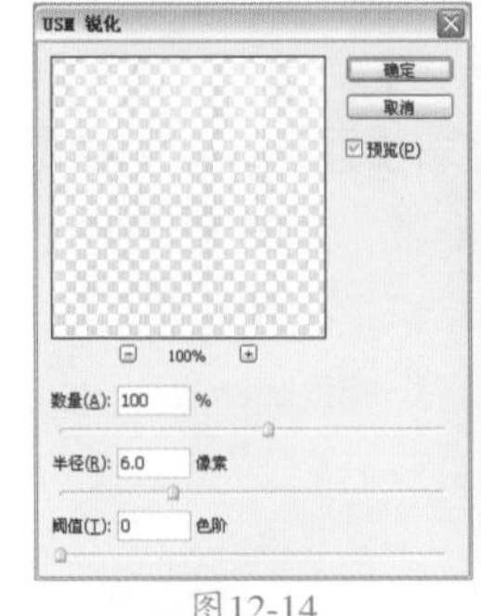

图12-14

图12-15

 Effect 13　后期打造蓝天白云

难度系数：★★☆☆☆

视频教学 / CH 07 / 13后期打造蓝天白云

01 执行【文件】/【打开】命令（Ctrl+O），弹出“打开”对话框，选择需要的素材，单击“打开”按钮打开图像，如图13-1所示。

图13-1

02 将“背景”图层拖曳至“图层”面板中的创建新图层按钮上，得到“背景副本”图层，并将其图层混合模式设置为“叠加”，得到的图像效果如图13-2所示。

图13-2

03 设置前景色和背景色色值，如图 13-3 和图 13-4 所示，设置完毕后单击“确定”按钮。

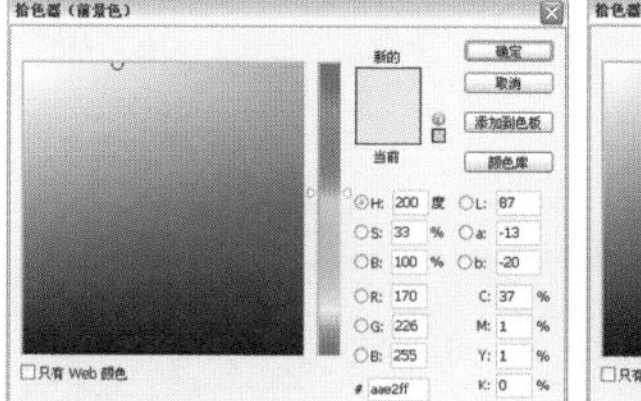

图13-3

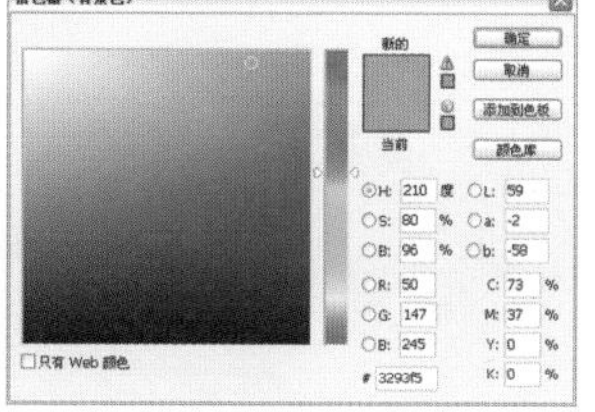

图13-4

04 选择工具箱中的魔棒工具，在其工具选项栏中设置其容差值为 32，单击图像中白色区域，得到的选区效果如图 13-5 所示。

图13-5

05 单击“图层”面板上的创建新图层按钮，新建“图层 1”。选择工具箱中的渐变工具，在其工具选项栏中设置从前景到背景的渐变类型，单击线性渐变按钮，在图像中填充渐变，按快捷键 Ctrl+D 取消选择，得到的图像效果如图 13-6 所示。

图13-6

06 执行【文件】/【打开】命令（Ctrl+O），弹出“打开”对话框，选择需要的素材，单击“打开”按钮打开图像，如图 13-7 所示。

图13-7

07 选择工具箱中的移动工具，将其拖曳至主文档中，生成“图层 2”，按快捷键 Ctrl+T 调出自由变换框，调整图像，并将其图层混合模式设置为“强光”，不透明度设置为 70%，得到的图像效果如图 13-8 所示。

图13-8

08 单击“图层”面板上的添加图层蒙版按钮，为“图层 2”添加蒙版。将前景色和背景色恢复为默认的黑色和白色，选择工具箱中的渐变工具，在其工具选项栏中设置从前景到背景的渐变类型，单击线性渐变按钮，在图像中填充渐变，“图层”面板如图 13-9 所示，得到的图像效果如图 13-10 所示。

图13-9

图13-10

 单击“图层”面板上的创建新的填充或调整图层按钮，在弹出的下拉菜单中选择“色阶”选项，在“调整”面板中设置参数，如图13-11所示，得到的图像效果如图13-12所示。

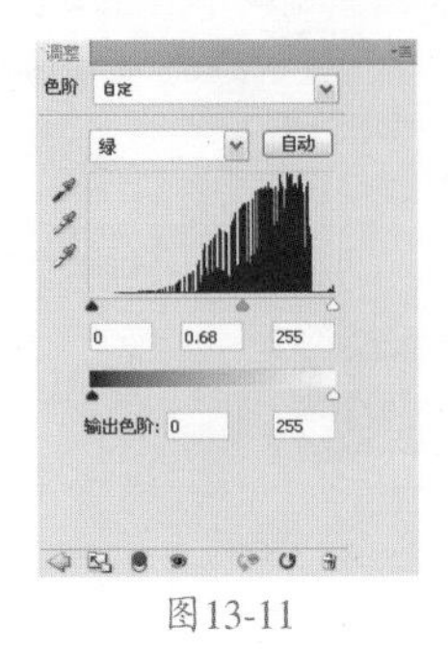

图13-11

图13-12

Effect 14 调出可爱粉色系

难度系数：★☆☆☆☆

视频教学 / CH 07 / 14调出可爱粉色系

01 执行【文件】/【打开】命令（Ctrl+O），弹出“打开”对话框，选择需要的素材，单击“打开”按钮打开图像，如图14-1所示。

图14-1

02 单击“图层”面板上的创建新的填充或调整图层按钮，在弹出的下拉菜单中选择“色阶”选项，在“调整”面板中设置参数，如图14-2所示，得到的图像效果如图14-3所示。

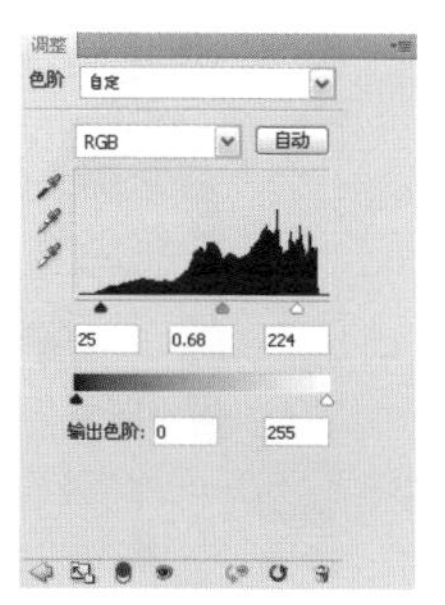

图14-2

图14-3

03 单击“图层”面板上的创建新的填充或调整图层按钮，在弹出的下拉菜单中选择“纯色”选项，弹出“拾取实色”对话框，具体参数设置如图14-4所示，设置完毕后单击“确定”按钮，并将其图层混合模式设置为“色相”，得到的图像效果如图14-5所示。

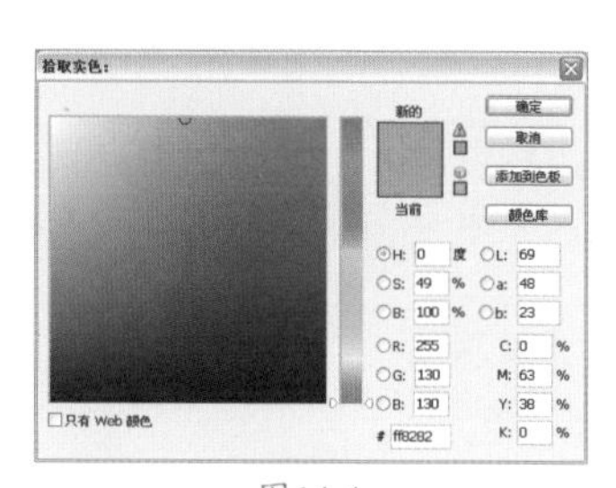

图14-4

图14-5

04 单击“颜色填充 1”调整图层的蒙版缩览图，将前景色设置为黑色，选择工具箱中的画笔工具，在其工具选项栏中设置合适的笔刷及不透明度，在图像中人物区域进行涂抹，得到的图像效果如图14-6所示。

图14-6

05 按快捷键Ctrl+Shift+Alt+E盖印所有可见图层，生成“图层 1”。并将其图层混合模式设置为“颜色加深”，不透明度设置为50%，“图层”面板如图14-7所示，得到的图像效果如图14-8所示。

图14-7

图14-8

06 单击“图层”面板上的添加图层蒙版按钮，为“图层 1”添加蒙版。将前景色设置为黑色，选择工具箱中的画笔工具，在其工具选项栏中设置合适的笔刷及不透明度，在图像中颜色过深处进行涂抹，“图层”面板如图14-9所示，得到的图像效果如图14-10所示。

图14-9

图14-10

07 单击“图层”面板上的创建新的填充或调整图层按钮，在弹出的下拉菜单中选择“色彩平衡”选项，在“调整”面板中设置参数，如图14-11所示，得到的图像效果如图14-12所示。

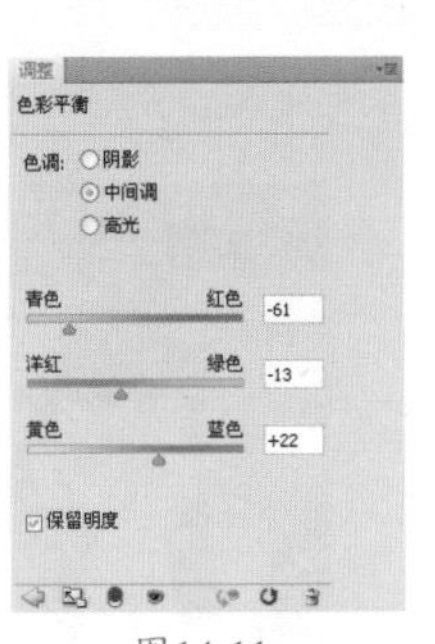

图14-11

图14-12

图14-13

图14-14

08 单击“图层”面板上的创建新的填充或调整图层按钮，在弹出的下拉菜单中选择“色相 / 饱和度”选项，在“调整”面板中设置参数，如图 14-13 所示，得到的图像效果如图 14-14 所示。

技术看板：“色相”混合模式

“色相”模式是选择下方图层颜色亮度和饱和度值与当前层的色相值进行混合创建的效果，混合后的亮度及饱和度取决于基色，但色相则取决于当前层的颜色。

09 单击“图层”面板上的创建新图层按钮，新建“图层 2”。将前景色设置为白色，选择工具箱中的画笔工具，打开画笔调板进行设置，设置完毕后在图像中添加点缀元素，得到的图像效果如图 14-15 所示。

图14-15

视频 / 扩展视频 / 视频53　制作熏黄的照片效果

课后复习——视频 53 制作熏黄的照片效果

Effect 15 制作泛彩时尚特效

难度系数：★★★☆☆

视频教学 / CH 07 / 15制作泛彩时尚特效

01 执行【文件】/【打开】命令（Ctrl+O），弹出“打开”对话框，选择需要的素材，单击“打开”按钮打开图像，如图 15-1 所示。

图15-1

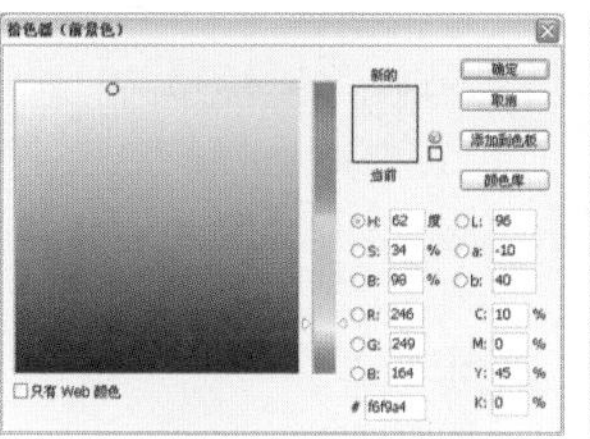

图15-2

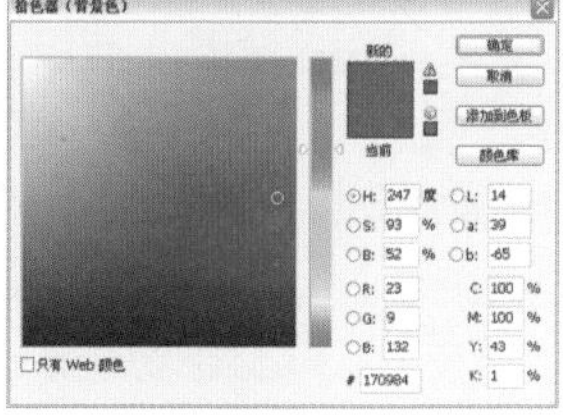

图15-3

02 将“背景”图层拖曳至“图层”面板中的创建新图层按钮 上，得到“背景副本”图层。设置前景色和背景色色值，如图 15-2 和图 15-3 所示。

03 执行【滤镜】/【渲染】/【分层云彩】命令，得到的图像效果如图 15-4 所示。按快捷键 Ctrl+F 再次执行分层云彩滤镜，得到的图像效果如图 15-5 所示。

图15-4

图15-5

04 在“图层”面板上将其图层混合模式设置为“颜色加深”。将前景色和背景色恢复为默认的黑色和白色，单击“图层”面板上添加图层蒙版按钮，为“背景副本”图层添加蒙版，选择工具箱中的画笔工具，在其工具选项栏中设置合适的笔刷及不透明度，在图像中进行涂抹，“图层”面板如图 15-6 所示，得到的图像效果如图 15-7 所示。

图15-6

图15-7

05 单击“图层”面板上的创建新图层按钮，新建“图层 1”，如图 15-8 所示设置前景色色值，并按快捷键 Alt+Delete 填充前景色。

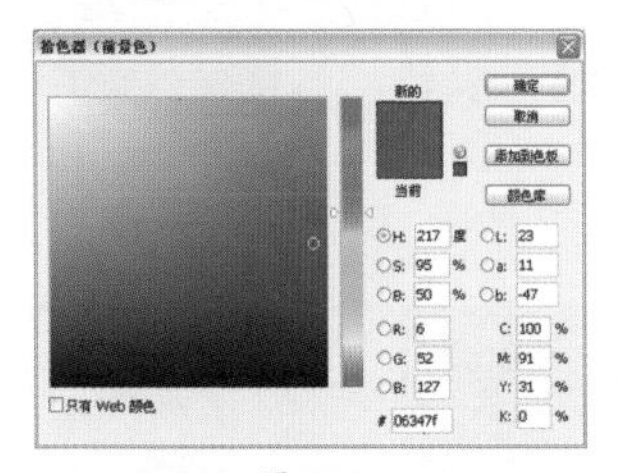

图15-8

06 在“图层”面板上将其图层混合模式设置为“差值”。将前景色和背景色恢复为默认的黑色和白色。单击“图层”面板上添加图层蒙版按钮，为“图层 1”添加蒙版。选择工具箱中的画笔工具，在其工具选项栏中设置合适的笔刷及不透明度，在图像中进行涂抹，“图层”面板如图 15-9 所示，得到的图像效果如图 15-10 所示。

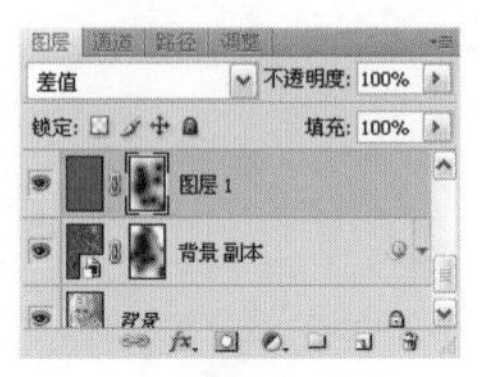

图15-9

图15-10

07 盖印所有可见图层，生成“图层 2”，并将其图层混合模式设置为“叠加”。用同样的方法添加图层蒙版，在图像中颜色过深处进行涂抹，得到的图像效果如图 15-11 所示。

图15-11

08 切换至“通道”面板，按 Ctrl 键单击“RGB”通道缩览图，调出其选区。返回“图层”面板，单击“图层”面板上的创建新图层按钮，新建“图层 3”，填充白色，并将其图层混合模式设置为“柔光”，得到的图像效果如图 15-12 所示。

图15-12

09 单击“图层”面板上的创建新图层按钮，新建“图层 4”，如图 15-13 所示设置前景色色值，并按快捷键 Alt+Delete 填充前景色。

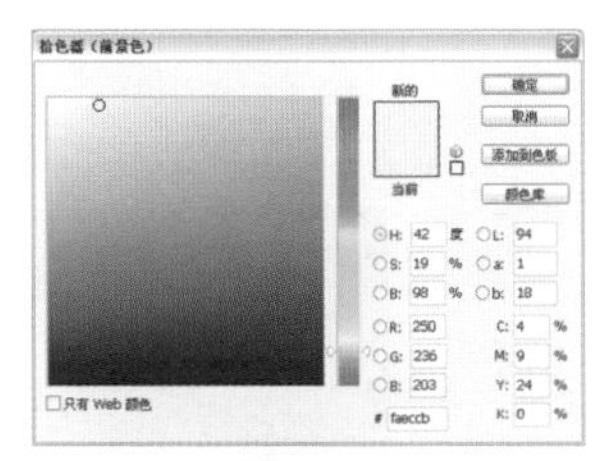

图15-13

10 在“图层”面板上将其图层混合模式设置为“正片叠底”，不透明度设置为70%，“图层”面板如图15-14所示，得到的图像效果如图15-15所示。

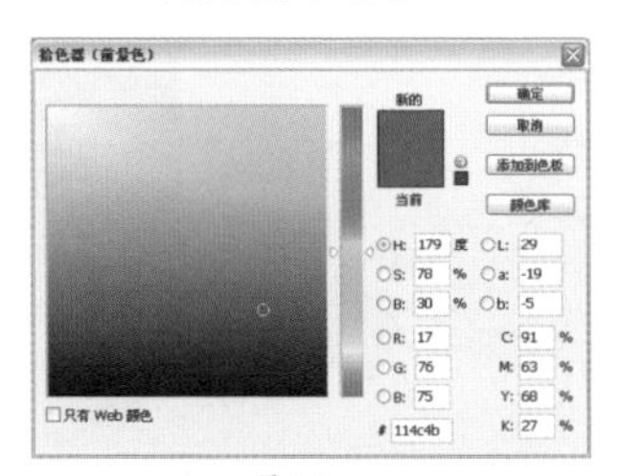

图15-14 图15-15

11 单击“图层”面板上的创建新图层按钮 ，新建“图层5”，如图15-16所示设置前景色色值，并按快捷键Alt+Delete填充前景色。

图15-16

12 在“图层”面板上将其图层混合模式设置为“颜色减淡”，不透明度设置为80%。用同样的方法添加图层蒙版，在图像颜色过度处涂抹，“图层”面板如图15-17所示，得到的图像效果如图15-18所示。

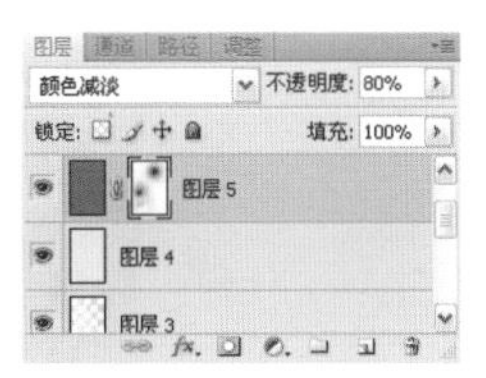

图15-17 图15-18

13 按快捷键Ctrl+Shift+Alt+E盖印所有可见图层，生成“图层6”，并将其图层混合模式设置为“滤色”，用同样的方法添加图层蒙版，在图像中过亮处进行涂抹，得到的图像效果如图15-19所示。

图15-19

Effect 16 巧做影楼写真效果

难度系数：★★☆☆☆

视频教学 / CH 07 / 16巧做影楼写真效果

01 执行【文件】/【打开】命令（Ctrl+O），弹出“打开”对话框，选择需要的素材，单击“打开”按钮打开图像，如图 16-1 所示。

图16-1

02 将“背景”图层拖曳至“图层”面板中的创建新图层按钮 上，得到“背景副本”图层，按快捷键 Ctrl+Shift+U 去色，得到的图像效果如图 16-2 所示。

图16-2

03 在“图层”面板上将其图层混合模式设置为“正片叠底”，不透明度设置为 70%，“图层”面板如图 16-3 所示，得到的图像效果如图 16-4 所示。

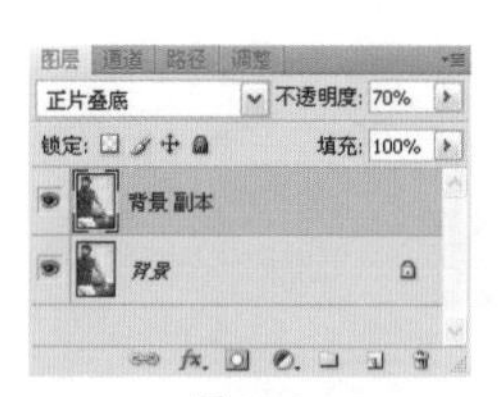

图16-3

图16-4

04 单击“图层”面板上的创建新图层按钮 ，新建“图层 1”，如图 16-5 所示设置前景色色值，设置完毕后按快捷键 Alt+Delete 填充前景色。

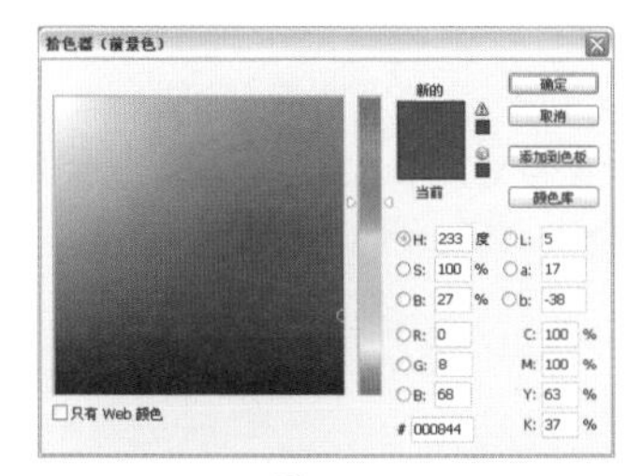

图16-5

05 在“图层”面板上将其图层混合模式设置为“排除”，得到的图像效果如图16-6所示。

图16-6

06 单击“图层”面板上的创建新的填充或调整图层按钮，在弹出的下拉菜单中选择“色彩平衡”选项，在“调整”面板中设置参数，如图16-7和图16-8所示，得到的图像效果如图16-9所示。

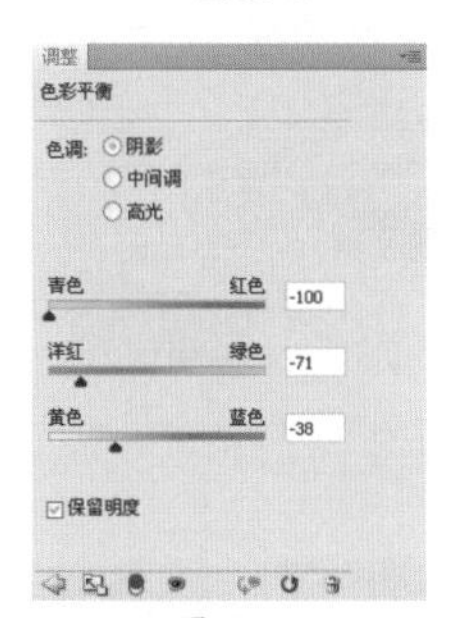

图16-7

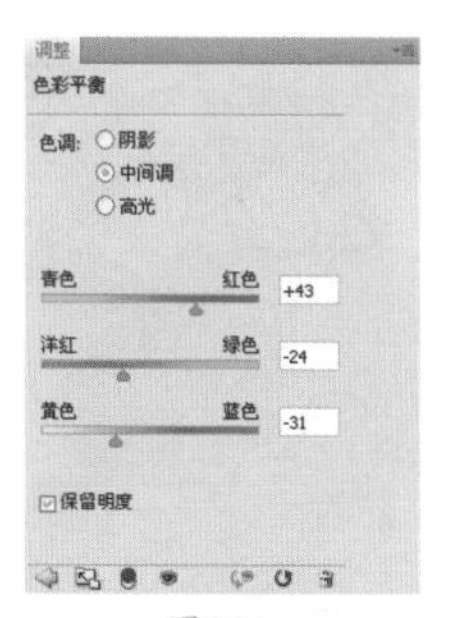

图16-8

图16-9

07 单击“图层”面板上的创建新的填充或调整图层按钮，在弹出的下拉菜单中选择“色相/饱和度”选项，在“调整”面板中设置参数，如图16-10所示，得到的图像效果如图16-11所示。

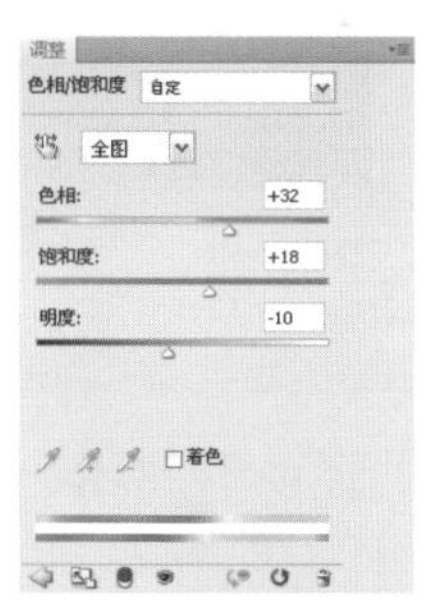

图16-10

图16-11

08 选择工具箱中的矩形选框工具，在图像中如图16-12所示绘制矩形选区。

图16-12

09 执行【选择】/【修改】/【羽化】命令，弹出“羽化选区”对话框，羽化半径设置为40，设置完毕后单击“确定”按钮，按快捷键Ctrl+Shift+I将选区反选，并填充黑色，按快捷键Ctrl+D取消选择，得到的图像效果如图16-13所示。

图16-13

10 选择工具箱中的横排文字工具 T，在其工具选项栏中设置合适的字体及大小，在图像中输入文字，得到的图像效果如图 16-14 所示。

图16-14

技术看板：羽化选区命令

“羽化”命令可以对选区的边缘进行羽化。羽化后的边缘图像将丢失选区边缘的一些细节图像。如果选区较小而羽化半径设置得太大，则会弹出警告对话框。如果不想弹出该对话框，应减小羽化半径或增大选区的范围。

课后复习
——视频 54 制作淡彩画效果

视频 / 扩展视频 / 视频54　制作淡彩画效果

课后复习
——视频 55 照片的艺术效果

视频 / 扩展视频 / 视频55　照片的艺术效果

Chapter 08 数码照片的艺术设计

本章共11个案例，主要讲解如何将数码照片和艺术设计相融合，从而制作出视觉感和实用性兼顾的作品，如名片设计、贺卡制作、个人简历封面设计等。

 Effect 01 名片

难度系数：★★★☆☆

视频教学 / CH 08 / 01名片

01 执行【文件】/【新建】命令（Ctrl+N），弹出的“新建”对话框，具体参数设置如图 1-1 所示，设置完毕后单击“确定”按钮，新建文档。

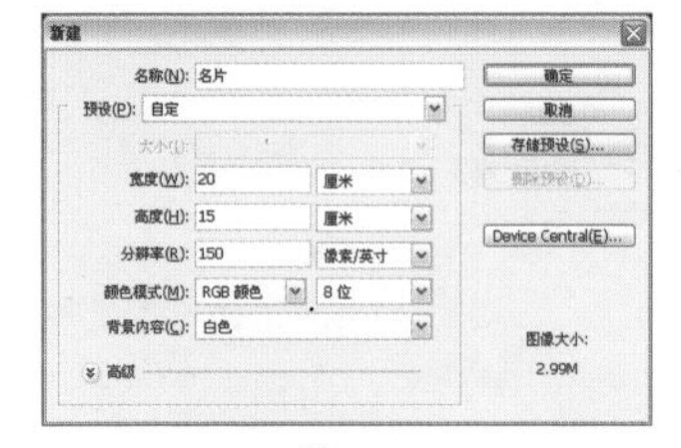

图1-1

02 将前景色设置为黑色，按快捷键 Alt+Delete 填充前景色。选择工具箱中的圆角矩形工具，在其工具选项栏中设置半径为 30，在图像中绘制闭合路径，按快捷键 Ctrl+Enter 将路径转化为选区，选区效果如图 1-2 所示。

图1-2

03 单击“图层”面板上的创建新图层按钮，新建“图层 1”。如图 1-3 所示设置前景色色值，设置完毕后按快捷键 Alt+Delete 填充前景色，按快捷键 Ctrl+D 取消选择，得到的图像效果如图 1-4 所示。

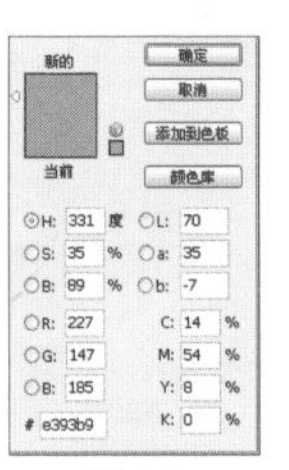

图1-3

图1-4

04 执行【文件】/【打开】命令（Ctrl+O），弹出的“打开”对话框，选择需要的素材，单击“打开”按钮打开图像，如图 1-5 所示。

图1-5

05 选择工具箱中的移动工具，将其拖曳至主文档中，生成“图层 2”。按快捷键 Ctrl+T 调出自由变换框，调整图像大小。按 Ctrl 键单击“图层 1”缩览图，调出其选区，按快捷键 Ctrl+Shift+I 将选区反选，按 Delete 删除选区内的图像，按快捷键 Ctrl+D 取消选择，得到的图像效果如图 1-6 所示。

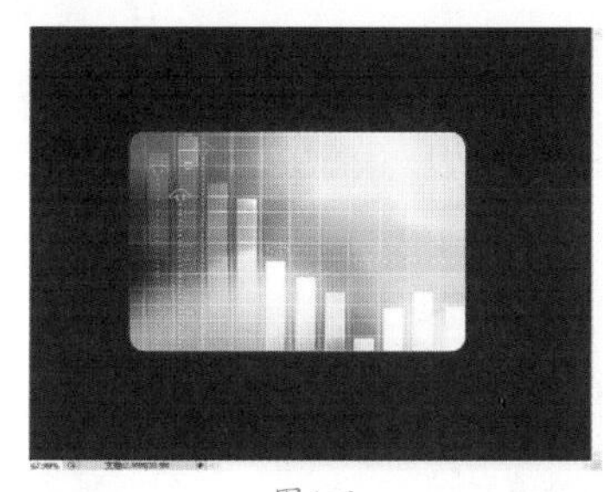

图1-6

06 在“图层”面板上将其图层混合模式设置为“明度”，填充值设置为 33%。“图层”面板如图 1-7 所示，得到的图像效果如图 1-8 所示。

图1-7

图1-8

07 单击“图层”面板上的添加图层蒙版按钮，为“图层 2”添加蒙版。将前景色和背景色恢复为默认的黑色和白色。选择工具箱中的渐变工具，在其工具选项栏中设置从前景到背景的渐变类型，单击线性渐变按钮，填充渐变，得到的图像效果如图 1-9 所示。

图1-9

08 执行【文件】/【打开】命令（Ctrl+O），弹出“打开”对话框，选择需要的素材，单击“打开”按钮打开图像，如图 1-10 所示。

图1-10

09 选择工具箱中的移动工具，将其拖曳至主文档中，生成“图层 3”。按快捷键 Ctrl+T 调出自由变换框，调整图像大小。按 Ctrl 键单击“图层 1”缩览图，调出其选区，按快捷键 Ctrl+Shift+I 将选区反选，按 Delete 删除选区内的图像，得到的图像效果如图 1-11 所示。

图1-11

10 按快捷键 Ctrl+D 取消选择。在“图层”面板上将其图层混合模式设置为“叠加”，不透明度设置为 70%，“图层”面板如图 1-12 所示，得到的图像效果如图 1-13 所示。

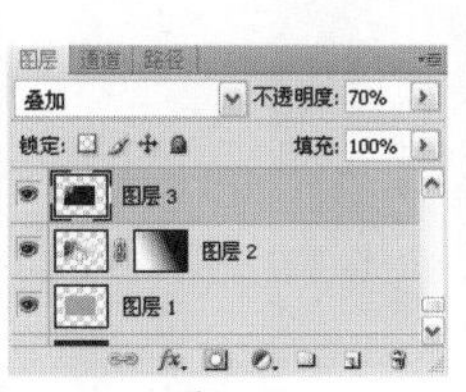

图1-12

图1-13

11 执行【文件】/【打开】命令（Ctrl+O），弹出“打开”对话框，选择需要的素材，单击“打开”按钮打开图像，如图 1-14 所示。

图1-14

12 选择工具箱中的移动工具，将其拖曳至主文档中，生成“图层 4”。按快捷键 Ctrl+T 调出自由变换框，调整图像，得到的图像效果如图 1-15 所示。

图1-15

13 将“图层 4”拖曳至“图层”面板中的创建新图层按钮上，得到“图层 4 副本”图层。执行【滤镜】/【像素化】/【马赛克】命令，弹出“马赛克”对话框，具体参数设置如图 1-16 所示，设置完毕后单击“确定”按钮，得到的图像效果如图 1-17 所示。

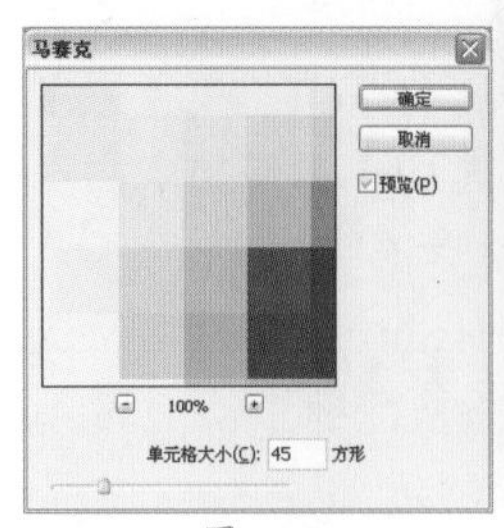

图1-16

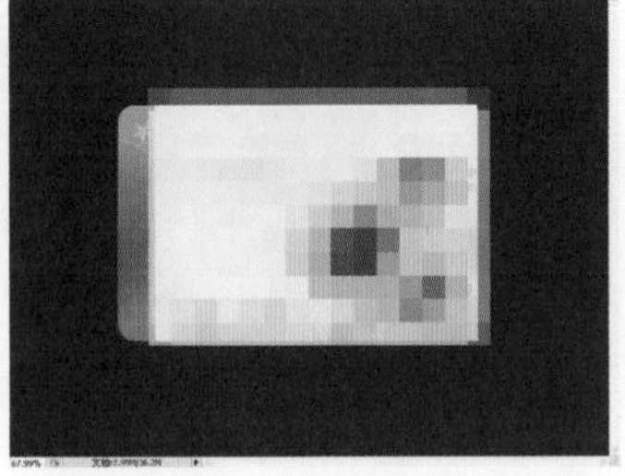
图1-17

14 执行【滤镜】/【风格化】/【查找边缘】命令。按快捷键 Ctrl+I 反相，得到的图像效果如图 1-18 所示。

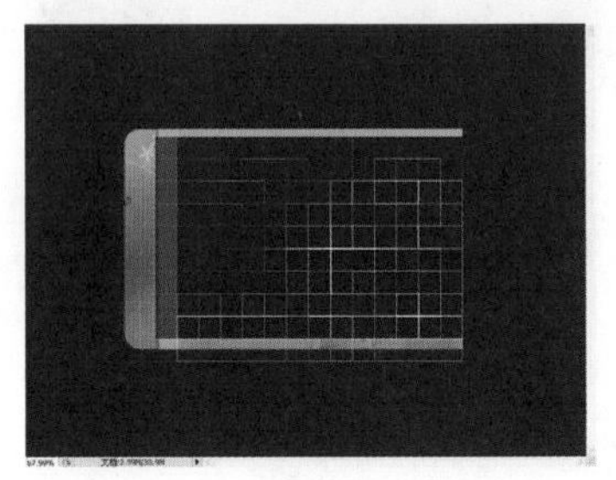
图1-18

15 在“图层”面板上将其图层混合模式设置为“叠加”，得到的图像效果如图 1-19 所示。

图1-19

16 按 Ctrl 键分别单击“图层 4”和“图层 4 副本”图层，按快捷键 Ctrl+Alt+E 合并图层，得到“图层 4 副本（合并）”图层，并将“图层 4”和“图层 4 副本”隐藏。选择“图层 4 副本（合并）”图层，并将其图层混合模式设置为“明度”，不透明度设置为 50%，“图层”面板如图 1-20 所示，得到的图像效果如图 1-21 所示。

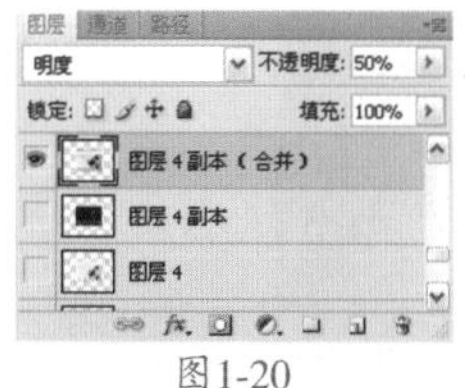

图1-20

图1-21

操作提示

单击图层缩览图前的指示图层可见性按钮，可隐藏或显示图层。

17 单击“图层”面板上的添加图层蒙版按钮，为“图层 4 副本（合并）”图层添加蒙版。将前景色和背景色恢复为默认的黑色和白色。选择工具箱中的渐变工具，在其工具选项栏中设置从前景到背景的渐变类型，单击线性渐变按钮，填充渐变，得到的图像效果如图 1-22 所示。

图1-22

18 选择工具箱中的自定形状工具，在其工具选项栏中单击扩展按钮，在弹出的下拉列表中选择合适的形状，在图像中绘制闭合路径，按快捷键 Ctrl+Enter 将路径转化为选区，得到的选区效果如图 1-23 所示。

图1-23

19 单击“图层”面板上的创建新图层按钮，新建“图层 5”。将前景色设置为黑色，按快捷键 Alt+Delete 填充前景色，按快捷键 Ctrl+D 取消选择。执行【滤镜】/【模糊】/【动感模糊】命令，弹出“动感模糊”对话框，具体参数设置如图 1-24 所示，设置完毕后单击“确定”按钮，得到的图像效果如图 1-25 所示。

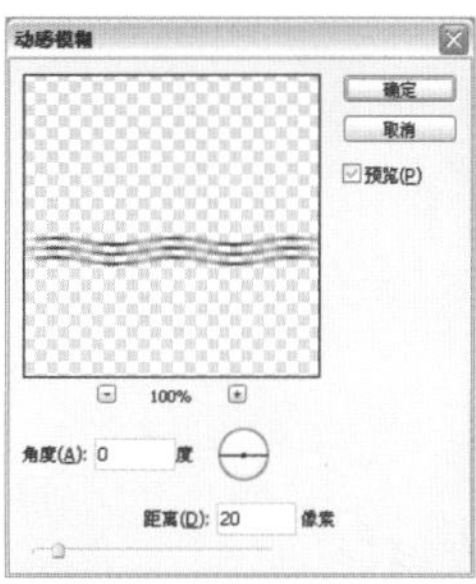

图1-24

图1-25

20 在“图层”面板上将其图层混合模式设置为“叠加”。单击“图层”面板上的添加图层样式按钮，在弹出的下拉菜单中选择“外发光”选项，弹出“图层样式”对话框，使用默认值，单击“确定”按钮，得到的图像效果如图 1-26 所示。

图1-26

21 选择工具箱中的横排文字工具，在其工具选项栏中设置合适的字体及大小，在图像中输入文字，得到的图像效果如图 1-27 所示。

图1-27

22 单击“背景”图层缩览图前的指示图层可见性按钮，将其隐藏。按快捷键 Ctrl+Shift+Alt+E 盖印所有可见图层，生成“图层 6”，图像效果如图 1-28 所示。

图1-28

操作提示

将除“背景”和“图层6”以外的图层成组，得到“组1”，并将其隐藏。

23 选择“图层 6”，按快捷键 Ctrl+T 调出自由变换框，调整图像，得到的图像效果如图 1-29 所示。

图1-29

24 将“图层 6”拖曳至“图层”面板中的创建新图层按钮上，得到“图层 6 副本”图层。执行【编辑】/【变换】/【垂直翻转】命令，并调整图像，得到的图像效果如图 1-30 所示。

图1-30

25 用同样的方法为“图层 6 副本”图层添加蒙版，得到的图像效果如图 1-31 所示。

图1-31

26 将“图层 6”拖曳至“图层”面板中的创建新图层按钮上，得到“图层 6 副本 2”图层。按快捷键 Ctrl+T 调出自由变换框，调整图像，得到的图像效果如图 1-32 所示。

图1-32

27 单击“图层”面板上的创建新的填充或调整图层按钮，在弹出的下拉菜单中选择“色相/饱和度”选项，在“调整”面板中设置参数，如图 1-33 所示，按快捷键 Ctrl+Alt+G 创建剪切蒙版，得到的图像效果如图 1-34 所示。

图1-33

图1-34

28 按住 Ctrl 键分别单击“图层 6 副本 2”图层和“色相 / 饱和度 1”调整图层，将其拖曳至“图层”面板中的创建新图层按钮 上，得到副本图层，并调整其位置，得到的图像效果如图 1-35 所示。

图1-35

29 为图像添加背景及点缀元素，得到的图像效果如图 1-36 所示。

图1-36

30 选择“图层 6”，单击“图层”面板上的添加图层样式按钮 fx.，在弹出的下拉菜单中选择“投影”选项，弹出“图层样式”对话框，具体参数设置如图 1-37 所示，设置完毕后单击“确定”按钮。用同样的方法为“图层 6 副本 2”图层添加图层样式，得到的图像效果如图 1-38 所示。

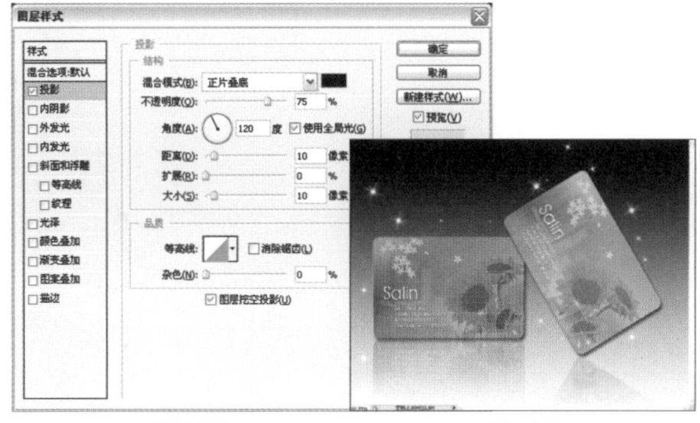

图1-37　　图1-38

31 选择“图层 8”，按快捷键 Ctrl+Shift+Alt+E 盖印所有可见图层，生成“图层 9”。执行【滤镜】/【渲染】/【光照效果】命令，弹出“光照效果”对话框，具体参数设置如图 1-39 所示，设置完毕后单击“确定”按钮，得到的图像效果如图 1-40 所示。

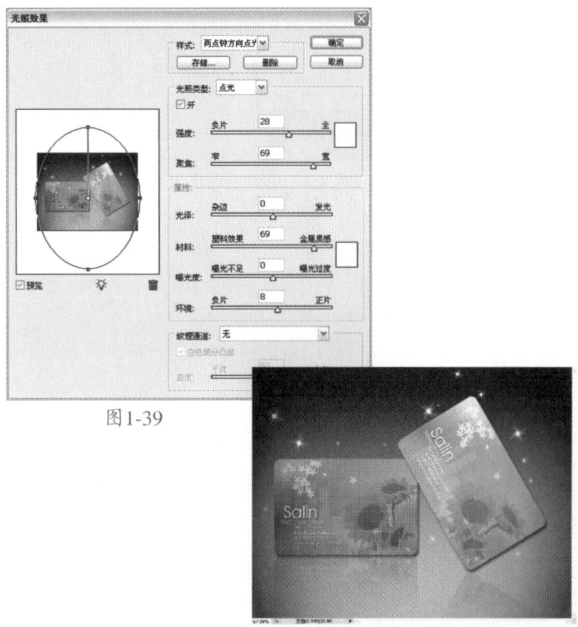

图1-39　　图1-40

Effect 02 贺卡

难度系数：★★☆☆☆

视频教学 / CH 08 / 02贺卡

01 执行【文件】/【打开】命令（Ctrl+O），弹出“打开”对话框，选择需要的素材，单击“打开”按钮打开图像，如图 2-1 所示。

图2-1

02 按快捷键 Ctrl+J 复制图像到新图层中，生成“图层 1”按快捷键 Ctrl+Shift+U 去色，得到的图像效果如图 2-2 所示。

图2-2

03 单击“图层”面板上的创建新的填充或调整图层按钮，在弹出的下拉菜单中选择“色相 / 饱和度”选项，在“调整”面板中设置参数，如图 2-3 所示，得到的图像效果如图 2-4 所示。

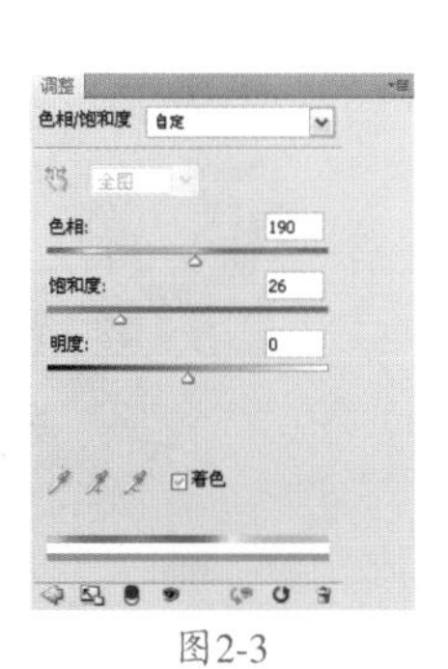

图2-3

图2-4

04 按快捷键 Ctrl+Shift+Alt+E 盖印所有可见图层，生成“图层 2”。选择工具箱中的自定形状工具，在其工具选项栏中选择合适的形状，在图像中进行绘制，按快捷键 Ctrl+Enter 将路径转化为选区，得到的图像效果如图 2-5 所示。

图2-5

05 按快捷键 Ctrl+J 将选区内的图像复制到新图层中，生成“图层 3”。单击“图层”面板上的添加图层样式按钮 fx，在弹出的下拉菜单中选择“投影”选项，弹出“图层样式”对话框，具体参数设置如图 2-6 所示，设置完毕后不关闭对话框。继续勾选“描边”复选框，具体参数设置如图 2-7 所示，设置完毕后不关闭对话框。继续勾选“内阴影”复选框，具体参数设置如图 2-8 所示，设置完毕后单击“确定”按钮，得到的图像效果如图 2-9 所示。

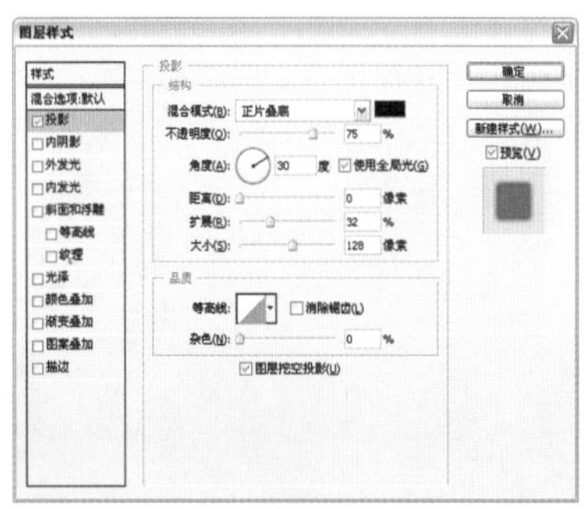

图2-6

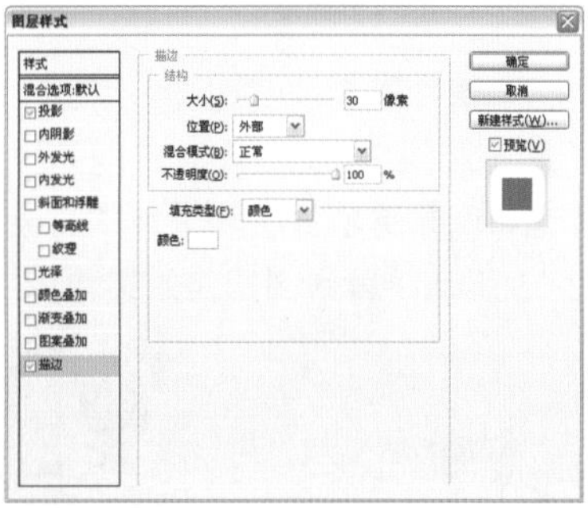

图2-7

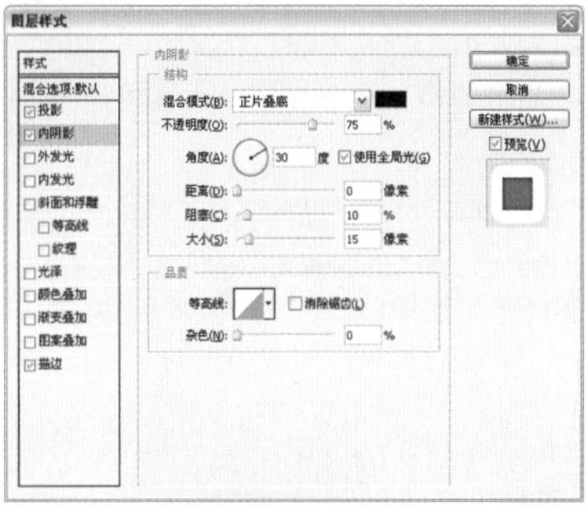

图2-8

图2-9

06 用同样的方法制作其他几个图像，并对其分别进行调整，得到的图像效果如图 2-10 所示。

图2-10

07 选择“图层 2”，单击“图层”面板上的创建新的填充或调整图层按钮，在弹出的下拉菜单中选择“色相 / 饱和度”选项，在“调整”面板中设置参数，如图 2-11 所示，得到的图像效果如图 2-12 所示。

图2-11

图2-12

08 隐藏除“色相 / 饱和度 2”调整图层和“图层 2”以外的所有图层，按快捷键 Ctrl+Shift+Alt+E 盖印所有可见图层，生成“图层 4”，显示所有图层。执行【滤镜】/【模糊】/【高斯模糊】命令，弹出“高斯模糊”对话框，具体参数设置如图 2-13 所示，设置完毕后单击“确定”按钮，得到的图像效果如图 2-14 所示。

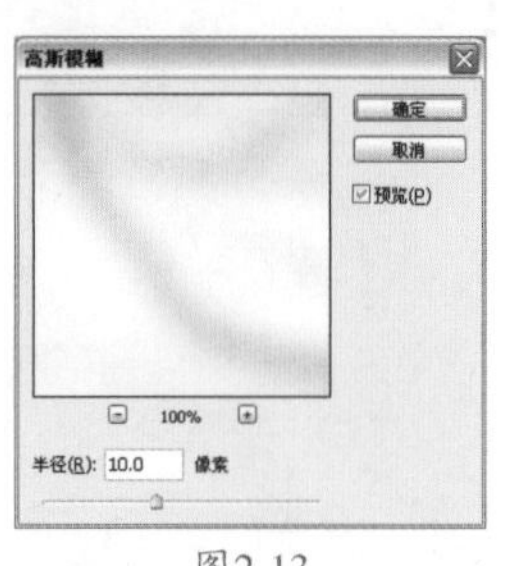

图2-13

图2-14

操作提示

显示或隐藏图层，单击图层缩览图前的指示图层可见性按钮。

09 按 D 键将前景色和背景色恢复为默认的黑色和白色。单击“图层”面板上的创建新图层按钮，新建“图层 5”，并填充白色。执行【滤镜】/【素描】/【半调图案】命令，弹出“半调图案”对话框，具体参数设置如图 2-15 所示，设置完毕后单击“确定”按钮，得到的图像效果如图 2-16 所示。

图2-15

图2-16

技术看板：【半调图案】滤镜

【半调图案】滤镜可以在保持连续色调范围的同时，模拟半调网屏效果。该滤镜包含3种网屏效果，除了案例中使用的网屏效果外，下面将举例呈现。

对话框中大小用来设置生成的网状图案的大小。

对比度用来设置图像的对比度。

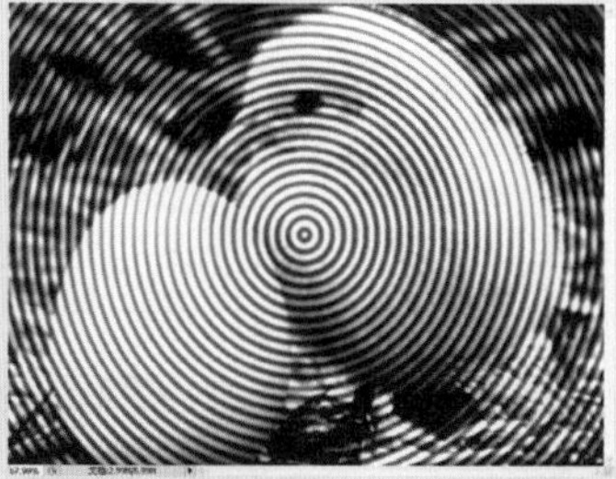

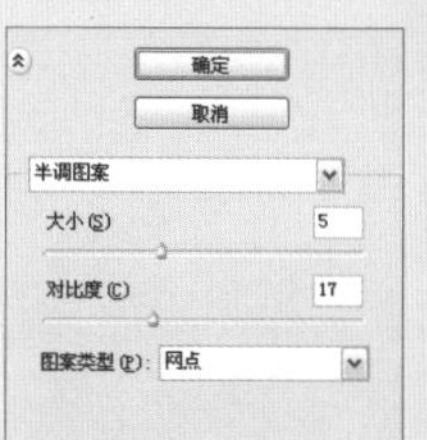

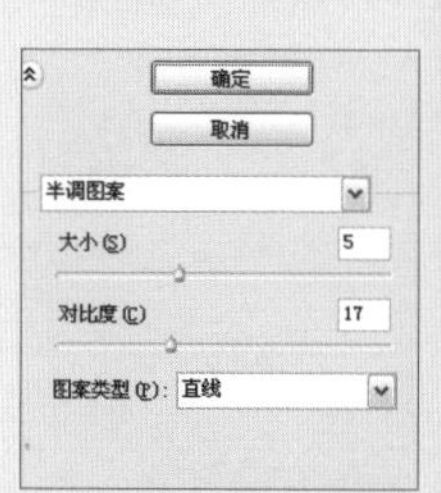

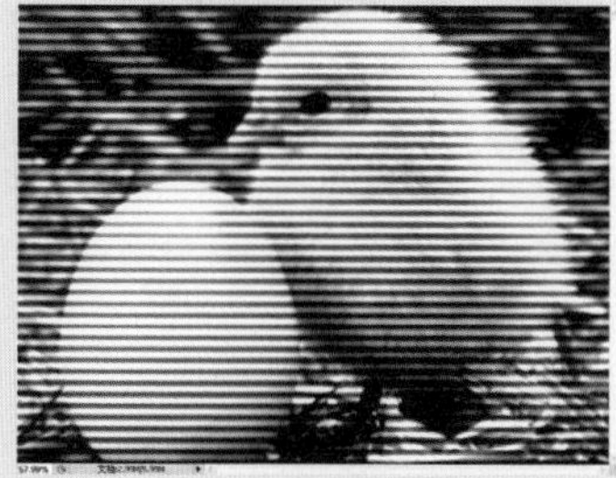

10 在"图层"面板上将其图层混合模式设置为"柔光"，得到的图像效果如图2-17所示。

图2-17

11 选择工具箱中的画笔工具和横排文字工具，为图像添加点缀元素，得到的图像效果如图2-18所示。

图2-18

12 按快捷键Ctrl+Shift+Alt+E盖印所有可见图层，生成"图层7"。按快捷键Ctrl+T调出自由变换框，调整图像。单击"图层"面板上的添加图层样式按钮，在弹出的下拉菜单中选择"描边"选项，弹出"图层样式"对话框，具体参数设置如图2-19所示，设置完毕后不关闭对话框。

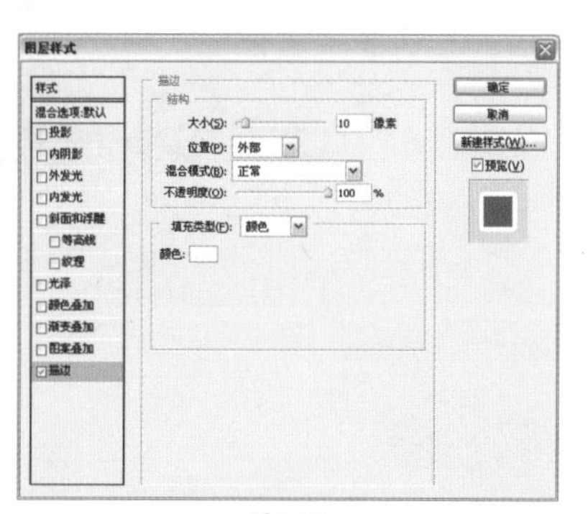

图2-19

13 继续勾选“斜面和浮雕”复选框，具体参数设置如图 2-20 所示，设置完毕后单击“确定”按钮。

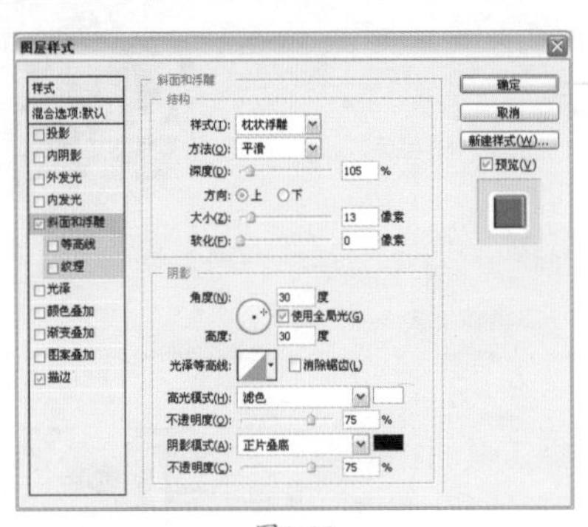

图2-20

14 单击“图层”面板上的创建新图层按钮，新建“图层 8”，并移至“图层 7”下方，填充黑色，得到的图像效果如图 2-21 所示。

图2-21

视频 / 扩展视频 / 视频56 _ 制作绚丽的签名照

课后复习——视频 56 制作绚丽的签名照

Effect 03　个人简历封面

难度系数：★★☆☆☆

 视频教学 / CH 08 / 03个人简历封面

01 执行【文件】/【新建】命令（Ctrl+N），弹出“新建”对话框，具体参数设置如图 3-1 所示，设置完毕后单击“确定”按钮，新建文档。

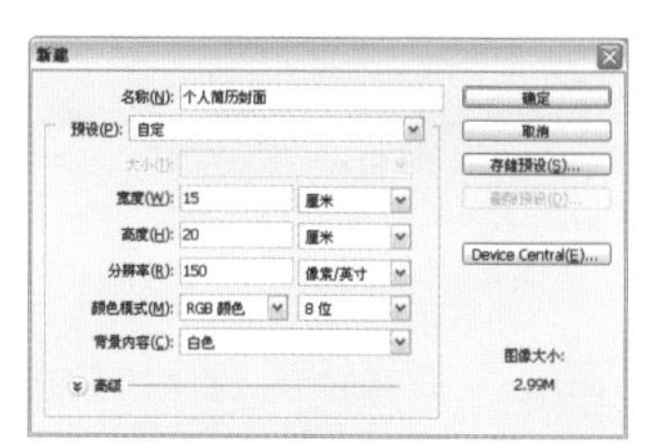

图3-1

02 将背景色设置为白色，如图 3-2 所示设置前景色色值。单击“图层”面板上的创建新图层按钮，新建“图层 1”。选择工具箱中的渐变工具，在其工具选项栏中选择从前景到背景的渐变类型，单击线性渐变按钮，在图像中填充渐变，得到的图像效果如图 3-3 所示。

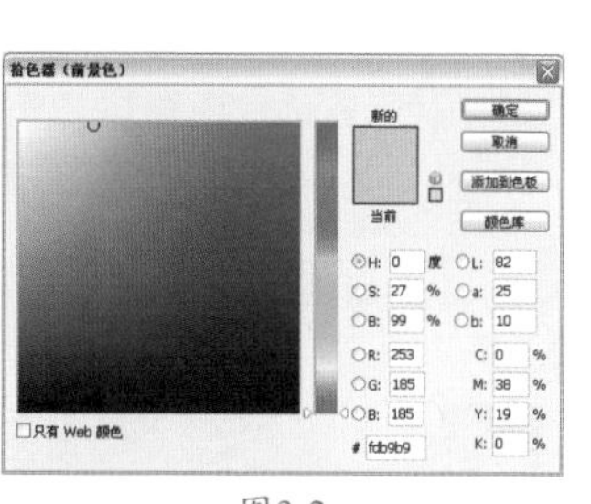

图3-2

图3-3

03 执行【文件】/【打开】命令（Ctrl+O），弹出“打开”对话框，选择需要的素材，单击“打开”按钮打开图像，如图 3-4 所示。

图3-4

04 将“背景”图层拖曳至“图层”面板中的创建新图层按钮上，得到“背景副本”图层。按快捷键 Ctrl+Shift+U 去色，得到的图像效果如图 3-5 所示。

图3-5

05 将“背景副本”图层拖曳至“图层”面板中的创建新图层按钮上,得到“背景副本 2”图层。按快捷键 Ctrl+I 反相，得到的图像效果如图 3-6 所示。

图3-6

06 在“图层”面板上将其图层混合模式设置为“颜色减淡”。执行【滤镜】/【其它】/【最小值】命令，弹出“最小值”对话框，具体参数设置如图 3-7 所示，设置完毕后单击“确定”按钮，得到的图像效果如图 3-8 所示。

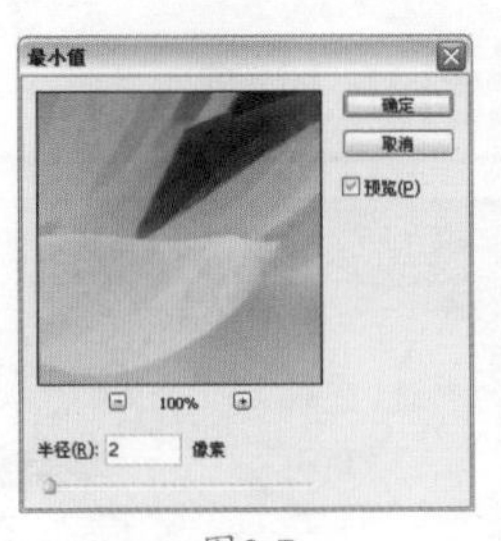

图3-7

图3-8

操作提示

在改变图层混合模式后，图像中可能会出现什么都没有的情况，只需继续操作即可。

07 按 Ctrl 键分别单击“背景副本”图层和“背景副本 2”图层，按快捷键 Ctrl+Alt+E 合并图层，并将两图层隐藏，得到“背景副本 2（合并）”图层。在“图层”面板上将其图层不透明度设置为 70%，得到的图像效果如图 3-9 所示。

图3-9

08 单击“图层”面板上的创建新的填充或调整图层按钮，在弹出的下拉菜单中选择“曲线”选项，在“调整”面板中设置参数，如图 3-10 所示，得到的图像效果如图 3-11 所示。

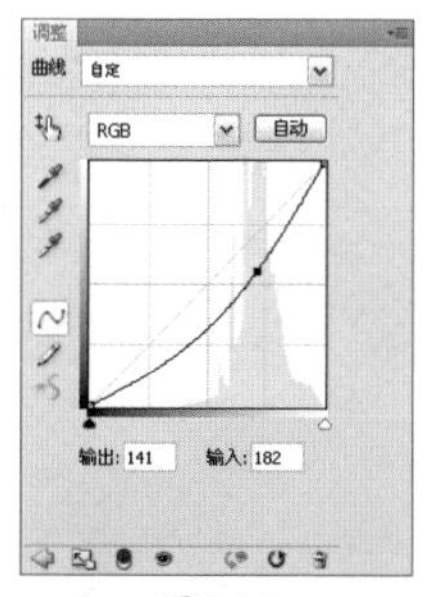

图3-10

图3-11

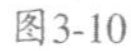
按快捷键Ctrl+Shift+Alt+E盖印所有可见图层，生成“图层 1”。选择工具箱中的移动工具，将其拖曳至主文档中，生成“图层 2”。按快捷键Ctrl+T调出自由变换框，调整图层，得到的图像效果如图 3-12 所示。

图3-12

10 在“图层”面板上将其图层混合模式设置为“正片叠底”。单击“图层”面板上的添加图层蒙版按钮，为“图层 2”添加蒙版。将前景色设置为黑色，选择工具箱中的画笔工具，在其工具选项栏中设置合适的笔刷及不透明度，在图像中进行涂抹，“图层”面板如图 3-13 所示，得到的图像效果如图 3-14 所示。

图3-13

图3-14

11 将“图层 2”拖曳至“图层”面板中的创建新图层按钮上，得到“图层 2 副本”图层，并将其图层混合模式设置为“亮光”，修改其图层蒙版，“图层”面板如图 3-15 所示，得到的图像效果如图 3-16 所示。

图3-15

图3-16

12 执行【文件】/【打开】命令（Ctrl+O），弹出的“打开”对话框，选择需要的素材，单击“打开”按钮打开图像，如图 3-17 所示。

图3-17

13 选择工具箱中的魔棒工具，按住Shift键连续在图像中白色背景区域单击，直到白色背景全部载入选区，按快捷键Ctrl+Shift+I将选区反选，得到的选区效果如图 3-18 所示。

图3-18

14 选择工具箱中的移动工具，将其拖曳至主文档中，生成“图层 3”。按快捷键Ctrl+T调出自由变换框，调整图层，得到的图像效果如图 3-19 所示。

图3-19

15 在“图层”面板上将其图层混合模式设置为“颜色减淡”，不透明度设置为60%，“图层”面板如图3-20所示，得到的图像效果如图3-21所示。

图3-20

图3-21

16 复制多个“图层3”，得到副本图层，并对其分别进行调整，得到的图像效果如图3-22所示。

图3-22

17 单击“图层”面板上的创建新图层按钮，新建“图层4”，并移至“图层1”上方。按D键将前景色和背景色恢复为默认的黑色和白色，按快捷键Ctrl+Delete填充背景色，得到的图像效果如图3-23所示。

图3-23

18 执行【滤镜】/【素描】/【半调图案】命令，弹出“半调图案”对话框，具体参数设置如图3-24所示，设置完毕后单击“确定”按钮，得到的图像效果如图3-25所示。

图3-24

图3-25

19 在“图层”面板上将其图层混合模式设置为“柔光”，不透明度设置为40%，“图层”面板如图3-26所示，得到的图像效果如图3-27所示。

图3-26

图3-27

20 选择工具箱中的横排文字工具T，在其工具选项栏中设置合适的字体及大小，在图像中输入文字，得到的图像效果如图3-28所示。

图3-28

Effect 04 杂志封面

难度系数：★★★☆☆

 视频教学 / CH 08 / 04杂志封面

01 执行【文件】/【打开】命令（Ctrl+O），弹出“打开”对话框，选择需要的素材，单击“打开”按钮打开图像，如图 4-1 所示。

图4-1

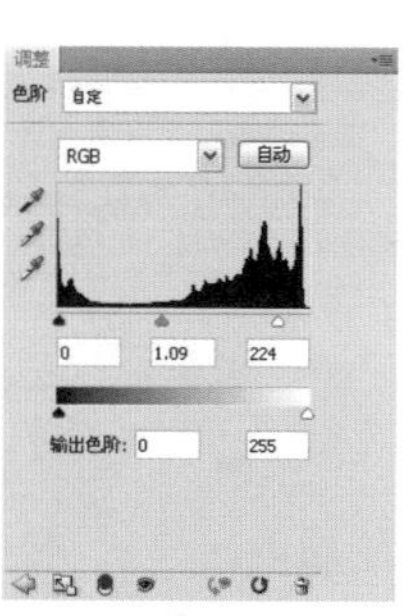

图4-2

图4-3

02 单击“图层”面板上的创建新的填充或调整图层按钮，在弹出的下拉菜单中选择“色阶”选项，在“调整”面板中设置参数，如图 4-2 所示，得到的图像效果如图 4-3 所示。

03 选择工具箱中的横排文字工具T，在其工具选项栏中设置合适的笔刷及不透明度，颜色色值如图 4-4 所示进行设置，设置完毕后在图像中输入文字，得到的图像效果如图 4-5 所示。

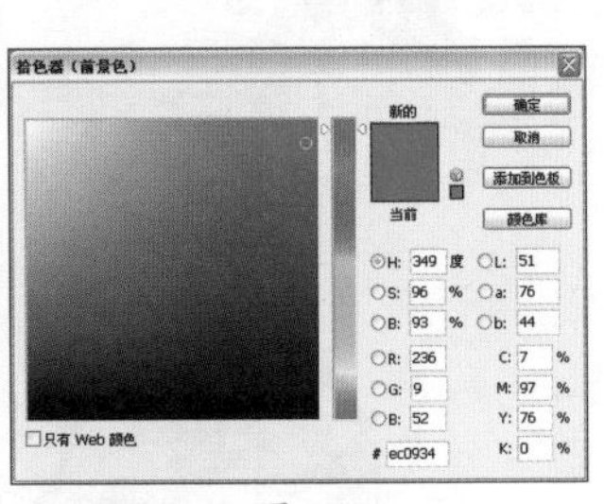
图4-4

图4-5

图4-8

图4-9

04 单击“图层”面板上的添加图层样式按钮 fx，在弹出的下拉菜单中选择“投影”选项，弹出“图层样式”对话框，具体参数设置如图 4-6 所示，设置完毕后单击“确定”按钮，得到的图像效果如图 4-7 所示。

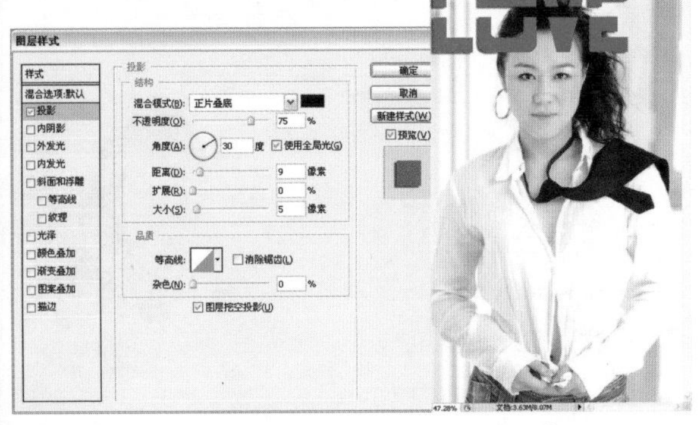
图4-6

图4-7

05 在“图层”面板上将其图层混合模式设置为“变暗”。单击“图层”面板上的添加图层蒙版按钮，为文字图层添加蒙版，将前景色设置为黑色，选择工具箱中的画笔工具，在图像中进行涂抹，“图层”面板如图 4-8 所示，得到的图像效果如图 4-9 所示。

06 用同样的方法制作其他几个文字效果，得到的图像效果如图 4-10 所示。

图4-10

07 单击“图层”面板上的创建新图层按钮，新建“图层 1”。设置前景色色值如图 4-11 所示。选择工具箱中的自定形状工具，在其工具选项栏中单击扩展按钮，在弹出的下拉列表中选择合适的形状，在图像中进行绘制。按快捷键 Ctrl+Enter 将路径转化为选区，选区效果如图 4-12 所示。

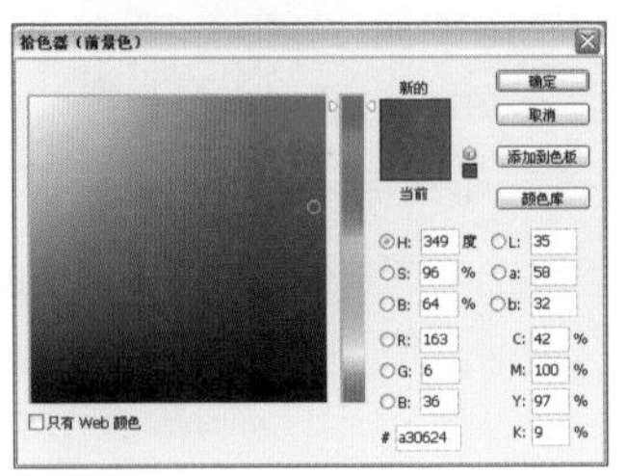
图4-11

图4-12

08 按快捷键 Alt+Delete 填充前景色，快捷键 Ctrl+D 取消选择，得到的图像效果如图 4-13 所示。

图4-13

09 单击“图层”面板上的添加图层样式按钮 *fx*，在弹出的下拉菜单中选择“投影”选项，弹出“图层样式”对话框，具体参数设置如图 4-14 所示，设置完毕后单击“确定”按钮。

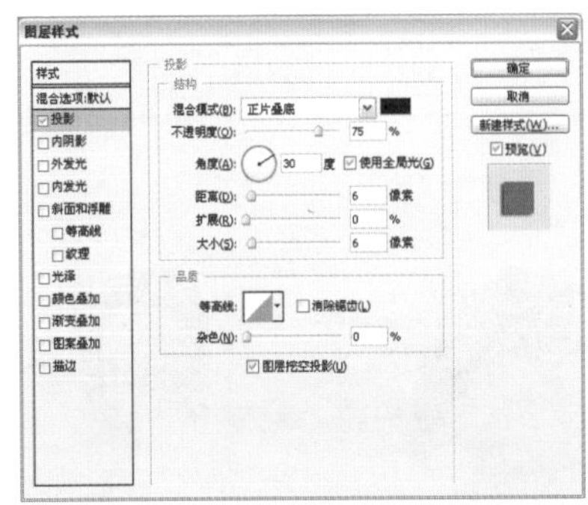

图4-14

10 选择工具箱中的横排文字工具 T，在其工具选项栏中设置合适的笔刷及不透明度，在图像中输入文字，得到的图像效果如图 4-15 所示。

图4-15

视频 / 扩展视频 / 视频57　制作时尚婚纱照

课后复习——视频 57 制作时尚婚纱照

Effect 05　写真模板

难度系数：★★★☆☆

视频教学 / CH 08 / 05写真模板

01 执行【文件】/【新建】命令（Ctrl+N），弹出“新建”对话框，具体参数设置如图5-1所示，设置完毕后单击“确定”按钮，新建文档。

新建
名称(N): 写真模板
预设(P): 自定
大小(I):
宽度(W): 20 厘米
高度(H): 15 厘米
分辨率(R): 150 像素/英寸
颜色模式(M): RGB 颜色 8 位
背景内容(C): 白色
高级
确定
取消
存储预设(S)...
删除预设(D)...
Device Central(E)...
图像大小:
2.99M

图5-1

02 执行【文件】/【打开】命令（Ctrl+O），弹出“打开”对话框，选择需要的素材，单击“打开”按钮打开图像，如图5-2所示。

图5-2

03 选择工具箱中的移动工具，将其拖曳至主文档中，生成“图层1”。按快捷键Ctrl+T调出自由变换框，调整图像，得到的图像效果如图5-3所示。

图5-3

04 单击“图层”面板上的添加图层蒙版按钮 ，为“图层 1”添加蒙版。将前景色设置为黑色，选择工具箱中的画笔工具 ，在其工具选项栏中设置合适的笔刷及不透明度，在图像中进行涂抹，得到的图像效果如图 5-4 所示。

图5-4

05 执行【文件】/【打开】命令（Ctrl+O），弹出“打开”对话框，选择需要的素材，单击“打开”按钮打开图像，如图 5-5 所示。

图5-5

06 选择工具箱中的移动工具 ，将其拖曳至主文档中，生成“图层 2”。按快捷键 Ctrl+T 调出自由变换框，调整图像，得到的图像效果如图 5-6 所示。

图5-6

07 单击“图层”面板上的添加图层蒙版按钮 ，为“图层 2”添加蒙版。将前景色设置为黑色，选择工具箱中的画笔工具 ，在其工具选项栏中设置合适的笔刷及不透明度，在图像中进行涂抹。并将其图层不透明度设置为 27%，“图层”面板如图 5-7 所示，得到的图像效果如图 5-8 所示。

图5-7

图5-8

08 执行【文件】/【打开】命令（Ctrl+O），弹出“打开”对话框，选择需要的素材，单击“打开”按钮打开图像，如图 5-9 所示。

图5-9

09 选择工具箱中的移动工具 ，将其拖曳至主文档中，生成“图层 3”。按快捷键 Ctrl+T 调出自由变换框，调整图像，得到的图像效果如图 5-10 所示。

图5-10

10 选择工具箱中的矩形选框工具，在图像中绘制矩形选区。单击“图层”面板上的添加图层蒙版按钮，为“图层 3”添加蒙版，得到的图像效果如图 5-11 所示。

图5-11

11 按快捷键 Ctrl+D 取消选择。单击“图层”面板上的添加图层样式按钮，在弹出的下拉菜单中选择“投影”选项，弹出“图层样式”对话框，具体参数设置如图 5-12 所示，设置完毕后不关闭对话框。

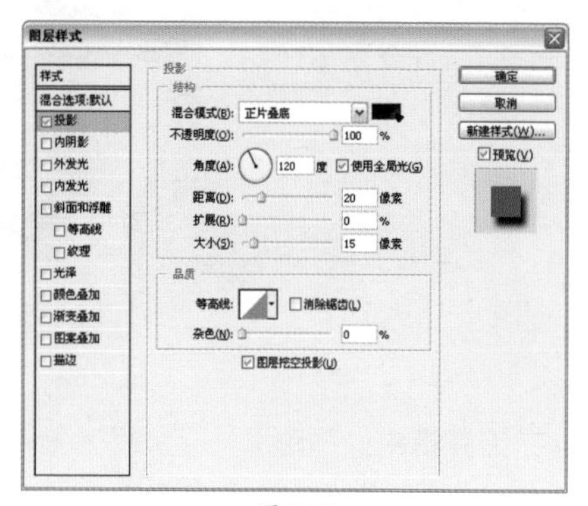

图5-12

12 继续勾选“描边”复选框，具体参数设置如图 5-13 所示，设置完毕后不关闭对话框，继续勾选“内阴影”复选框，使用默认值，单击“确定”按钮，得到的图像效果如图 5-14 所示。

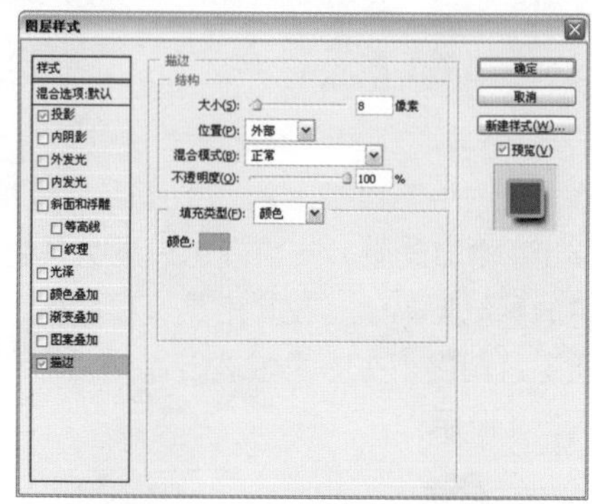

图5-13

图5-14

操作提示

颜色色值为R221、G164、B55。

13 用同样的方法制作其他两个图像，得到的图像效果如图 5-15 所示。

图5-15

14 单击“图层”面板上的创建新图层按钮，新建“图层 6”，并将其移至“背景”图层上方。如图 5-16 所示设置前景色色值，背景色设置为白色。设置完毕后选择工具箱中的画笔工具，按 F5 键打开画笔调板进行设置，如图 5-17、图 5-18、图 5-19 和图 5-20 所示，设置完毕后在图像中进行绘制，得到的图像效果如图 5-21 所示。

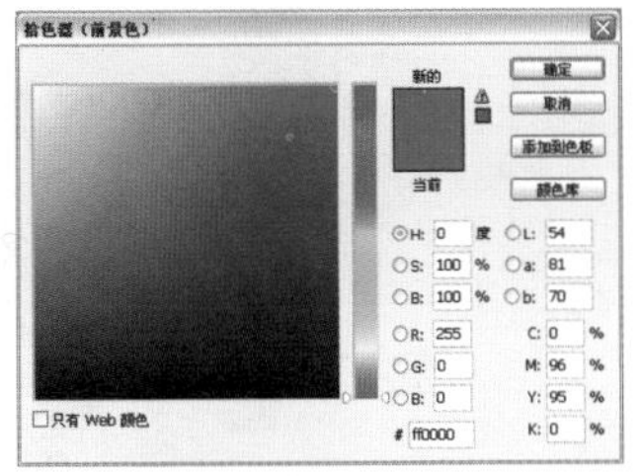

图5-16

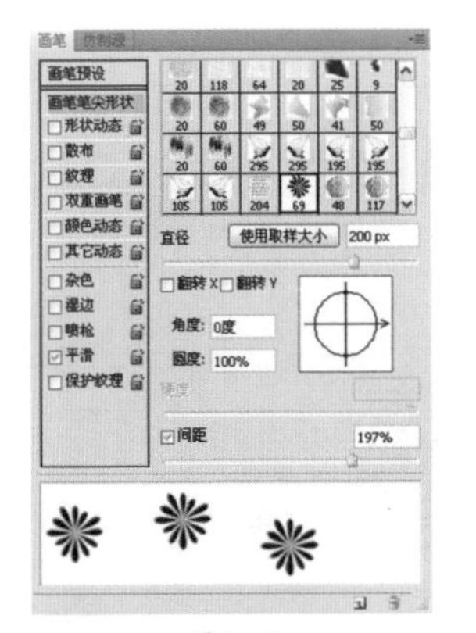

图5-17

图5-18

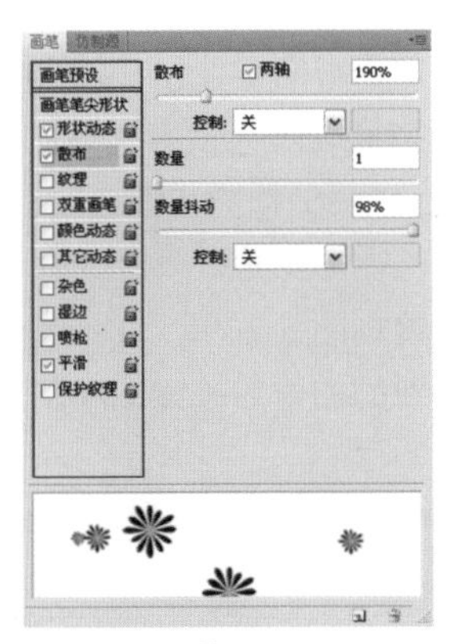

图5-19

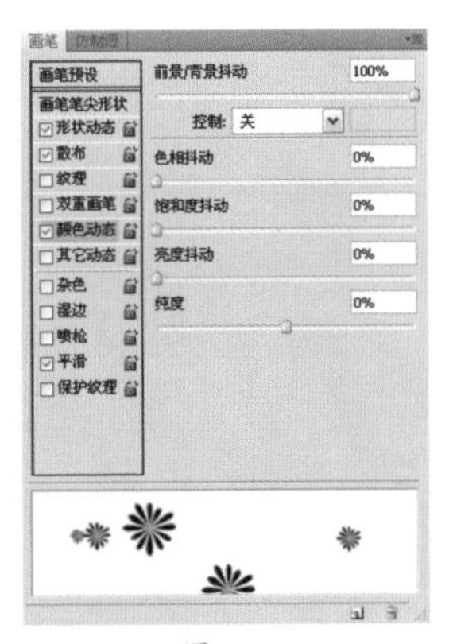

图5-20

图5-21

15 单击“图层”面板上的创建新图层按钮，新建“图层 7”，如图 5-22 所示设置前景色色值。用同样的方法设置画笔调板，设置完毕后在图像中进行绘制，得到的图像效果如图 5-23 所示。

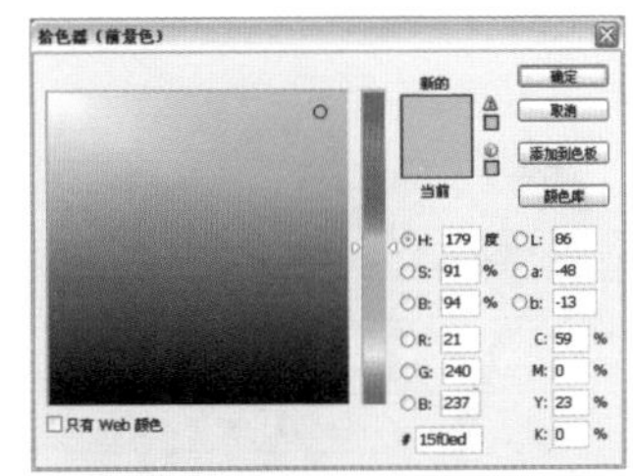

图5-22

图5-23

16 执行【文件】/【打开】命令（Ctrl+O），弹出“打开”对话框，选择需要的素材，单击“打开”按钮打开图像，如图 5-24 所示。

图5-24

17 选择工具箱中的魔棒工具，在图像中白色背景区域单击，按住 Shift 键继续单击，直到白色背景全部载入选区，按快捷键 Ctrl+Shift+I 将选区反选。选择工具箱中移动工具，将选区内的图像拖曳至主文档 中，生成“图层 8”，并移至顶层。按快捷键 Ctrl+T 调整图像，并用同样的方法为图像添加图层样式，得到的图像效果如图 5-25 所示。

图5-25

18 单击“图层”面板上的创建新的填充或调整图层按钮，在弹出的下拉菜单中选择“色相 / 饱和度”选项，在“调整”面板中设置参数，如图 5-26 所示，设置完毕后按快捷键 Ctrl+Alt+G 创建剪切蒙版，得到的图像效果如图 5-27 所示。

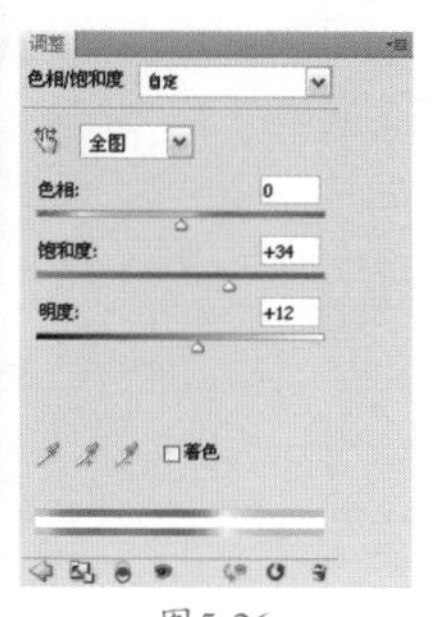

图5-26

图5-27

19 按住 Shift 键分别单击“图层 8”和“色相 / 饱和度 1”调整图层，并将其拖曳至“图层”面板上的创建新图层按钮上 2 次，得到副本图层，并对其分别进行调整，得到的图像效果如图 5-28 所示。

图5-28

20 使用横排文字工具和素材图像为图像添加点缀元素，得到的图像效果如图 5-29 所示。

图5-29

21 单击“图层”面板上的创建新图层按钮，新建“图层 10”。按 D 键将前景色和背景色恢复为默认的黑色和白色。按快捷键 Ctrl+Delete 填充前景色，执行【滤镜】/【素描】/【半调图案】命令，弹出“半调图案”对话框，具体参数设置如图 5-30 所示，设置完毕后单击“确定”按钮，得到的图像效果如图 5-31 所示。

图5-30

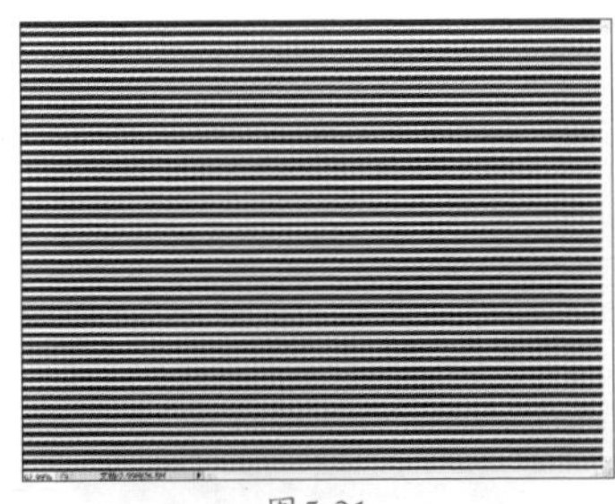
图5-31

22 在“图层”面板上将其图层混合模式设置为“柔光”。单击“图层”面板上的添加图层蒙版按钮 ，将前景色设置为黑色，选择工具箱中的画笔工具 ，在其工具选项栏中设置合适的笔刷及不透明度，在图像中进行涂抹，“图层”面板如图 5-32 所示，得到的图像效果如图 5-33 所示。

图5-32

图5-33

23 选择“背景”图层，单击“图层”面板上的创建新的填充或调整图层按钮 ，在弹出的下拉菜单中选择“纯色”选项，弹出“拾取实色”对话框，具体参数设置如图 5-34 所示，设置完毕后单击“确定”按钮，得到的图像效果如图 5-35 所示。

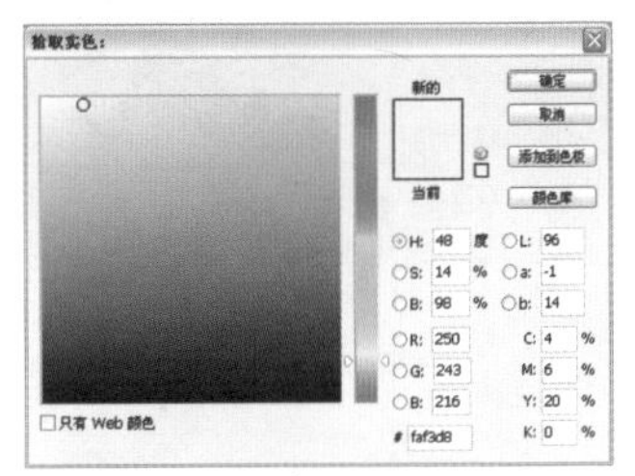

图5-34

图5-35

视频 / 扩展视频 / 视频58　制作婚纱相册封面

课后复习——视频 58 制作婚纱相册封面

Effect 06 宝宝桌面月历

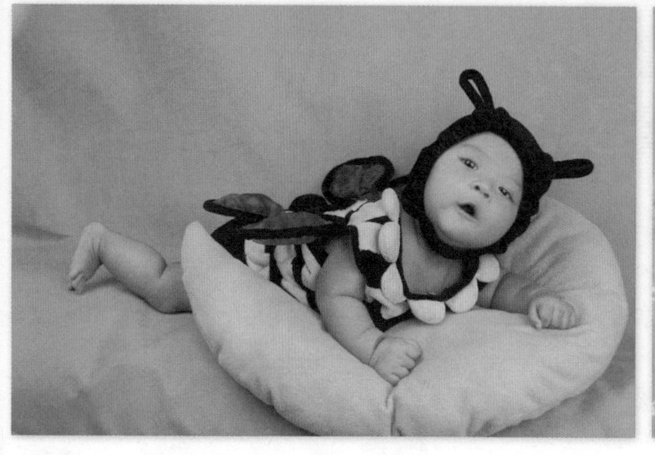

难度系数：★★☆☆☆

 视频教学 / CH 08 / 06宝宝桌面月历

01 执行【文件】/【打开】命令（Ctrl+O），弹出“打开”对话框，选择需要的素材，单击“打开”按钮打开图像，如图 6-1 所示。

图6-1

02 执行【文件】/【打开】命令（Ctrl+O），弹出“打开”对话框，选择需要的素材，单击“打开”按钮打开图像，如图 6-2 所示。

03 选择工具箱中的移动工具，将其拖曳至主文档中，生成“图层 1”。按快捷键 Ctrl+T 调出自由变换框，调整图像大小，得到的图像效果如图 6-3 所示。

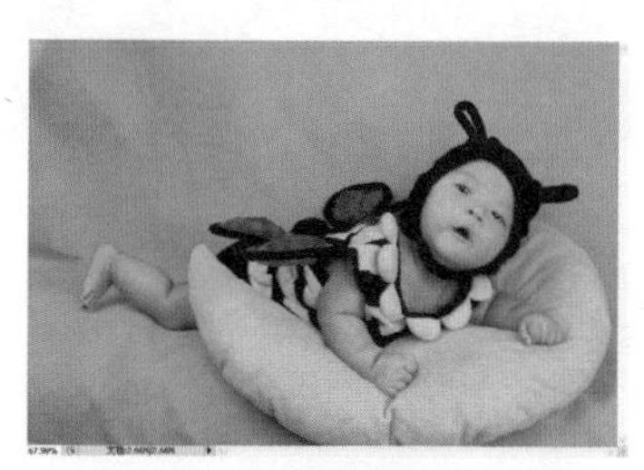
图6-2

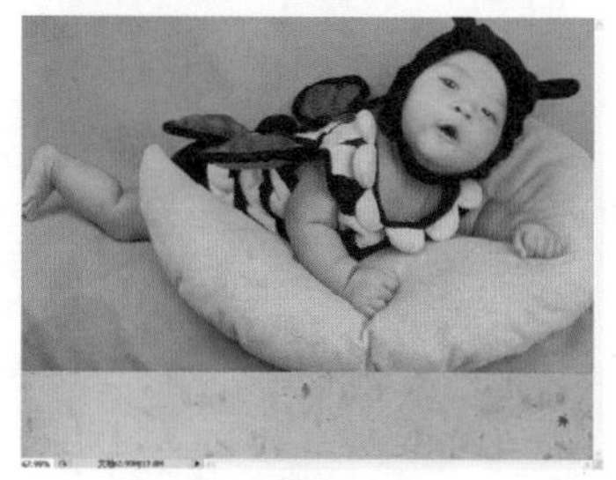
图6-3

04 在“图层”面板上将其图层混合模式设置为“叠加”，不透明度设置为 78%，“图层”面板如图 6-4 所示，得到的图像效果如图 6-5 所示。

图6-4

图6-5

05 单击“图层”面板上的添加图层蒙版按钮 ，为“图层 1”添加图层蒙版。将前景色设置为黑色，选择工具箱中的画笔工具，在其工具选项栏中设置合适的笔刷及不透明度，在图像中边缘处进行涂抹，“图层”面板如图 6-6 所示，得到的图像效果如图 6-7 所示。

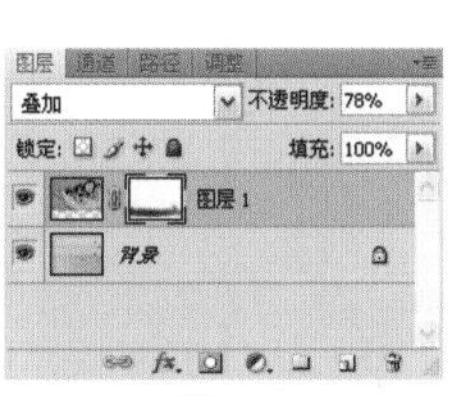

图6-6

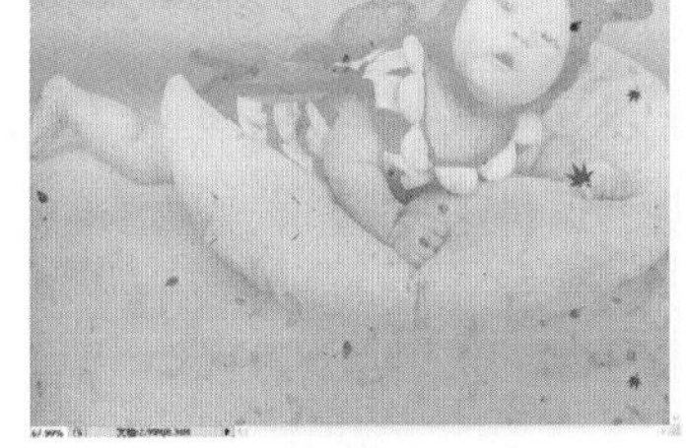
图6-7

06 执行【文件】/【打开】命令（Ctrl+O），弹出的“打开”对话框，选择需要的素材，单击“打开”按钮打开图像，如图 6-8 所示。

图6-8

07 选择工具箱中的移动工具，将其拖曳至主文档中，生成“图层 2”。按快捷键 Ctrl+T 调出自由变换框，调整图像，得到的图像效果如图 6-9 所示。

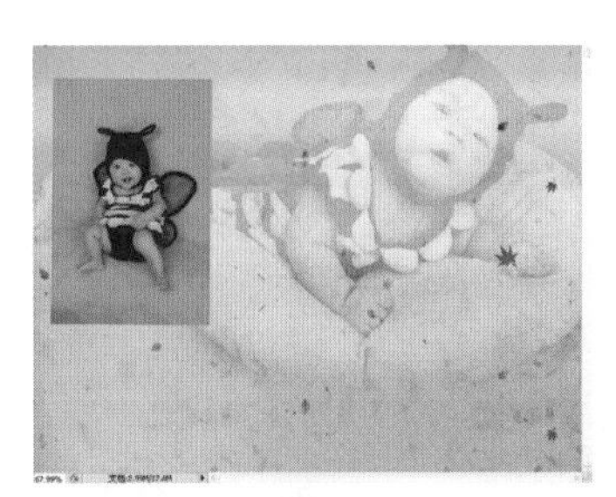
图6-9

08 选择工具箱中的矩形选框工具，在图像中绘制矩形选区，单击“图层”面板上的添加图层蒙版按钮 ，为“图层 2”添加图层蒙版，得到的图像效果如图 6-10 所示。

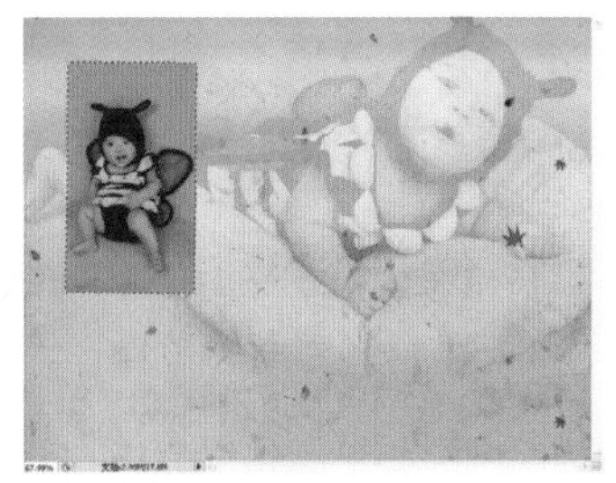
图6-10

09 按快捷键 Ctrl+D 取消选择。按快捷键 Ctrl+T 调出自由变换框，调整图像。单击“图层”面板上的添加图层样式按钮 ，在弹出的下拉菜单中选择“投影”选项，弹出“图层样式”对话框，具体参数设置如图 6-11 所示。设置完毕后不关闭对话框，继续勾选“描边”复选框，具体参数设置如图 6-12 所示，单击“确定”按钮，得到的图像效果如图 6-13 所示。

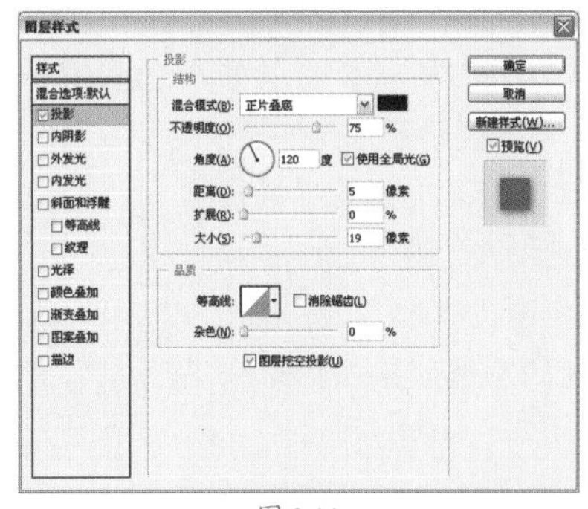

图6-11

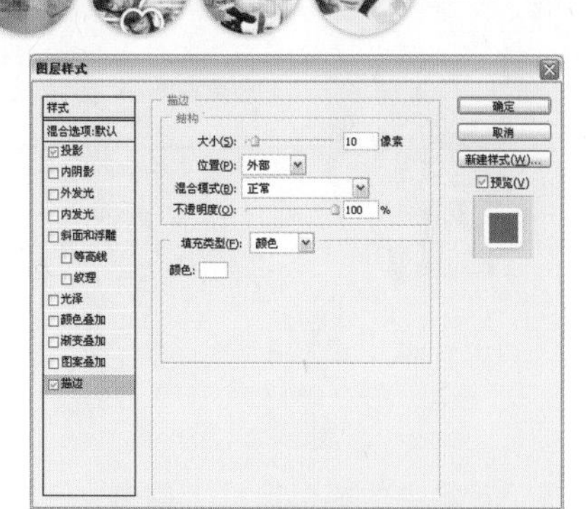

图6-12

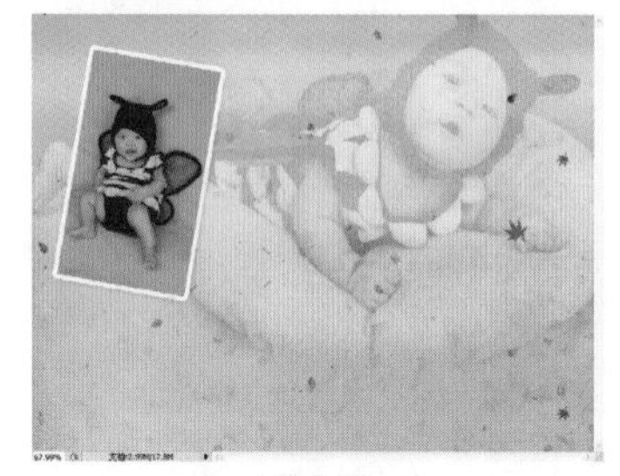

图6-13

10 用同样的方法制作其他几个图像，得到的图像效果如图 6-14 所示。

图6-14

11 单击“图层”面板上的创建新的填充或调整图层按钮 ，在弹出的下拉菜单中选择“色相 / 饱和度”选项，在“调整”面板中设置参数，如图 6-15 所示，得到的图像效果如图 6-16 所示。

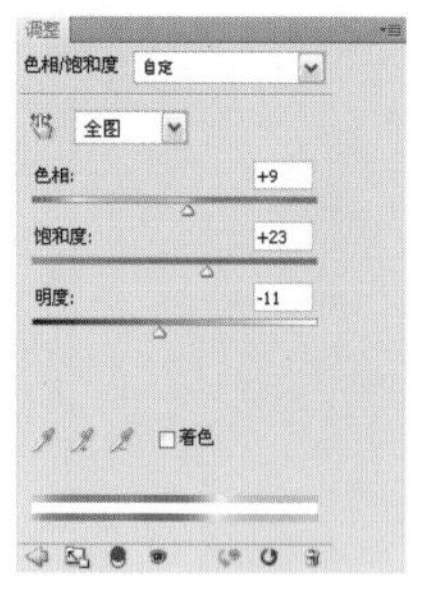

图6-15

图6-16

12 执行【文件】/【打开】命令（Ctrl+O），弹出“打开”对话框，选择需要的素材，单击“打开”按钮打开图像，如图 6-17 所示。

图6-17

13 选择工具箱中的移动工具 ，将其拖曳至主文档中，生成“图层 6”。按快捷键 Ctrl+T 调出自由变换框，调整图像大小。并将其图层混合模式设置为“正片叠底”，得到的图像效果如图 6-18 所示。

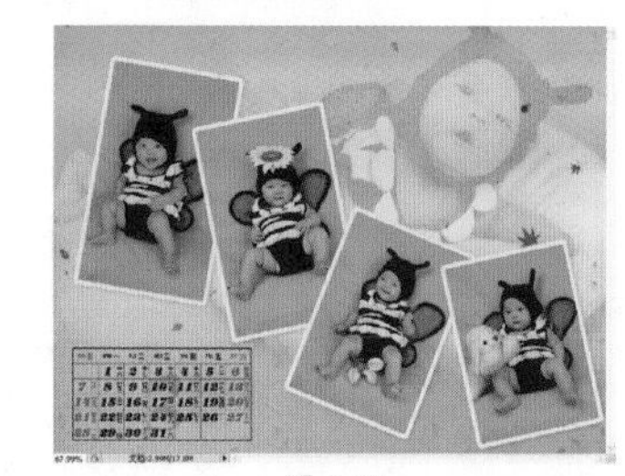

图6-18

14 选择工具箱中的画笔工具 和横排文字工具 ，为图层添加点缀元素，得到的图像效果如图 6-19 所示。

图6-19

Effect 07 儿童写真模板设计

难度系数：★★☆☆☆

视频教学 / CH 08 / 07儿童写真模板设计

01 执行【文件】/【新建】命令（Ctrl+N），弹出“新建”对话框，具体参数设置如图 7-1 所示，设置完毕后单击“确定”按钮，新建文档。

图7-1

02 单击“图层”面板上的创建新图层按钮，新建“图层 1”。如图 7-2 所示设置前景色色值，设置完毕后，执行【滤镜】/【渲染】/【云彩】命令，得到的图像效果如图 7-3 所示。

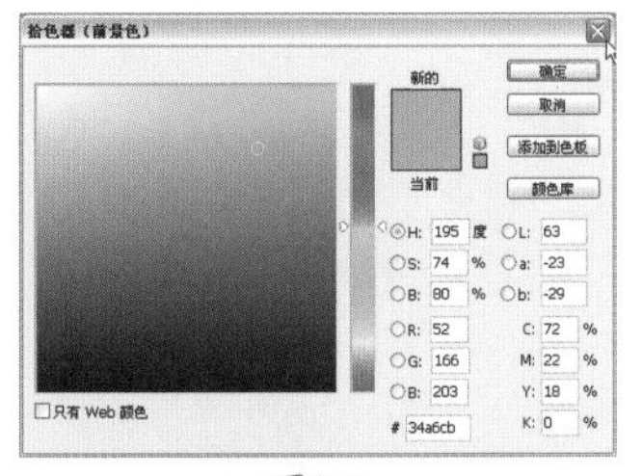

图7-2

图7-3

03 执行【滤镜】/【像素化】/【马赛克】命令，弹出“马赛克”对话框，具体参数设置如图 7-4 所示，设置完毕后单击“确定”按钮，得到的图像效果如图 7-5 所示。

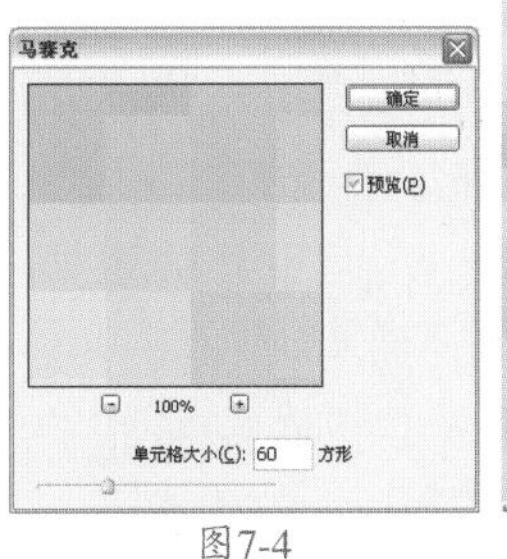

图7-4

图7-5

技术看板：【马赛克】滤镜

【马赛克】滤镜可以使像素结为方形块，给块中的像素应用平均的颜色，创建出马赛克效果。对话框中，单元格大小可调整马赛克的大小。

04 单击“图层”面板上的创建新的填充或调整图层按钮，在弹出的下拉菜单中选择“渐变”选项，弹出“渐变填充”对话框，具体参数设置如图7-6所示，设置完毕后单击“确定”按钮。将其图层混合模式设置为“叠加”，得到的图像效果如图7-7所示。

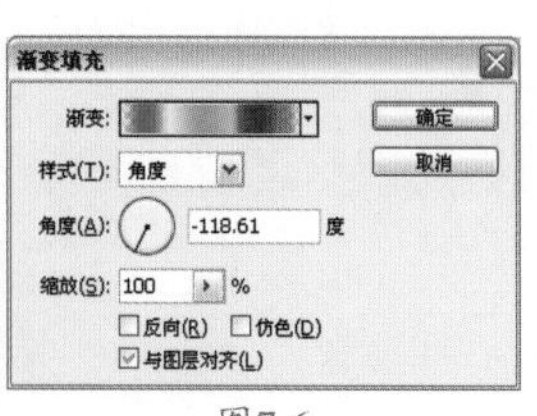

图7-6

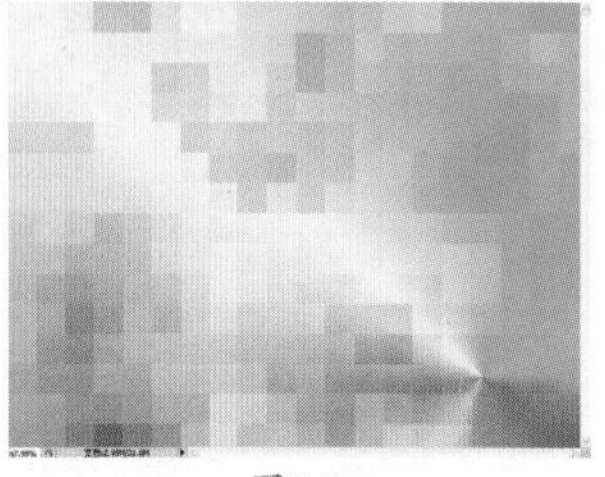
图7-7

操作提示

“叠加”模式以一种非艺术逻辑的方式把放置或应用到一个层上的颜色同背景色进行混合，可以得到意想不到的效果。背景图像中的纯黑色和纯白色区域无法在“叠加”模式下显示层上的“叠加”着色或图像区域。

05 执行【文件】/【打开】命令（Ctrl+O）命令，弹出“打开”对话框，选择需要的素材，单击“打开”按钮打开图像，如图7-8所示。

图7-8

06 选择工具箱中的移动工具，将其拖曳至主文档中，生成“图层2”，并将其图层混合模式设置为“叠加”，得到的图像效果如图7-9所示。

图7-9

07 单击“图层”面板上的添加图层蒙版按钮，为“图层2”添加蒙版。将前景色设置为黑色，选择工具箱中的画笔工具，在其工具选项栏中设置合适的笔刷及不透明度，在图像中进行涂抹，“图层”面板如图7-10所示，得到的图像效果如图7-11所示。

图7-10

图7-11

08 将“图层2”拖曳至“图层”面板中的创建新图层按钮上，得到“图层2副本”图层，并对其图层蒙版进行修改，得到的图像效果如图7-12所示。

图7-12

09 执行【文件】/【打开】命令（Ctrl+O）命令，弹出“打开”对话框，选择需要的素材，单击“打开”按钮打开图像，如图7-13所示。

图7-13

10 选择工具箱中的移动工具，将其拖曳至主文档中，生成“图层 3”。按快捷键 Ctrl+T 调出自由变换框，调整图像，得到的图像效果如图 7-14 所示。

图7-14

11 在“图层”面板上将其图层混合模式设置为“颜色加深”，并用同样的方法添加蒙版，“图层”面板如图 7-15 所示，得到的图像效果如图 7-16 所示。

图7-15

图7-16

技术看板：“颜色加深”模式

“颜色加深”模式用于查看每个通道的颜色信息，通过像素对比度，使背景颜色变暗，从而显示当前图层绘图色。在“颜色加深”模式中，查看每个通道中的颜色信息，在与黑色和白色混合的情况下，图像不会产生变化，除了背景上的较淡区域消失，并且图像的区域呈现尖锐的边缘特性。

12 将“图层 3”拖曳至“图层”面板中的创建新图层按钮上，得到“图层 3 副本”图层。在“图层”面板上将其图层混合模式设置为“正常”，不透明度设置为 90%，并对其图层蒙版进行修改，“图层”面板如图 7-17 所示，得到的图像效果如图 7-18 所示。

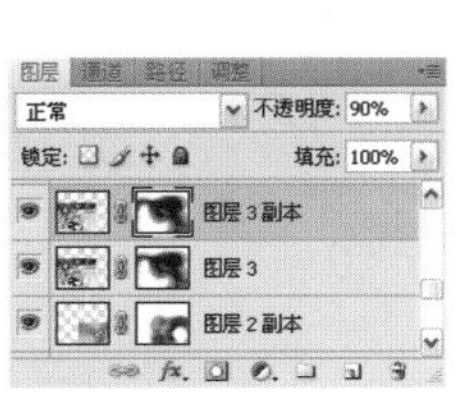

图7-17

图7-18

13 执行【文件】/【打开】命令（Ctrl+O）命令，弹出“打开”对话框，选择需要的素材，单击“打开”按钮打开图像，如图 7-19 所示。

图7-19

14 选择工具箱中的移动工具，将其拖曳至主文档中，生成“图层 4”。按快捷键 Ctrl+T 调出自由变换框，调整图像，得到的图像效果如图 7-20 所示。

图7-20

15 在“图层”面板上将其图层混合模式设置为“明度”，不透明度设置为 42%，并用同样的方法添加蒙版，“图层”面板如图 7-21 所示，得到的图像效果如图 7-22 所示。

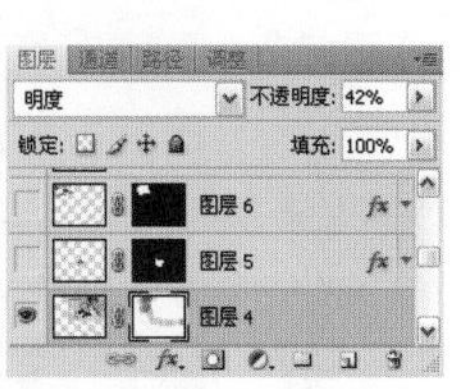

图7-21

图7-22

16 执行【文件】/【打开】命令（Ctrl+O）命令，弹出“打开”对话框，选择需要的素材，单击“打开”按钮打开图像，如图 7-23 所示。

图7-23

17 选择工具箱中的移动工具，将其拖曳至主文档中，生成“图层 5”。按快捷键 Ctrl+T 调出自由变换框，调整图像，得到的图像效果如图 7-24 所示。

18 选择工具箱中的矩形选框工具，在图像中绘制矩形选区，单击“图层”面板上的添加图层蒙按钮，为“图层 5”添加蒙版，得到的图像效果如图 7-25 所示。

图7-24

图7-25

19 按快捷键 Ctrl+T 调出自由变换框，旋转图像。单击“图层”面板上的添加图层样式按钮，在弹出的下拉菜单中选择“投影”选项，弹出“图层”样式对话框，具体参数设置如图 7-26 所示，设置完毕后不关闭对话框。

20 继续勾选“描边”复选框，具体参数设置如图 7-27 所示，设置完毕后单击“确定”按钮，得到的图像效果如图 7-28 所示。

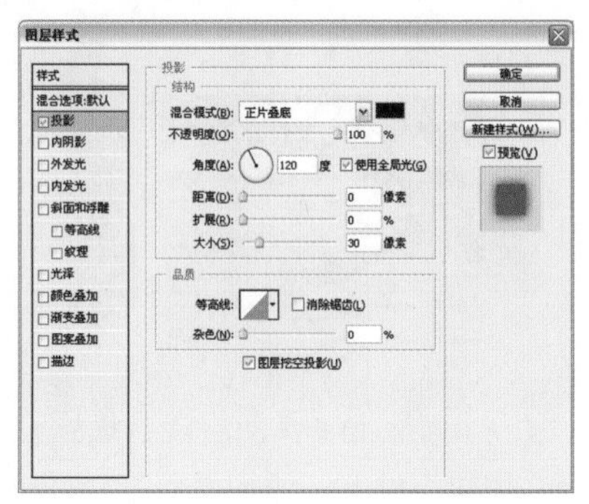

图7-26

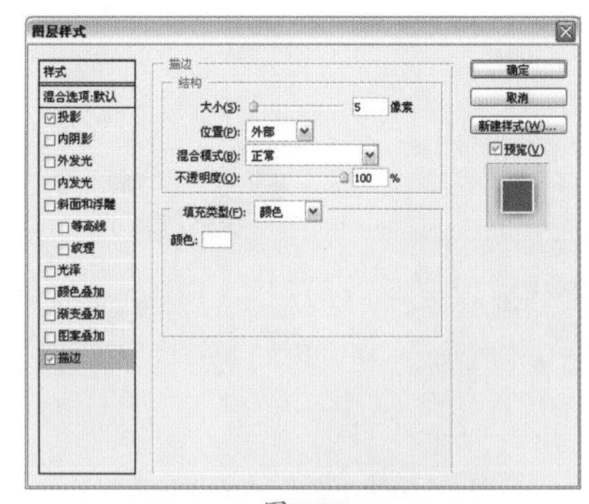

图7-27

图7-28

21 用同样的方法添加其他几个图像效果，得到的图像效果如图 7-29 所示。

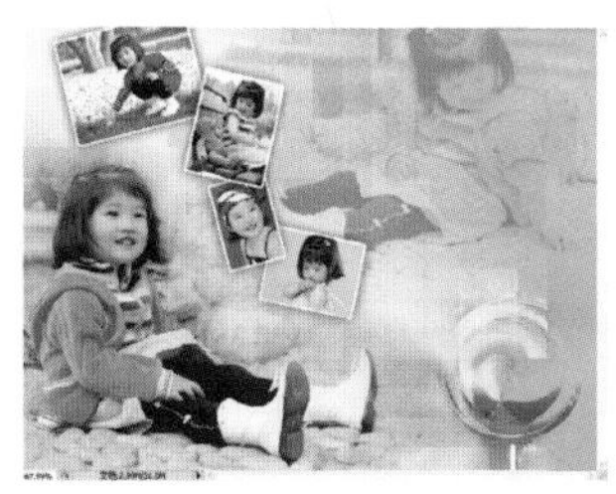

图7-29

22 新建图层，选择工具箱中的画笔工具和横排文字工具，在图像中适当添加点缀元素，得到的图像效果如图 7-30 所示。

图7-30

23 单击“图层”面板上的创建新的填充或调整图层按钮，在弹出的下拉菜单中选择“纯色”选项，弹出“拾取实色”对话框，具体参数设置如图 7-31 所示，设置完毕后单击“确定”按钮。

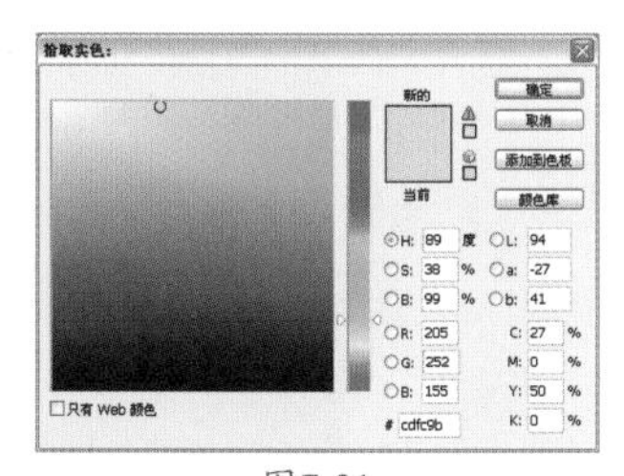

图7-31

24 在“图层”面板上将“颜色填充 1”调整图层的图层混合模式设置为“溶解”，不透明度设置为 28%，“图层”面板如图 7-32 所示，得到的图像效果如图 7-33 所示。

图7-32

图7-33

25 单击“颜色填充 1”调整图层的蒙版缩览图，将前景色设置为黑色，选择工具箱中的画笔工具，在其工具选项栏中设置合适的笔刷及不透明度，在图像中进行涂抹，得到的图像效果如图 7-34 所示。

图7-34

Effect 08 书签

难度系数：★★★☆☆

 视频教学 / CH 08 / 08书签

01 执行【文件】/【打开】命令（Ctrl+O），弹出“打开”对话框，选择需要的素材图像，单击“打开”按钮，如图 8-1 所示。将“背景”图层拖曳至“图层”面板中的创建新图层按钮上，得到“背景副本”图层。

图8-1

02 单击“图层”面板上的创建新图层按钮，新建“图层 1”。将前景色设置为 R229、G217、B23，背景色设置为白色，选择工具箱中的矩形选框工具，在图像中进行绘制，选择工具箱中的渐变工具，在图像进行填充，如图 8-2 所示。

图8-2

03 按快捷键 Ctrl+D 取消选择。执行【滤镜】/【纹理】/【纹理化】命令，弹出“纹理化”对话框，具体参数设置如图 8-3 所示，设置完毕后单击“确定”按钮，得到的图像效果如图 8-4 所示。

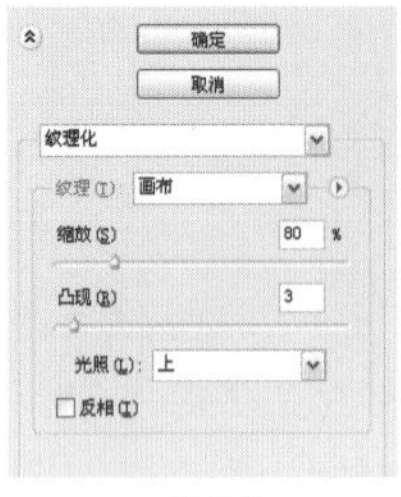

图8-3

图8-4

04 执行【文件】/【打开】命令（Ctrl+O），弹出“打开”对话框，选择需要的素材图像，单击“打开”按钮，如图 8-5 所示。

图8-5

05 选择工具箱中的移动工具，将其拖曳至主文档中，得到“图层 2”。按快捷键 Ctrl+T 调出自由变换框，按 Alt+Shift 键等比例缩小图像，变换结束后按 Enter 结束操作，得到的图像效果如图 8-6 所示。

图8-6

06 执行【编辑】/【变换】/【水平翻转】命令，单击“图层”面板上的添加图层蒙版按钮，为“图层 2”添加蒙版，选择工具箱中的画笔工具，在其工具栏中选择适合的柔角笔刷，不透明度设置为 30%，流量设置为 70%，在图像中如图 8-7 所示进行涂抹。

图8-7

07 在“图层”面板上将其图层混合模式设置为“正片叠底”，如图 8-8 所示，得到的图像效果如图 8-9 所示。

图8-8

图8-9

08 执行【文件】/【打开】命令（Ctrl+O），弹出“打开”对话框，选择需要的素材图像，单击“打开”按钮，如图 8-10 所示。

图8-10

09 选择工具箱中的移动工具，将其拖曳至主文档中，得到“图层 3”。按快捷键 Ctrl+T 调出自由变换框，按 Alt+Shift 键等比例缩小图像，变换结束后按 Enter 结束操作。单击“图层”面板上的添加图层蒙版按钮，为“图层 3”添加蒙版，选择工具箱中的画笔工具，在其工具栏中选择适合的柔角笔刷，在图像中如图 8-11 所示进行涂抹。

图8-11

10 在“图层”面板上将其图层混合模式设置为“明度”，如图 8-12 所示，得到的图像效果如图 8-13 所示。

图8-12

图8-13

11 选择工具箱中的文字工具T，在图像中输入文字，如图 8-14 所示。

图8-14

12 单击“图层”面板上的创建新图层按钮，新建“图层 5”。选择工具箱中的椭圆选框工具，按 Shift 键在图像中画圆，将前景色设置为 R124、G118、B16，按快捷键 Alt+Delete 填充前景色，得到的图像效果如图 8-15 所示。

图8-15

操作提示

在使用椭圆选框工具和矩形选框工具时，按住Shift键，将绘制成圆形或正方形。

13 执行【选择】/【变换选区】命令，调出自由变换框，按 Alt+Shift 键等比例缩小椭圆选区，变换结束后按 Enter 结束操作，得到的图像效果如图 8-16 所示。

图8-16

14 按 Delete 键删除选区内的图像，选择“图层 1”，按 Delete 删除选区内的图像，按快捷键 Ctrl+D 取消选择，得到的图像效果如图 8-17 所示。

图8-17

15 选择“图层 4”，单击“图层”面板上的添加图层样式按钮fx，在弹出的下拉菜单中选择“斜面和浮雕”选项，弹出“图层样式”对话框，具体参数设置如图 8-18 所示，设置完毕后单击“确定”按钮，得到的图像效果如图 8-19 所示。

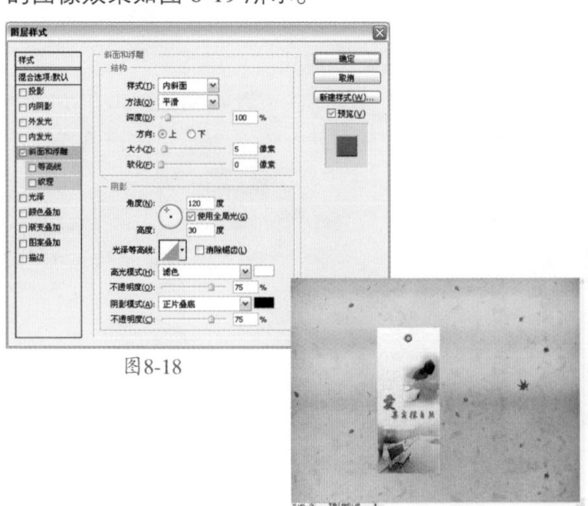

图8-18

图8-19

16 选择工具箱中的缩放工具，放大图像。单击"图层"面板上的创建新图层按钮，新建"图层 5"。选择工具箱中的画笔工具，在其工具栏中选择适合的笔刷，不透明度设置为 100%，流量设置为 100%，在图像中如图 8-20 所示进行绘制。

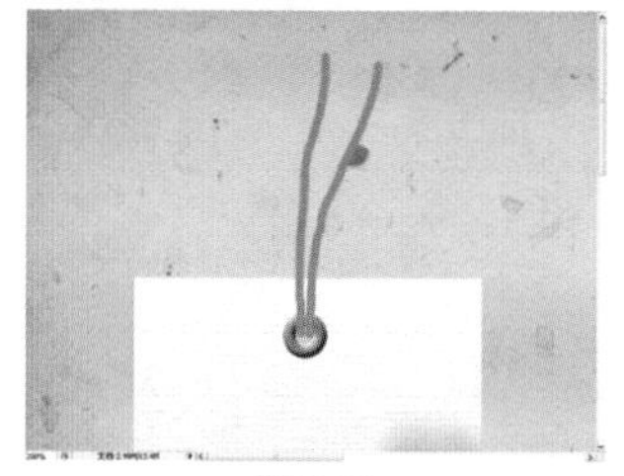

图8-20

17 单击添加图层样式按钮，在弹出的下拉菜单中选择"投影"选项，弹出"图层样式"对话框，具体参数设置如图 8-21 所示，设置完毕后单击"确定"按钮，得到的图像效果如图 8-22 所示。

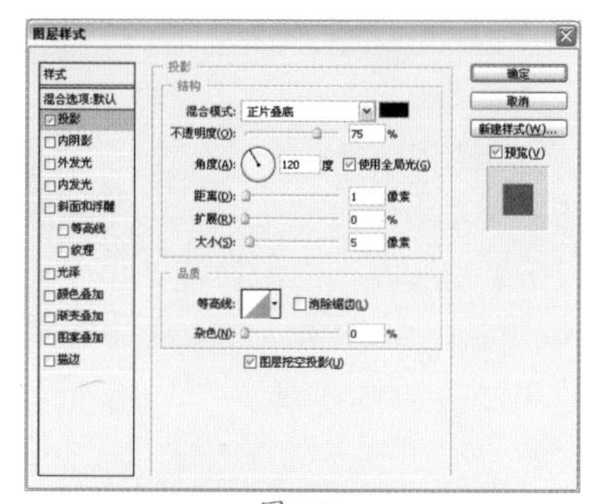

图8-21

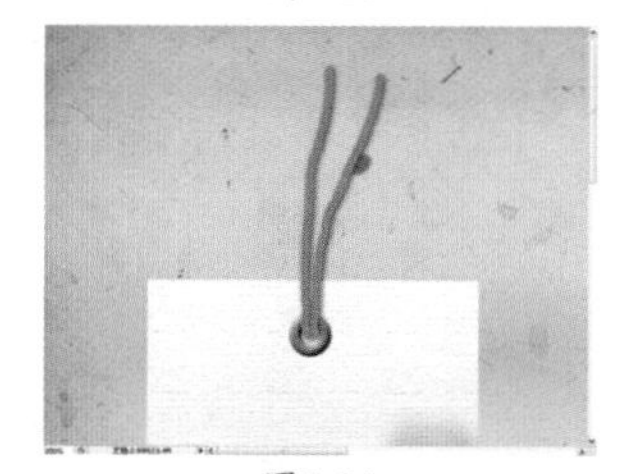

图8-22

18 执行【滤镜】/【纹理】/【纹理化】命令，具体参数设置如图 8-23 所示，设置完毕后单击"确定"按钮，得到的图像效果如图 8-24 所示。

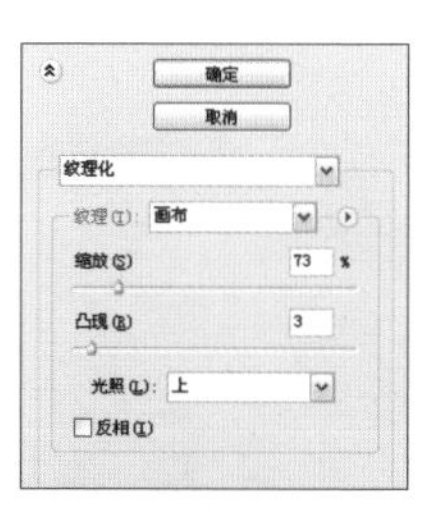

图8-23

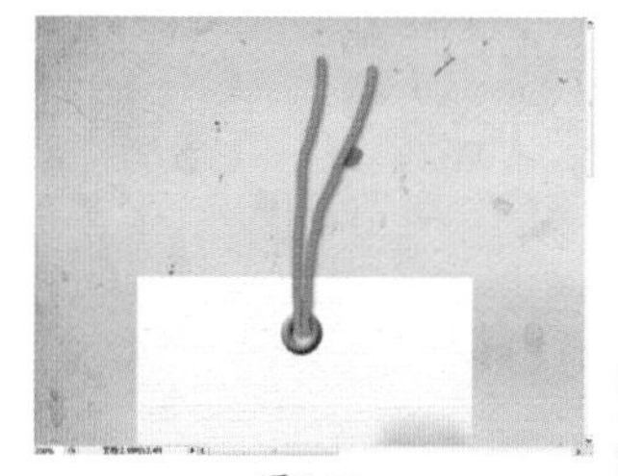

图8-24

19 单击"图层"面板上的创建新图层按钮，新建"图层 6"。同样的方法制作穿线处，选择工具箱中的缩放工具，缩小图像，如图 8-25 所示。

图8-25

20 按住 Shift 键选择"图层 1"，按快捷键 Ctrl+G 图层编组，得到"组 1"，如图 8-26 所示。选择工具箱中的移动工具，移动图像到合适位置。将"组 1"拖曳至"图层"面板中的创建新图层按钮上，得到"组 1 副本"。选择工具箱中的移动工具，移动"组 1 副本"，如图 8-27 所示。

图8-26

图8-27

21 展开"组 1 副本"，选择"图层 1 副本"图层，按 Ctrl 键单击"图层 1 副本"图层缩览图，调出其选区，单击"图层"面板上的创建新的填充或调整图层按钮，在弹出的下拉菜单中选择"色相 / 饱和度"选项，在"调整"面板中设置参数，如图 8-28 所示，得到的图像效果如图 8-29 所示。

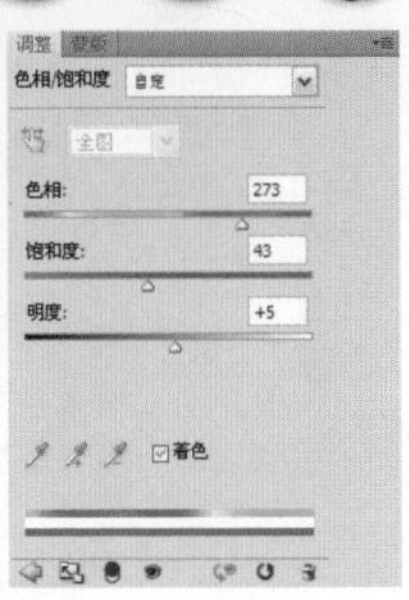

图8-28

图8-29

22 在图像中换上自己喜欢的图像和文字，得到的图像效果如图 8-30 所示。

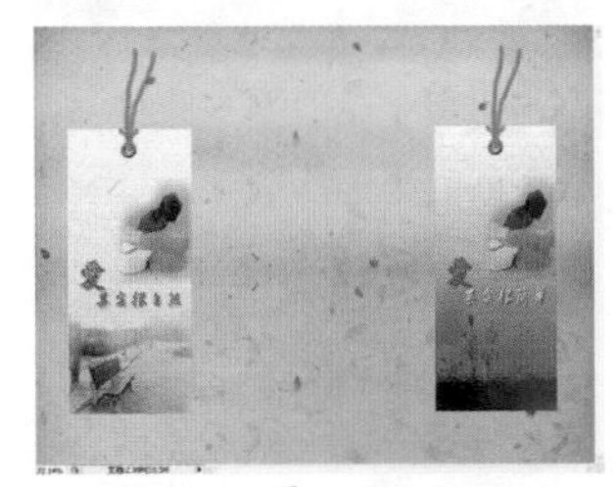
图8-30

23 将“组 1”拖曳“图层”面板中的创建新图层按钮上，新建“组 1 副本 2”，选择工具箱中的移动工具，移动“组 1 副本 2”到合适位置，如图 8-31 所示。

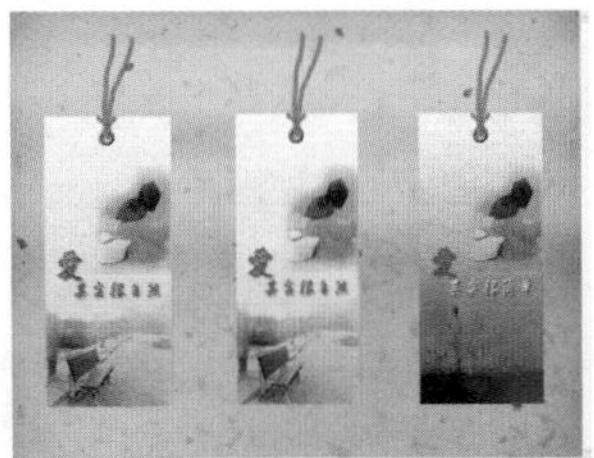
图8-31

24 展开“组 1 副本 2”，选择“图层 1 副本 2”图层，按 Ctrl 键单击“图层 1 副本 2”图层缩览图，调出其选区，单击“图层”面板上的创建新的填充或调整图层按钮，在弹出的下拉菜单中选择“色相 / 饱和度”选项，具体参数设置如图 8-32 所示，得到的图像效果如图 8-33 所示。

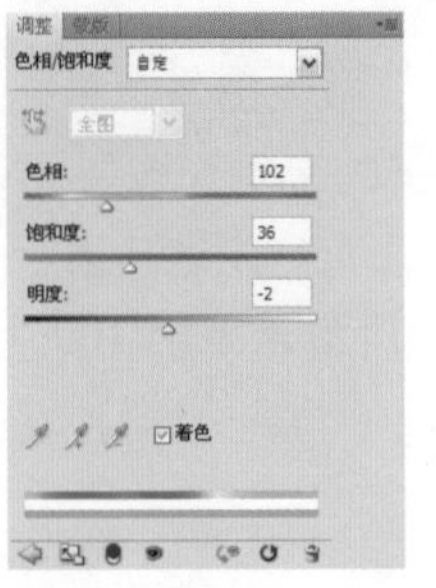

图8-32

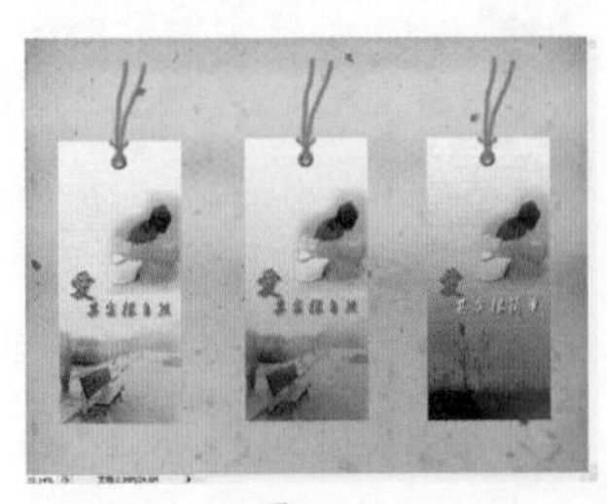
图8-33

25 将“文字”图层、“图层 3 副本 2”图层和“图层 2 副本 2”图层拖曳到“图层”面板中的删除图层按钮上，删除图层。执行【文件】/【打开】命令（Ctrl+O），弹出“打开”对话框，选择需要的素材图像，单击“打开”按钮，如图 8-34 所示。

图8-34

26 选择工具箱中的魔棒工具，在图像的白色背景处单击鼠标右键，在弹出的快捷菜单中选择“选取相似”选项，按快捷键 Ctrl+Shift+I 将选区反选，得到的图像效果如图 8-35 所示。

图8-35

27 选择工具箱中的移动工具，将选区内的图像拖曳至主文档中，得到“图层 8”。按快捷键 Ctrl+T 调出自由变换框，按 Alt+Shift 键等比例缩小图像，调整图像的角度和位置，调整完毕后按 Enter 键结束操作，如图 8-36 所示。

图8-36

28 在“图层”面板上将其图层混合模式设置为“颜色加深”，如图 8-37 所示。将“图层 8”拖曳至“图层”面板中的创建新图层按钮上，得到“图层 8 副本”图层，按快捷键 Ctrl+T 调出自由变换框，调整其大小、位置和角度，调整结束后按 Enter 键结束操作，得到的图像效果如图 8-38 所示。

图8-37

图8-38

29 在“图层”面板上将其混合模式设置为“正片叠底”，如图 8-39 所示，得到的图像效果如图 8-40 所示。

图8-39

图8-40

30 将“图层 8”拖曳至“图层”面板中的创建新图层按钮上，得到“图层 8 副本 2”。按快捷键 Ctrl+T 调出自由变换框，调整其大小、位置和角度，调整完毕后按 Enter 键结束操作，如图 8-41 所示。

图8-41

31 在“图层”面板上将其混合模式设置为“变暗”，如图 8-42 所示，得到的图像效果如图 8-43 所示。

图8-42

图8-43

32 选择工具箱中的文字工具，在图像输入文字，如图 8-44 所示。

图8-44

视频 / 扩展视频 / 视频59　用照片制作香水广告

课后复习——视频 59 用照片制作香水广告

视频 / 扩展视频 / 视频60　制作矢量人物壁纸

课后复习——视频 60 制作矢量人物壁纸

Effect 09 温馨便签纸

难度系数：★★★☆☆

视频教学 / CH 08 / 09温馨便签纸

01 执行【文件】/【新建】命令（Ctrl+N），弹出“新建”对话框，具体设置如图 9-1 所示。设置完毕后，单击“确定”按钮新建图像文件。

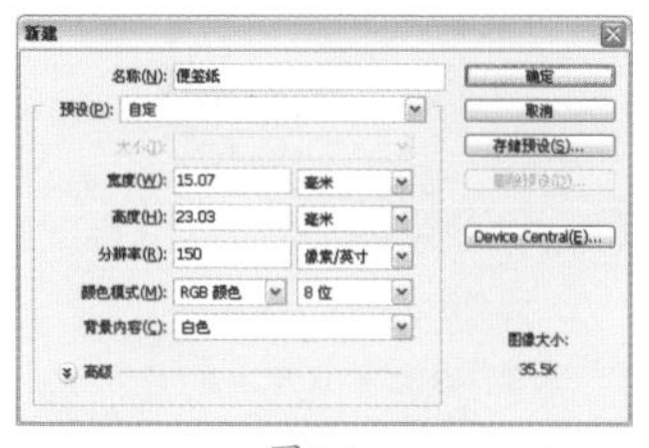

图9-1

02 将前景色色值设置为 R195、G217、B110，按快捷键 Alt+Delete 填充前景色，“图层”面板效果如图 9-2 所示，得到的图像效果如图 9-3 所示。

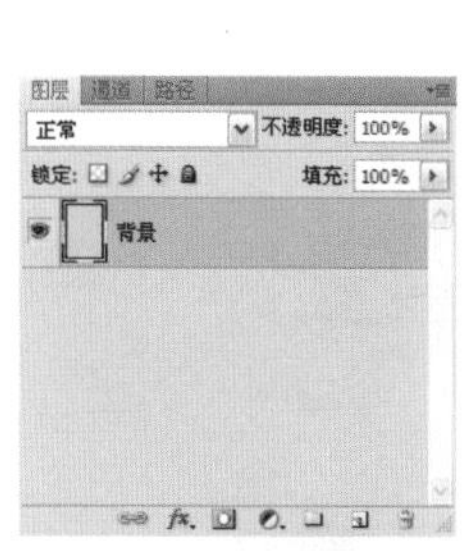

图9-2

图9-3

操作提示

在对图像中用画笔工具涂抹时，在选择工具箱中的画笔工具后，单击界面右侧的画笔预设按钮，选择粉笔画笔，涂抹时需要注意笔刷的大小和笔触在图像中的疏密。

03 单击“图层”面板上的创建新图层按钮，新建“图层 1”，如图 9-4 所示，选择工具箱中的画笔工具，单击界面右侧的画笔预设按钮，选择粉笔画笔，将前景色色值设置为 R238、G237、B188，在图像中涂抹，在将前景色色值设置为 R255、G255、B204，在图像中涂抹局部，得到的图像效果如图 9-5 所示。

图9-4

图9-5

04 执行【文件】/【打开】命令（Ctrl+O），弹出“打开”对话框，选择需要的素材图像，单击“打开”按钮，如图 9-6 所示。将其拖曳至主文档中，调整好位置，如图 9-7 所示。

图9-6

图9-7

05 单击“图层”面板上的添加图层蒙版按钮，将前景色设置为黑色，选择工具箱中的画笔工具，设置合适大小的笔刷，在图像中人像周围进行涂抹，将混合模式设置为“强光”，如图 9-8 所示，得到的图像效果如图 9-9 所示。

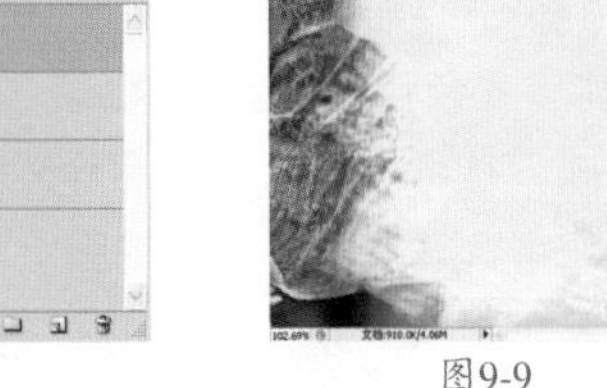

图9-8

图9-9

06 单击“图层”面板上的创建新的填充或调整图层按钮，在弹出的下拉菜单中选择“色彩平衡”选项，得到“色彩平衡 1”图层，具体参数设置如图 9-10 所示，得到的图像效果如图 9-11 所示。

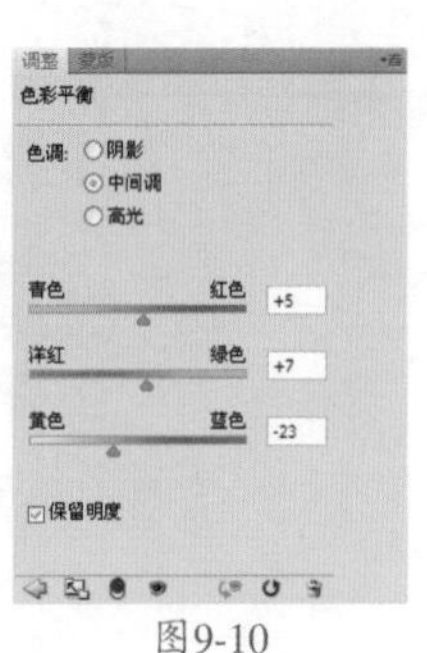

图9-10

图9-11

07 单击“图层”面板上的创建新的填充或调整图层按钮，在弹出的下拉菜单中选择“色阶”选项，得到“色阶 1”图层，具体参数设置如图 9-12 所示。得到的图像效果如图 9-13 所示。

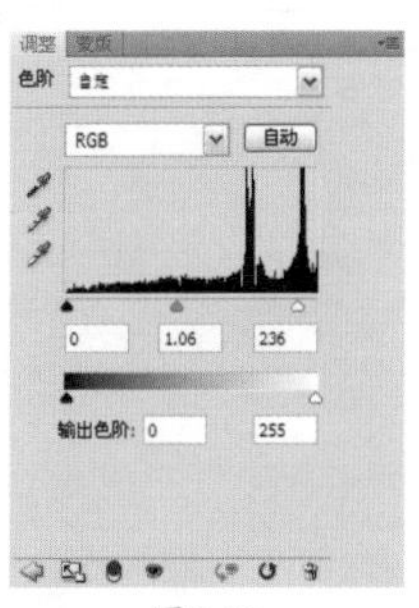

图9-12

图9-13

08 执行【文件】/【打开】命令（Ctrl+O），弹出“打开”对话框，选择需要的素材图像，单击“打开”按钮，如图 9-14 所示。将其拖曳至主文档中，按快捷键 Ctrl+T 调整大小和位置，如图 9-15 所示。

图9-14

图9-15

09 单击“图层”面板上的添加图层蒙版按钮，将前景色设置为黑色，选择工具箱中的画笔工具，设置合适大小的笔刷，在图像中蝴蝶周围进行涂抹，将混合模式设置为“正片叠底”，如图 9-16 所示，得到的图像效果如图 9-17 所示。

图9-16

图9-17

10 单击“图层”面板上的创建新图层按钮，新建“图层 4”，选择工具箱中的画笔工具，单击界面右侧的画笔预设按钮，选择尖角画笔，选择自己喜欢的颜色，在图像中如图 9-18 所示绘制。

图9-18

11 选择工具箱中的自定形状工具，在其工具选项栏中单击形状扩展按钮，在弹出的形状列表中选择“花 7”，将前景色设置为白色，在图像中绘制，并将不透明度设置为 60%，如图 9-19 所示，得到的图像效果如图 9-20 所示。

图9-19

图9-20

12 选择工具箱中的自定形状工具，在其工具选项栏中单击形状扩展按钮，在弹出的形状列表中选择“花 1”，将前景色设置为白色，在图像中绘制，并将不透明度设置为 50%，如图 9-21 所示，得到的图像效果如图 9-22 所示。

图9-21

图9-22

13 选择工具箱中的横排文字工具，在图像中输入文字，得到的图像效果如图 9-23 所示。

图9-23

Effect 10 模拟手绘效果

难度系数：★★★★☆

视频教学 / CH 08 / 10模拟手绘效果

01 执行【文件】/【打开】命令（Ctrl+O），弹出“打开”对话框，选择需要的素材图像，单击“打开”按钮，如图 10-1 所示。

图10-1

02 切换至“通道”面板，选择“绿”通道，执行【选择】/【全部】命令（Ctrl+A），全选图像，如图 10-2 所示。

图10-2

03 执行【编辑】/【拷贝】命令（Ctrl+C），复制选区内的图像。选择“蓝”通道，执行【编辑】/【粘贴】命令（Ctrl+V），将“绿”通道的图像粘贴至“蓝”通道，粘贴完毕后按快捷键 Ctrl+D 取消选择。单击 RGB 复合通道，切换回“图层”面板，得到的图像效果如图 10-3 所示。

图10-3

04 单击“图层”面板上的创建新的填充或调整图层按钮，在弹出的下拉菜单中选择“色阶”选项，在“调整”面板中设置参数，如图 10-4 所示，得到的图像效果如图 10-5 所示。

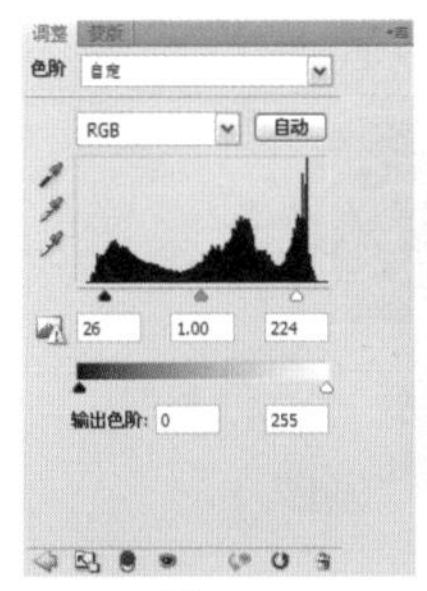

图10-4

图10-5

05 单击“图层”面板上的创建新的填充或调整图层按钮，在弹出的下拉菜单中选择“可选颜色”选项，在“调整”面板中设置参数，如图 10-6 所示，得到的图像效果如图 10-7 所示。

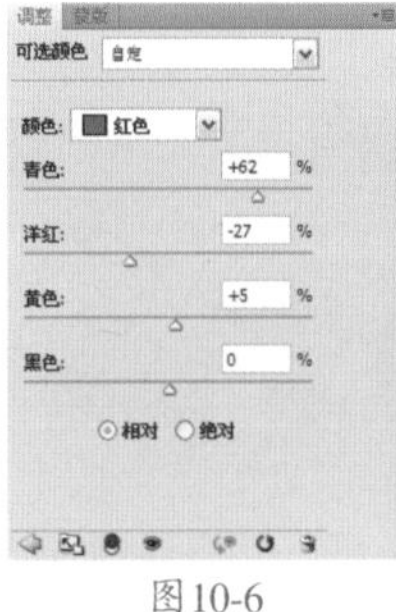

图10-6

图10-7

06 单击“图层”面板上的创建新的填充或调整图层按钮，在弹出的下拉菜单中选择“曲线”选项，在“调整”面板中设置参数，如图 10-8 和图 10-9 所示，得到的图像效果如图 10-10 所示。

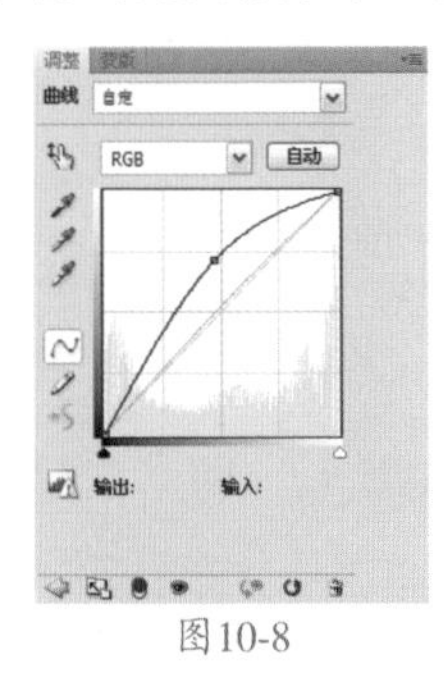

图10-8

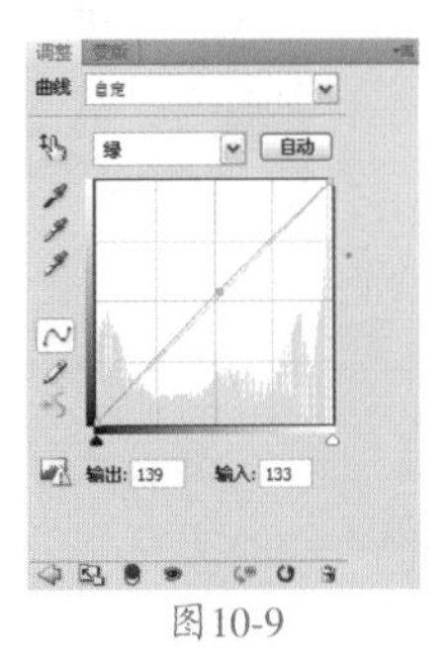

图10-9

图10-10

07 单击“曲线 1”调整图层的蒙版，将前景色设置为黑色，选择工具箱中的画笔工具，在其工具选项栏中设置柔角笔刷，设置合适的笔刷大小，在图像中除人物皮肤以外的区域进行涂抹，涂抹完毕后按快捷键 Ctrl+Alt+Shift+E 盖印图像，得到“图层 1”，如图 10-11 所示。

图10-11

08 选择“图层 1”，选择工具箱中的加深工具，调整合适的笔刷大小，在人物的眉毛处进行涂抹，加深人物的眉毛。继续选择工具箱中的减淡工具，调整合适的笔刷大小，在人物的眼白、眼球高光部分和眼圈黑色部分进行涂抹，将其淡化，得到的图像效果如图 10-12 所示。

图10-12

09 将“图层 1”拖曳至“图层”面板上的创建新图层按钮上，得到“图层 1 副本”图层。执行【滤镜】/【Topza】/【Topza Sharpen】命令，弹出“Topza Sharpen”对话框，调整其中的参数，如图 10-13 和图 10-14 所示。调整完毕后单击“确定”按钮，得到的图像效果如图 10-15 所示。

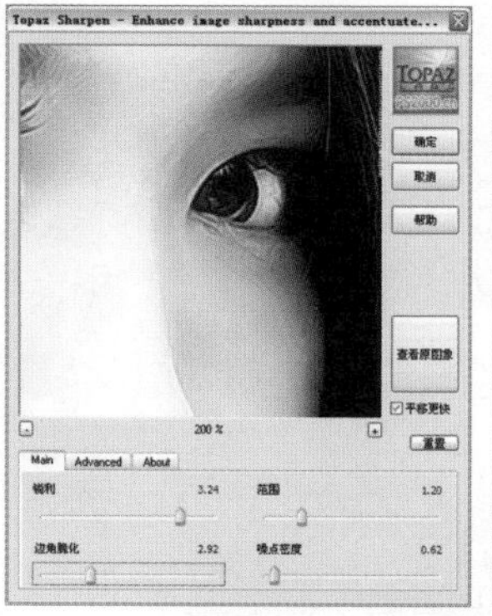

图10-13

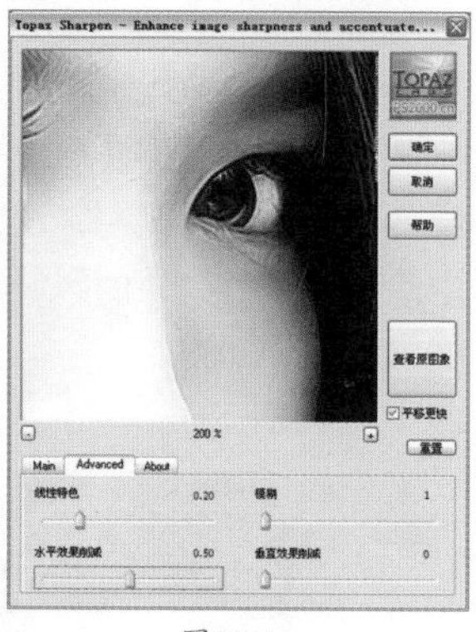

图10-14

图10-15

操作提示

由于要制作手绘效果，因此需要将人物头发边缘制作成有明显线条的效果，这里使用【Topza Sharpen】外挂滤镜对头发进行修饰。

10 选择“图层 1 副本”图层，单击“图层”面板上的添加图层蒙版按钮，为“图层 1 副本”图层添加图层蒙版。将前景色设置为黑色，选择工具箱中的画笔工具，在其工具选项栏中设置柔角笔刷，设置合适的笔刷大小，在图像中人物五官处进行涂抹，涂抹前后效果对比如图 10-16 所示。

图10-16

11 选择“图层 1 副本”图层，按快捷键 Ctrl+Alt+Shift+E 盖印图像，得到“图层 2”，选择工具箱中的涂抹工具，在其工具选项栏中将“强度”设置为 10，调整合适的笔刷在人物的头发处进行涂抹，得到的图像效果如图 10-17 所示。

图10-17

12 选择工具箱中的仿制图章工具，按住 Alt 键在人物肩膀处取样，在人物肩膀杂乱的头发处进行涂抹，去掉多余的发丝，得到的图像效果如图 10-18 所示。

图10-18

13 选择工具箱中的减淡工具，调整合适的笔刷，在人物的头发处进行涂抹，制作高光。选择工具箱中的加深工具，调整合适的笔刷，在人物头发处涂抹，绘制头发暗调部分，如图 10-19 所示。

图10-19

14 选择工具箱中的模糊工具，调整合适的笔刷，在人物眼睛处进行涂抹，得到的图像效果如图10-20 所示。

15 使用相同的方法对人物的嘴部区域进行模糊，并使用减淡工具为嘴唇绘制高光，得到的图像效果如图 10-21 所示。

图10-20

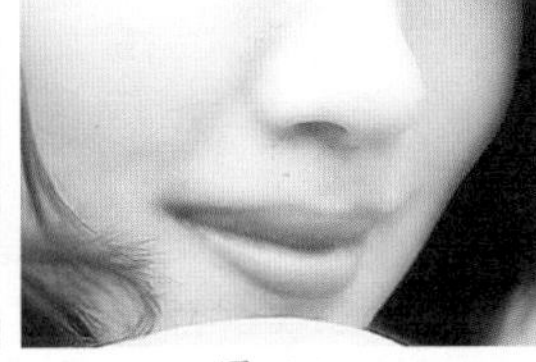
图10-21

16 单击“图层”面板上的创建新的填充或调整图层按钮，在弹出的下拉菜单中选择“可选颜色”选项，在“调整”面板中设置参数，如图 10-22 所示，得到的图像效果如图 10-23 所示。

图10-22

图10-23

17 将前景色色值设置为 R255、G237、B216，单击“图层”面板上的创建新图层按钮，新建“图层 3”，按快捷键 Alt+Delete 填充前景色。选择“图层 3”，单击“图层”面板上的添加图层蒙版按钮，为其添加蒙版。将前景色设置为黑色，选择工具箱中的画笔工具，在其工具选项栏中设置柔角笔刷，设置合适的大小，在除人物皮肤以外的区域进行涂抹，得到的图像效果如图 10-24 所示。

图10-24

18 调整笔刷的不透明度，继续在人物皮肤处仔细涂抹，直到该颜色与皮肤融合，得到的图像效果如图10-25 所示。

图10-25

19 单击“图层 3”图层缩览图，选择工具箱中的加深工具，调整合适的笔刷，在人物面部轮廓处涂抹，增强人物的线条，得到的图像效果如图 10-26 所示。

图10-26

20 单击"图层"面板上的创建新图层按钮，新建"图层 4"。将前景色设置为黑色，选择工具箱中的画笔工具，在其工具选项栏中设置柔角笔刷，设置合适的笔刷大小，在人物眼球处单击，将眼球变为黑色，得到的图像效果如图 10-27 所示。

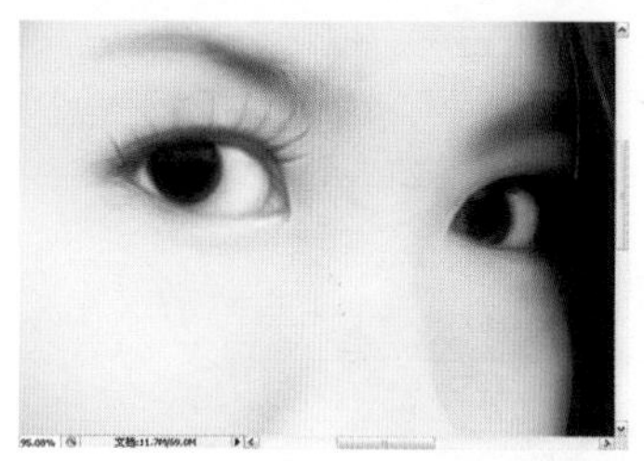

图10-27

21 单击"图层"面板上的创建新图层按钮，新建"图层 5"。选择工具箱中的套索工具，在人物眼球处创建选区，执行【选择】/【修改】/【羽化】命令（Shift+F6），弹出"羽化选区"对话框，将"羽化半径"设置为 2 像素，设置完毕后单击"确定"按钮，得到的图像效果如图 10-28 所示。

22 将前景色设置为白色，按快捷键 Alt+Delete 填充前景色，填充完毕后按快捷键 Ctrl+D 取消选择，将"图层 5"的不透明度设置为 65%，得到的图像效果如图 10-29 所示。

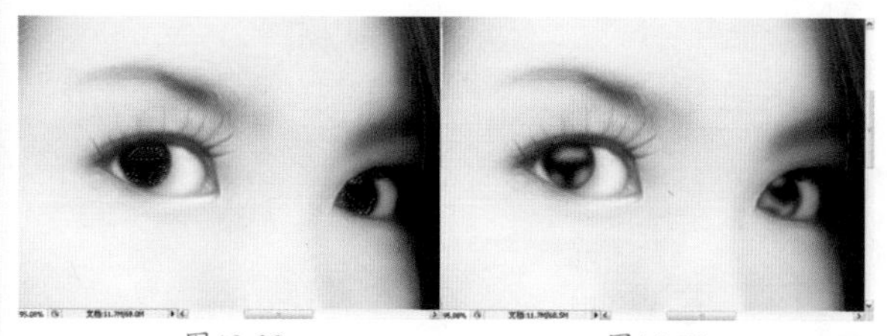

图10-28　　图10-29

23 选择"图层 5"，单击"图层"面板上的添加图层蒙版按钮，为"图层 5"添加图层蒙版，选择工具箱中的画笔工具，在其工具选项栏中设置柔角笔刷，设置合适的笔刷大小，在眼部高光处涂抹使高光更加柔和，得到的图像效果如图 10-30 所示。

图10-30

24 单击"图层"面板上的创建新图层按钮，新建"图层 6"。选择工具箱中的套索工具，在人物鼻子处创建选区，执行【选择】/【修改】/【羽化】命令（Shift+F6），弹出"羽化选区"对话框，将"羽化半径"设置为 10 像素，设置完毕后单击"确定"按钮，得到的图像效果如图 10-31 所示。

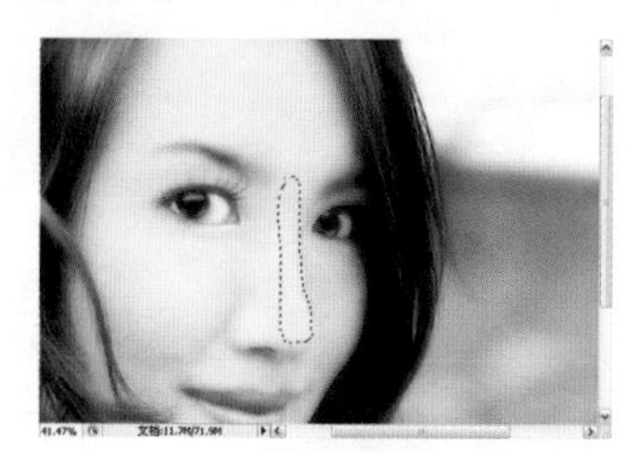

图10-31

25 将前景色设置为白色，按快捷键 Alt+Delete 填充前景色，按快捷键 Ctrl+D 取消选择。单击"图层"面板上的添加图层蒙版按钮，为"图层 6"添加图层蒙版，选择工具箱中的画笔工具，在其工具选项栏中设置柔角笔刷，设置合适的笔刷大小，在人物鼻子高光处涂抹使高光更加柔和，如图 10-32 所示。

图10-32

26 选择"图层 6"，按快捷键 Alt+Shift+Ctrl+E 盖印图像，得到"图层 7"，执行【文件】/【打开】命令，打开素材文件，如图 10-33 所示。

27 将素材图像拖曳至主文档中，生成“图层 8”，将“图层 8”置于“图层 7”的下方。选择“图层 7”，单击添加图层蒙版按钮。将前景色设置为黑色，选择工具箱中的画笔工具，在其工具选项栏中设置合适大小的柔角笔刷，在人物外的区域进行涂抹，得到的图像效果如图 10-34 所示。

图10-33　　图10-34

28 单击“图层”面板上的创建新的填充或调整图层按扭，在弹出的下拉菜单中选择“色相 / 饱和度”选项，在“调整”面板中设置参数，如图 10-35 所示。执行【图层】/【创建剪贴蒙版】命令（Alt+Ctrl+G），为“图层 7”创建剪贴蒙版。单击“色相 / 饱和度 1”调整图层的蒙版，将前景色设置为黑色，选择工具箱中的画笔工具，在其工具选项栏中设置合适的笔刷大小的柔角笔刷，在人物皮肤处进行进行涂抹，得到的图像效果如图 10-36 所示。

图10-35

图10-36

29 执行【文件】/【打开】命令，打开素材文件，如图 10-37 所示。

30 选择工具箱中的移动工具，将素材图像拖曳至主文档中，生成“图层 9”，将“图层 9”置于“图层”面板的顶端，如图 10-38 所示。

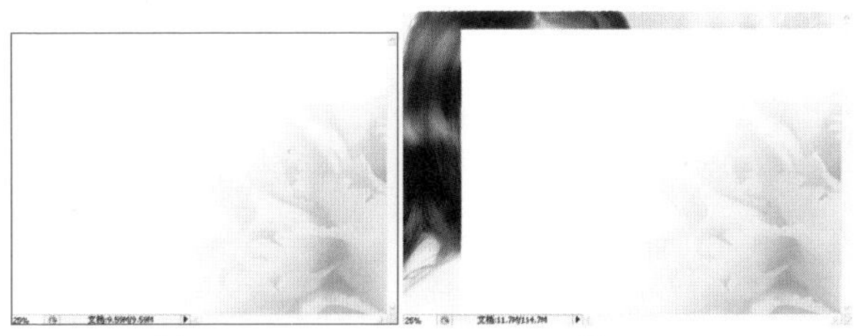

图10-37　　图10-38

31 将“图层 9”的图层混合模式设置为“线性加深”，图层不透明度设置为 65%，得到的图像效果如图 10-39 所示。

图10-39

32 选择工具箱中的钢笔工具，沿着人物肩部曲线绘制闭合路径，如图 10-40 所示。切换至“路径”面板，单击将路径作为选区载入按钮，切换回“图层”面板，得到的图像效果如图 10-41 所示。

图10-40

图10-41

33 将前景色色值设置为 R228、G207、B196，单击“图层”面板上的创建新图层按钮，新建“图层 10”，按快捷键 Alt+Delete 填充前景色，按快捷键 Ctrl+D 取消选择，将“图层 10”的图层填充值设置为 40%，得到的图像效果如图 10-42 所示。

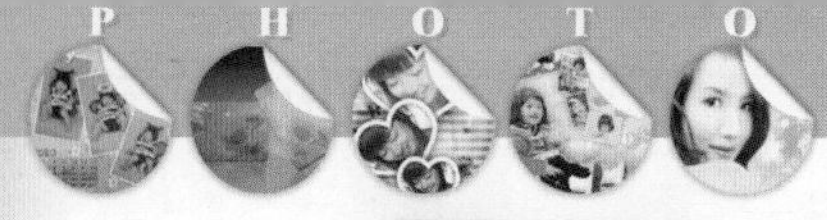

图10-42

按快捷键Ctrl+T调出自由变换框，单击鼠标右键，选择“垂直翻转”选项，继续选择“水平翻转”选项，调整图像的位置，如图10-43所示。

图10-43

35 选择“图层10”，单击“图层”面板上的添加图层样式按钮fx，在弹出的下拉菜单中选择“外发光”选项，弹出“图层样式”对话框，具体参数设置如图10-44所示。调整完毕后单击“确定”按钮，得到的图像效果如图10-45所示。

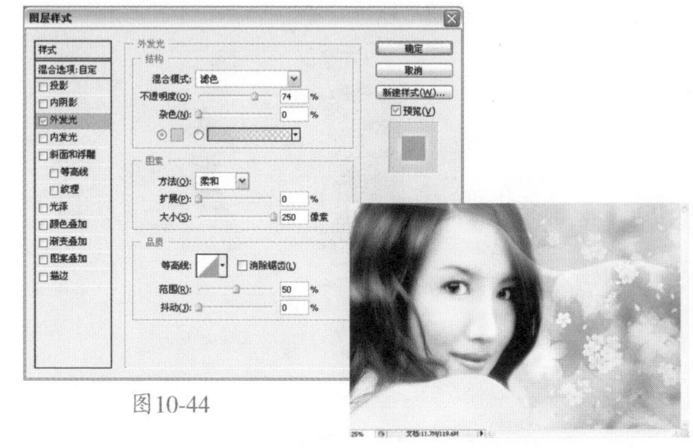

图10-44

图10-45

视频/扩展视频/视频61 制作明信片效果

课后复习——视频61 制作明信片效果

Effect 11 模板设计——俏皮情侣

难度系数：★★★☆☆

视频教学 / CH 08 / 11模板设计——俏皮情侣

01 执行【文件】/【新建】命令（Ctrl+N），弹出“新建”对话框，具体参数设置如图 11-1 所示，设置完毕后单击“确定”按钮新建文档。

图11-1

02 将前景色色值设置为 R236、G234、B242，设置完毕后按快捷键 Alt+Delete 填充前景色。执行【文件】/【打开】命令（Ctrl+O），弹出“打开”对话框，选择需要的素材，打开图像。选择工具箱的移动工具，将其拖曳至主文档中，生成“图层 1”，并调整图像，得到的图像效果如图 11-2 所示。

图11-2

03 选择工具箱中的圆角矩形工具，在其工具选项栏中设置半径为 30，在图像中绘制矩形，并按快捷键 Ctrl+Enter 将其转化为选区，得到的选区效果如图 11-3 所示。

图11-3

04 单击“图层”面板上的创建新图层按钮，新建“图层 2”。将前景色色值设置为 R209、G130、B167，按快捷键 Alt+Delete 填充前景色。单击“图层”面板上的添加图层样式按钮，在弹出的下拉菜单中选择“投影”选项，弹出“图层样式”对话框，具体参数设置如图 11-4 所示，设置完毕后单击“确定”按钮，得到的图像效果如图 11-5 所示。

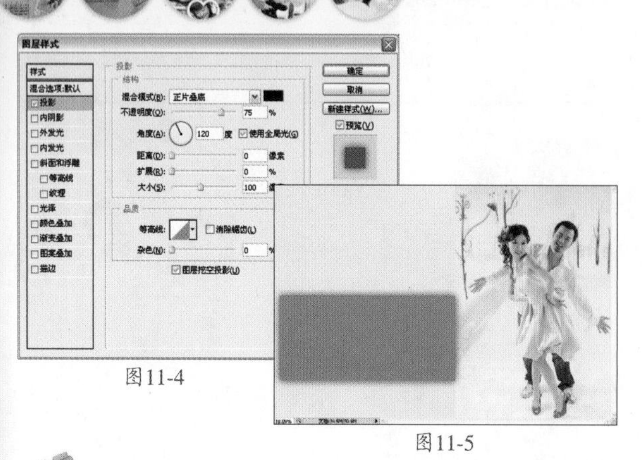

图11-4

图11-5

05 执行【文件】/【打开】命令（Ctrl+O），弹出“打开”对话框，选择需要的素材，单击“打开”按钮打开图像。选择工具箱的移动工具，将其拖曳至主文档中，生成“图层3”，并调整图像，得到的图像效果如图11-6所示。

图11-6

06 选择工具箱中的矩形选框工具，在图像中绘制矩形选区，单击“图层”面板上的添加图层蒙版按钮，为“图层3”添加蒙版，得到的图像效果如图11-7所示。

图11-7

07 单击“图层”面板上的添加图层样式按钮，在弹出的下拉菜单中选择“内阴影”选项，弹出“图层样式”对话框，具体参数设置如图11-8所示。设置完毕后单击“确定”按钮。用同样的方法制作其他几个图像，得到的图像效果如图11-9所示。

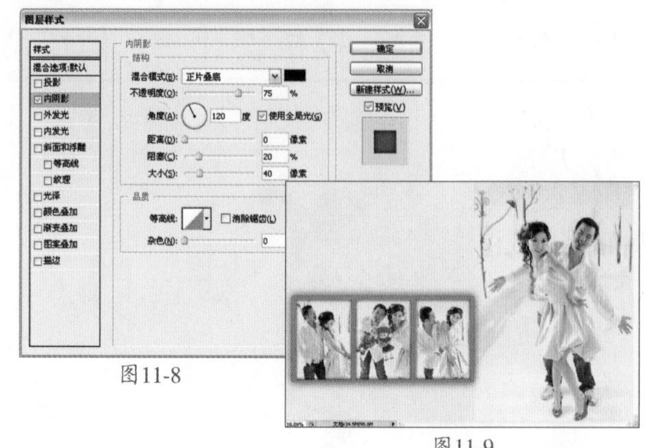

图11-8

图11-9

08 打开素材图像。选择工具箱的移动工具，将其拖曳至主文档中，生成“图层4”，调整图像并将其拖曳至“图层2”下方，得到的图像效果如图11-10所示。

图11-10

09 单击“图层”面板上的添加图层蒙版按钮，为“图层4”添加蒙版。将前景色设置为黑色，选择工具箱中的画笔工具，在其工具选项栏中设置合适的笔刷及不透明度，在图像中进行涂抹，使图像与背景融合。用同样的方法为“图层1”添加蒙版，得到的图像效果如图11-11所示。

图11-11

CH 01

CH 02

CH 03

技术看板索引（续）